长江流域水库群科学调度丛书

三峡水库科学调度关键技术

张曙光　金兴平　陈桂亚　胡兴娥 等　编著

科 学 出 版 社

北 京

内 容 简 介

本书以三峡水库及金沙江下游的溪洛渡、向家坝梯级水库为主要研究对象，内容涵盖预报调度技术、减淤调度、汛期洪水资源利用、汛前消落与汛末蓄水、水沙变化与河道治理、水生态与水环境、联合调度平台建设等，结合三峡水库等工程调度运行实践，经总结提炼形成三峡水库科学调度关键技术。本书提出的相关技术成果均应用于三峡水库等工程调度，在类似工程中具有参考价值和推广意义。

本书适合水旱灾害防御、水文、水生物、水生态、水利工程调度等领域的技术、科研人员及政府决策人员参考阅读。

图书在版编目（CIP）数据

三峡水库科学调度关键技术 / 张曙光等编著. -- 北京：科学出版社，2024.6. --（长江流域水库群科学调度丛书）. -- ISBN 978-7-03-078876-4

Ⅰ. TV697.1

中国国家版本馆 CIP 数据核字第 202414P8K9 号

责任编辑：何 念 汪宇思/责任校对：胡小洁
责任印制：彭 超/封面设计：无极书装

科学出版社 出版
北京东黄城根北街 16 号
邮政编码：100717
http://www.sciencep.com

武汉精一佳印刷有限公司印刷
科学出版社发行 各地新华书店经销
*
开本：787×1092 1/16
2024 年 6 月第 一 版 印张：14 1/2
2024 年 6 月第一次印刷 字数：368 000
定价：189.00 元
（如有印装质量问题，我社负责调换）

"长江流域水库群科学调度丛书"

编 委 会

主 编：张曙光　金兴平

副主编：陈桂亚　姚金忠　胡兴娥　黄　艳　胡向阳　赵云发

编　委：（按姓氏笔画排序）

丁　毅	丁胜祥	王　海	王　敏	尹　炜	卢金友
宁　磊	冯宝飞	邢　龙	朱勇辉	任　实	关文海
纪国良	李　帅	李德旺	杨　霞	肖扬帆	辛小康
闵要武	沙志贵	张　松	张　虎	张　睿	张利升
张明波	张曙光	陈小娟	陈桂亚	陈新国	金兴平
周　曼	郑　静	官学文	赵云发	赵文焕	胡　挺
胡向阳	胡兴娥	胡维忠	饶光辉	姚金忠	徐　涛
徐高洪	徐照明	高玉磊	郭棉明	黄　艳	黄爱国
曹　辉	曹光荣	程海云	鲍正风	熊　明	戴明龙

"长江流域水库群科学调度丛书"序

长江是我国第一大河，流域面积达 178.3 万 km²。截至 2022 年末，长江经济带常住人口数量占全国比重为 43.1%，地区生产总值占全国比重为 46.5%。长江流域在我国经济社会发展中占有极其重要的地位。

长江三峡水利枢纽工程（简称三峡工程）是治理开发和保护长江的关键性骨干工程，是世界上规模最大的水利枢纽工程，水库正常蓄水位 175 m，防洪库容 221.5 亿 m³，调节库容 165 亿 m³，具有防洪、发电、航运、水资源利用等巨大的综合效益。

2018 年 4 月 24 日，习近平总书记赴三峡工程视察并发表重要讲话。习近平总书记指出，三峡工程是国之重器，是靠劳动者的辛勤劳动自力更生创造出来的，三峡工程的成功建成和运转，使多少代中国人开发和利用三峡资源的梦想变为现实，成为改革开放以来我国发展的重要标志。这是我国社会主义制度能够集中力量办大事优越性的典范，是中国人民富于智慧和创造性的典范，是中华民族日益走向繁荣强盛的典范。

2003 年三峡水库水位蓄至 135 m，开始发挥发电、航运效益；2006 年三峡水库比初步设计进度提前一年进入 156 m 初期运行期；2008 年三峡水库开始正常蓄水位 175 m 试验性蓄水期，2010～2020 年三峡水库连续 11 年蓄水至 175 m，三峡工程开始全面发挥综合效益。

随着经济社会的高速发展，我国水资源利用和水安全保障对三峡工程运行提出了新的更高要求。针对三峡水库蓄水运用以来面临的新形势、新需求和新挑战，2011 年，中国长江三峡集团有限公司与水利部长江水利委员会实施战略合作，联合开展"三峡水库科学调度关键技术研究"第一阶段项目的科技攻关工作。研究提出并实施三峡工程适应新约束、新需求的调度关键技术和水库优化调度方案，保障了三峡工程综合效益的充分发挥。

"十二五"期间，长江上游干支流溪洛渡、向家坝、亭子口等一批调节性能优异的大型水利枢纽工程陆续建成和投产，初步形成了以三峡水库为核心的长江流域水库群联合调度格局。流域水库群作为长江流域防洪体系的重要组成部分，是长江流域水资源开发、水资源配置、水生态水环境保护的重要引擎，为确保长江防洪安全、能源安全、供水安全和生态安全提供了重要的基础性保障。

从新时期长江流域梯级水库群联合运行管理的工程实际出发，为解决变化环境中以三峡水库为核心的长江流域水库群联合调度所面临的科学问题和技术难点，2015 年，中国长江三峡集团有限公司启动了"三峡水库科学调度关键技术研究"第二阶段项目的科技攻关工作。研究成果实现了从单一水库调度向以三峡水库为核心的水库群联合调度的转变、从汛期调度向全年全过程调度的转变，以及从单一防洪调度向防洪、发电、航运、供水、生态、应急等多目标综合调度的转变，解决了水库群联合调度运用面临的跨区域精准调控难度大、一库多用协调要求高、防洪与兴利效益综合优化难等一系列亟待突破的科学问题，为流域水库群长期高效稳定运行与综合效益发挥提供了技术保障和支撑。2020 年，三峡工程完成整体竣工验收，其结论是：运行持续保持良好状态，防洪、发电、航运、水资源利用等综合效益全面发挥。

当前，长江经济带和长江大保护战略进入高质量发展新阶段，水库群对国家重大战略和经济社会发展的支撑保障日益凸显。因此，总结提炼、持续创新和优化梯级水库群联合调度理论与方法更为迫切。

为此，"长江流域水库群科学调度丛书"在对"三峡水库科学调度关键技术研究"项目系列成果进行总结梳理的基础上，凝练了一批水文预测分析、生态环境模拟和联合优化调度核心技术，形成了与梯级水库群安全运行和多目标综合效益挖掘需求相适应的完备技术体系，有效指导了流域水库群联合调度方案制定，全面提升了以三峡水库为核心的长江流域水库群联合调度管理水平和示范效应。

"十三五"期间，随着乌东德、白鹤滩、两河口等大型水利枢纽工程陆续建成投运和水库群范围的进一步扩大，以及新技术的迅猛发展，新情况、新问题、新需求还将接续出现。为此，需要持续滚动开展系统、精准的流域水库群智慧调度研究，科学制定对策措施，按照"共抓大保护、不搞大开发"和"生态优先、绿色发展"的总体要求，为长江经济带发挥生态效益、经济效益和社会效益提供坚实的保障。

"长江流域水库群科学调度丛书"力求充分、全面、系统地展示"三峡水库科学调度关键技术研究"第二阶段项目的丰硕成果，做到理论研究与实践应用相融合，突出其系统性和专业性。希望该丛书的出版能够促进水利工程学科相关科研成果交流和推广，为同类工程体系的运行和管理提供有益的借鉴，并对水利工程学科未来发展起到积极的推动作用。

中国工程院院士

2023 年 3 月 21 日

前　言

为更好地保障三峡工程综合效益的充分发挥，研究提出三峡水库蓄水发电以来新约束、新需求、新形势下的水库调度关键技术和调度方案，中国长江三峡集团有限公司与水利部长江水利委员会实施战略合作，开展"三峡水库科学调度关键技术研究"项目。本书内容主要涉及"三峡水库科学调度关键技术研究"第二阶段项目。

"三峡水库科学调度关键技术研究"第二阶段项目共设 11 个课题，除课题 11 以建设工作为主外，其他 10 个课题均以科研工作为主。主要研究工作于 2015 年前后启动，经过组织方和研究参与单位的共同努力，于 2020 年陆续完成，取得了丰硕成果。

按照工作部署对上述第二阶段项目研究成果进行总结，分为项目和课题两个层面，编纂成系列丛书。本书为项目总结，另将课题 1～10 分别总结成书，共 11 册。

本书旨在对"三峡水库科学调度关键技术研究"第二阶段项目研究成果进行全面总结，涵盖第二阶段课题 1～10 的主要内容，目的是梳理三峡工程调度运行以来在防洪、兴利、泥沙、生态等调度实践中所面临的实际问题，考虑上游水库群建成投运后边界条件改变对三峡水库运行所提出的新挑战，凝练一批水文预测分析、生态环境模拟和联合优化调度核心技术，形成与梯级水库群安全运行和多目标综合效益拓展相适应的完备技术体系，全面提升以三峡水库为核心的长江干支流梯级水库群的调度管理水平；依托成果总结，指导流域水库群调度方案制定，为流域水库群长期高效稳定运行和综合效益发挥提供技术保障和支撑；在同类工程体系的运行和管理中加以推广应用，形成示范效应，并为下一阶段研究提供方向。

全书共 11 章。第 1 章为绪论，简要介绍水库调度研究的重要性及有关进展、"三峡水库科学调度关键技术研究"第二阶段项目成果在长江流域水工程联合调度实践中取得的成效和本书的主要内容。第 2 章为三峡水库水文特征及预报技术，包括水库群协同调度和洪水演进耦合模型，整体设计洪水过程数据库（集），洪水传播特性变化规律，拓展分布式水文模型的应用前景，不确定性水文预报试验等。第 3 章为溪洛渡、向家坝、三峡水库泥沙冲淤规律与减淤调度，包括长江上游产输沙规律，泥沙实时预报与冲淤观测关键技术，水库泥沙淤积与坝下游河道冲淤变化响应，金沙江下游梯级水库和三峡水库联合减淤调度一维水沙数学模型等。第 4 章为溪洛渡、向家坝、三峡水库联合防洪调度及洪水资源利用，包括上游水库群联合防洪调度控制目标参数，上游水库配合三峡水库对长江中下游防洪调度方式，对城陵矶防洪库容的运用方式和抬高对城陵矶防洪补偿控制水位优化，长江中游水库调蓄对长江中下游防洪形势的影响等。第 5 章为溪洛渡、向家坝、三峡水库联合蓄水调度，包括水库群蓄水期调度的下泄流量及其过程要求，水库汛末防洪库容有序释放的动态时空裕度，水库的蓄水时机和进程优化，上游水库群蓄水对长江干流和洞庭湖、鄱阳湖水文情势的影响等。第 6 章为溪洛渡、向家坝、三峡水库联合消落与应急补水调度，包括沿岸取用水情况和河口压咸用水的变化程度和趋势，水库调度影响特征参数和约束条件，应急补水调度的目标体系，水库消落期水量分配过程等。第 7 章为三峡水库不同运行水位与库区水面线响应关系，包括河道型水库的一维非恒定流洪水演进模型及改进方法，典型控制断面行洪能力演变规律，库区淹没可控的临界水位及流量，不同水位和运行条件下敏感库段的淹没特点等。第8章为长江中下游干流河槽发育与岸坡稳定，包括干流河槽发育与岸坡稳定研究，中下游河道水沙变化特征、造床流量变化及河槽发育变化特点、崩岸情势变化及其影响因素、干流河道洪水河槽发育趋势及岸坡稳定变化趋势等。第9章为荆南四河水沙变化及对策，包括不同地形条件的模型模拟，蓄水期河道冲淤变化和水位变化的响应关系，河口疏浚整治对荆江三口分流量、改善断流、防洪和航运的影响等。第10章为三峡水库优化调度与水生态环境演变，包括各生态环境和水文因子的长期变化趋势及其与三峡水库调度的响应关系，与若干主要生态环境问题有关的三峡水库生态调度需求等。第11章为促进重要鱼类自然繁殖的三峡水库生态调度关键技术，包括不同影响区域、不同产卵类型代表性鱼类自然繁殖的生态调度需求，三峡水库促进库区支流鲤、鲫自然繁殖的稳定水位生态调度以及促进坝下四大家鱼自然繁殖的人造洪峰生态调度参数和方案，三峡水库促进鱼类自然繁殖的生态调度试验效果等。

本书由张曙光、金兴平、陈桂亚、胡兴娥等编著。第1章由周曼、张睿、徐玮、鲁军编写，第2章由闵要武、鲍正风、曹辉、徐杨编写，第3章由卢金友、黄爱国、高玉磊、李鹏编写，第4章由徐照明、周曼、张睿、巴欢欢、徐涛编写，第5章由丁毅、胡挺、洪兴骏、舒卫民、谭政宇编写，第6章由张利升、张松、王学敏、刑龙、朱文丽编写，第7章由黄艳、喻杉、李肖男、纪国良、王飞龙编写，第8章由朱勇辉、任实、李帅、郭率、曹瑞编写，第9章由徐高洪、王海、时玉龙、龚文婷编写，第10章由尹炜、辛小康、肖扬帆、仇红亚编写，第11章由李德旺、陈磊、陈小娟、杨霞、黄宇波编写。张曙光、金兴平、陈桂亚、胡兴娥对本书进行校核与审查，张睿、周曼、鲁军参与全书的统稿、修改及图表编辑工作。

在本书的编写过程中，得到中国长江三峡集团有限公司流域枢纽运行管理中心、中国长江电力股份有限公司三峡水利枢纽梯级调度通信中心，水利部长江水利委员会及其所属水旱灾害防御局、长江勘测规划设计研究有限责任公司、水文局、长江科学院、长江水资源保护科学研究所、河湖保护与建设运行安全中心，水利部中国科学院水工程生态研究所，长江工程监理咨询有限公司等相关单位领导、专家的大力支持和指导。本书的出版得到中国长江三峡集团有限公司"三峡水库调度关键技术研究"第二阶段项目的资助，众多专家学者对书稿提出了宝贵意见，在此一并致以衷心的感谢。

水库群联合调度是一个非常复杂的课题，涉及多个学科，精准调控难度大、一库多用协调要求高、防洪与兴利整体效益优化难等问题突出。尽管我们在研究工作中做了很大努力，但由于该问题的复杂性，以及时间、资料的限制，本书研究中还存在一些不足之处，需要通过实践不断完善。由于作者水平有限，书中不妥之处，敬请广大读者批评指正。

作　者
2023年5月于武汉

目　　录

第1章

绪　　论

本章主要介绍水库调度研究的重要意义及有关研究进展，概述三峡水库科学调度关键技术研究工作的目的和相关背景；介绍正在开展的长江流域水工程联合调度实践工作，重点介绍"三峡水库科学调度关键技术研究"第二阶段项目成果近几年在长江流域水工程联合调度实践中取得的显著成效；介绍"三峡水库科学调度关键技术研究"第二阶段项目研究课题的设置情况，以及本书主要内容。

1.1　水库调度研究的重要性

长江流域已形成的以三峡水库为核心的长江巨型水库群，具有巨大的防洪、发电、航运、供水等综合效益。长江流域水库群的调度，事关防洪安全、生态安全、供水安全、能源安全和航运安全，事关长江经济带建设乃至全国经济社会持续稳定发展，意义十分重大。巨型水库群综合调度运行涉及众多领域，既要考虑上下游、左右岸等不同区域需求，又要考虑水利、交通、电力、生态环境等多部门和多行业的需要，同时还要兼顾汛期、非汛期不同时段的不同需求，水库调度要考虑的因素和条件纷繁复杂，难度极大，无论国内还是国外，都史无前例。通过研究协调防洪、兴利等目标，协同上下游、左右岸利益，实现综合效益最大化，是迫切而又现实的需求，具有极为重要的理论意义与应用价值。

长江流域主要控制性水库分布在干支流的上中游偏远地区，距华中、华东等区域的防洪、供水、用电等重点对象远，精准调控效果受到一定程度制约，跨区域精准调控难度大；多数水库防洪和兴利库容共用，一库多用承担防洪、发电、航运、供水、灌溉、生态等多重开发任务，水库群防洪、蓄放水协调难度大；水库群涉及多个部门和多个利益主体，实现流域整体效益最大的难度大。长江流域水库群综合调度具有跨行业、跨部门、跨区域、多学科、多目标、多维度、随机性、非线性以及强耦合性等特征，需攻克水文预报与模拟、防洪兴利综合调度及多目标协同调度决策等世界性技术难题。

国外比较系统地研究水库（群）调度始于 20 世纪 60 年代，我国相关研究工作虽然始于 20 世纪 70 年代，但发展很快，相继取得了多项有代表性的研究与应用成果。张勇传等（1981）以柘溪、凤滩并联水电站为例，建立了水库群联合调度分解协调模型，寻求总体最优调度策略；随后，张勇传等（1987）又提出水库群优化调度的状态（水位）极值逐次优化解法（state extreme progressive optimization algorithm，SEPOA），基于确定来水条件，建立水库群优化调度数学模型，从某一可行调度线开始，计算将收敛于最优调度线。张玉新和冯尚友（1988）为克服动态规划"维数灾"，提出多目标动态规划迭代法，可快速寻求满意调度方案。陈守煜（1990）提出多阶段多目标决策系统模糊优选理论，为研究黄河、淮河、辽河及长江流域水库群洪水模糊优化调度提供理论依据。

1995～2015 年，随着水文气象预报、计算机及人工智能等新兴领域发展，借鉴国外的建模思路和求解技术，我国的水库群调度理论方法研究进入了新的快速发展阶段。至 2015 年，已发表的水库群调度理论方法研究及应用期刊文献与研究生学位论文约 300 篇。

现有研究已形成共识，水库群是一个复杂巨系统，其调度过程属于分层分区控制的多信息、多目标、多阶段、效益风险博弈的多人协商决策过程，主要包括规划设计（计划）与实时调度两阶段的理论方法研究，核心是提高系统的防洪与兴利效益（王本德 等，2016）。

2008 年汛末，三峡工程具备全面发挥其综合效益的条件，三峡水库开始 175 m 试验性蓄水。2010 年汛末三峡水库首次蓄水至 175 m。为适应新形势下经济社会对三峡工程运行提出的新要求，更好地发挥三峡工程综合效益，迎接新的问题和挑战，迫切需要运用先进的信息技术和水库调度技术，开展三峡工程调度关键技术研究，研究制定三峡工程适应新约束、新需求的水库调度运行方式。国内外在水库群防洪兴利综合调度理论与方法方面虽有大量的研究，但仍难以解决大规模、多尺度、多属性、多目标流域一体化综合调度问题，需要从理论、技术、方法上研究和突破。为此，中国长江三峡集团有限公司（以下简称"三峡集团公司"）与水利部长江水利委员会（以下简称"长江委"）实施战略合作，开展"三峡水库科学调度关键技术研究"，旨在针对三峡水库蓄水发电以来调度面临的新问题和新挑战，面向实时调度研究提出优化调度方案和解决措施，为实施三峡水库科学调度提供技术支持，更好地保障三峡工程综合效益的充分发挥。

"三峡水库科学调度关键技术研究"分阶段进行。第一阶段研究工作重点围绕"三峡水库实时预报调度技术及科学调度方式研究""三峡水库蓄水调度方案及对中下游影响分析研究""三峡水库泥沙淤积与减淤调度问题初步研究"等方向开展，共设 27 个子课题，研究于 2011 年初正式启动，分 5 年执行。任务主要由长江勘测规划设计研究有限责任公司（以下简称"设计公司"）、长江委水文局（以下简称"水文局"）、长江科学院、长江水资源保护科学研究所、水利部中国科学院水工程生态研究所、长江委综合管理中心等单位承担。2015 年，"三峡水库科学调度关键技术研究"第一阶段项目全部结题验收，经阶段调度实践检验，研究成果在实际调度中发挥了重要的指导作用，取得了良好的社会、经济效益。

"十二五"期间，长江上游干支流溪洛渡、向家坝、亭子口等一批调节性能优异的大型水利枢纽陆续建成和投产，形成了长江上游水库群，其在抵御水旱灾害和保障国家水资源安全中的地位日益突显，"推进长江上中游水库群联合调度"成为国家需求。长江上游水库群在改善长江流域防洪形势的同时，也改变了三峡水库调度运行环境，为三峡水库综合效益的持续发挥带来一系列亟待解决的科学和技术难题。因此，立足于国家长江经济带发展战略需求，从新时期长江流域梯级水库群联合运行管理的工程实际出发，以解决变化环境下三峡水库调度所面临的科学问题和技术难点为目标，2015 年三峡集团公司与长江委启动了第二阶段项目"三峡水库科学调度关键技术研究"。

进入新发展阶段、贯彻新发展理念、构建新发展格局，形成全国统一大市场和畅通的国内大循环，需要水资源的有力支撑。水工程联合调度是贯彻落实"共抓大保护、不搞大开发""绿水青山就是金山银山"理念、加强生态环境保护和系统治理的重要抓手，也是统筹开源和节流、存量和增量、时间和空间关系的重要手段。"三峡水库科学调度关键技术研究"的成果是开展长江流域水工程联合调度实践的重要技术支撑，是发挥流域控制性水库"国之重器"巨大作用的重要保证。

1.2 三峡水库调度运行实践与成效

长江流域的水工程联合调度实践工作始于 2012 年。长江委在每年的汛前组织编制水工程（或水库群）联合调度运用计划（或方案），并将"三峡水库科学调度关键技术研究"的最新成果纳入其中，用于指导调度实践。首次纳入长江上游水库群联合调度方案的水库为 10 座。至 2020 年，联合调度范围已拓展为涵盖包括 41 座控制性水库、46 处蓄滞洪区、10 座重点大型排涝泵站、4 座引调水工程等在内的 101 座水工程，覆盖全流域。2012 年以来，以三峡水库为核心的长江上游梯级水库群联合调度研究，在体制机制、规模范围、系统建设、能力提升等方面狠下功夫，逐步形成了"合作共建、业务协同、运转高效、配合顺畅"的良性运行机制。通过水工程联合调度，长江流域控制性水工程整体效益明显提升，防洪、供水、生态、发电、航运等综合效益显著，为长江经济带高质量发展提供了有力支撑和保障。以下简要介绍2016～2020年长江流域水库群联合调度实践有关情况。

1.2.1 2016年调度实践与成效

2016年，长江流域发生自1998年以来的最大洪水。在防洪紧要关头，国家防汛抗旱总指挥部（以下简称"国家防总"）、长江防汛抗旱总指挥部（以下简称"长江防总"）联合调度长江上中游30余座大型水库，共拦蓄洪水227亿 m^3，避免了荆江河段超警和城陵矶地区分洪，有效减轻中下游防洪压力。综合考虑上游水库的建设规模、防洪能力、调节库容、控制作用、建设进度等因素，纳入2016年度联合调度范围的水库包括：金沙江梨园、阿海、金安桥、龙开口、鲁地拉、观音岩、溪洛渡、向家坝，雅砻江锦屏一级、二滩，岷江紫坪铺、瀑布沟，嘉陵江碧口、宝珠寺、亭子口、草街，乌江构皮滩、思林、沙沱、彭水，长江干流三峡等21座控制性水库。其他水库根据属地管理权限，由有调度权限的防汛抗旱指挥机构负责调度。

2016年水情主要特点可概括为：流域前期来水丰、河湖底水高；长江中下游干流水位高、高水持续时间长；河湖超警站点多、超警时间长；多条支流发生特大洪水；城市内涝渍水严重；涝旱急转，长江中下游部分地区出现旱情。

在水利部、国家防总的指导下，长江防总超前谋划，精心安排，科学调度长江流域水库群，做好应对大洪水各项准备。长江防总先后组织85次防汛会商，调度流域水库群汛前加快消落，提前腾空660亿 m^3 库容。汛期，科学防控，精准调度，有效减轻长江中下游防洪压力。面对三峡水库和中下游干支流水位已经较高，长江1、2号洪峰相继在长江上游和中下游形成的严峻防汛形势，长江防总首次实施长江上游与中游清江和洞庭湖四水（即湘江、资水、沅江、澧水）水库群的联合调度，精细化调度30多座大型水库拦洪、削峰、错峰，共拦蓄洪水227亿 m^3，有效降低洞庭湖口以上洪峰水位 $0.8～1.7$ m、洞庭湖口洪峰水位 0.7 m、武汉以下江段洪峰水位 $0.2～0.4$ m，首次实现了三峡水库对城陵矶地区的防洪补偿调度，减少超警堤段长度250 km，有效减轻了长江中游城陵矶河段和洞庭湖区防汛压力，避免了荆江河段超警和城陵矶地区分洪，充分发挥了水利工程的防洪作用。汛末，精心组织、统筹安排，顺利实现重要水库保水蓄水目标。面对长江上游7月下旬后来水偏枯、水库群蓄水总量大、长江中下游干流及两湖水位偏低等不利情况，长江防总坚持生态优先、绿色发展，在充分考虑上下游需水要求的前提下通过强化预测预报、科学精细调度，圆满完成上游水库群蓄水目标，三峡水库连续第7年蓄至175 m，为冬春供水补水奠定了坚实的基础。

从复盘分析看，如果没有三峡水库等上中游水库群拦蓄洪水，长江干流莲花塘站水位 7月5日将突破保证水位34.4 m，洪峰水位将接近35 m，超保证水位时间将达7天左右，超额洪量达30亿 m^3，需要安排钱粮湖和大通湖东两个蓄滞洪区来妥善蓄纳，将导致耕地受淹52.5万亩（1亩≈666.67 m^2），受灾人口38万人。2016年长江防洪调度实践表明，以三峡水库为核心的上游水库群在中下游防洪安全中发挥着重要作用，也表明将中下游水库纳入联合调度的必要性。

1.2.2 2017 年调度实践与成效

2017 年长江上中游水库群联合调度方案首次将中游清江、洞庭湖区控制性水库群纳入联合调度范围，联合调度范围由上游扩展至中游城陵矶控制断面以上，控制性水库数量增加到 28 座，总调节库容 575 亿 m^3，防洪库容 415 亿 m^3。

2017 年，长江流域发生中游型大洪水。在防洪紧要关头，国家防总、长江防总联合调度长江上中游 28 座控制性水库，共拦蓄洪水 144 亿 m^3，确保了长江干流莲花塘站水位不超分洪水位，洞庭湖超保时间缩短 6 天左右，避免了城陵矶地区分洪，有效减轻中下游防洪压力。

1～10 月长江流域来水正常略偏多；6～8 月，长江上游支流来水显著偏少，"两湖"水系来水明显偏多；10 月长江上游和汉江来水明显偏多。汛期，洞庭湖水系支流洪水遭遇恶劣，河湖水位涨势迅猛；上游来水平稳，洞庭湖水系发生大洪水，城陵矶—螺河段干支流来水倒置严重，历史罕见。长江 1 号洪水期间河湖水位落差大，加大了出湖水量，七里山站实测流量录得历史最大值，洪水宣泄通畅。受 9 月中下旬～10 月上旬连续强降雨过程影响，长江上游、汉江流域发生明显秋汛过程。

汛前，长江防总安排长江上中游水库群提前消落到位，腾空防洪库容约 530 亿 m^3，为迎战大洪水做好了准备。长江防总有序实施长江上中游水库群联合调度，科学调度三峡水库及上游金沙江梯级、雅砻江梯级、洞庭湖控制性水库、汉江丹江口水库及上游主要水库拦洪、削峰、错峰，减轻长江、汉江中下游防洪压力；有效应对长江 1 号洪水。汛后顺利实现三峡水库 175 m 蓄水目标。

1. 防洪减灾效益

2017 年 7 月 1 日，长江干流莲花塘站水位超过警戒水位，2017 年长江 1 号洪水形成，同时洞庭湖及其支流湘江、资水、沅江水位快速上涨，洞庭湖入长江流量快速增加，长江干流莲花塘站将突破分洪水位，防汛形势十分严峻。针对长江 1 号洪水，7 月 1 日 14 时至 7 月 6 日 8 时，上中游水库群合计拦蓄洪量约 102.39 亿 m^3，其中三峡水库拦蓄洪量 49.68 亿 m^3，雅砻江锦屏一级、二滩和金沙江梨园、阿海、金安桥、鲁地拉、龙开口、观音岩、溪洛渡、向家坝等上游控制性水库合计拦蓄 25.38 亿 m^3。7 月 1 日 12 时至 7 月 2 日 22 时，长江防总连续发出 5 道调度令，紧急调度三峡水库，将出库流量由 27 300 m^3/s 压减至历史同期罕见的 8 000 m^3/s，以减轻城陵矶附近地区防洪压力。据测算，经过上中游水库群联合调度，洞庭湖区及长江干流莲花塘江段洪峰水位降低约 1.0～1.5 m、汉口江段洪峰水位降低约 0.6～1.0 m、九江—大通河段洪峰水位降低约 0.3～0.5 m、沅江下游桃源站洪峰水位降低约 2.5 m、常德站洪峰水位降低约 2.0 m，有效避免了资水下游桃江、益阳等地溃堤灾害，确保了长江干流莲花塘站水位不超分洪水位，洞庭湖七里山站超保时间缩短 6 天左右，显著减轻了洞庭湖区及长江中下游干流的防洪压力。

2. 供水调度效益

2016 年 11 月 1 日，三峡水库连续第 7 年成功蓄水至 175 m 正常蓄水位，11～12 月维持在高水位运行，同时下泄流量按照庙嘴水位不低于 39 m 和三峡电站保证出力对应的流量控制，2017 年 1~4 月按照不小于 6 000 m³/s 控制，库水位逐步消落，消落过程中统筹兼顾了航运、生态补水、电网保电、库岸稳定、生态调度试验等综合利用需求，6 月 10 日消落至汛限水位。整个消落期间，三峡水库平均入库流量 8 040 m³/s，平均出库流量 9 220 m³/s，累计为下游补水 177 天，补水总量 232.94 亿 m³，平均增加下泄流量 1 520 m³/s。三峡水库枯水期补水调度有效改善了中下游地区的通航条件，同时也为沿江生产、生活和生态用水提供了重要保障。

3. 生态调度效益

结合水库上游来水及汛前消落计划，2017 年 4 月下旬~6 月中旬，溪洛渡水库实施了首次分层取水生态调度试验，向家坝、三峡水库实施了 3 次水文过程生态调度试验（其中，向家坝、三峡水库实施联合生态调度试验 1 次，两库单独实施生态调度试验各 1 次）。试验期间监测结果表明，向家坝、三峡水库生态调度试验均对鱼类繁殖产卵起到了促进作用。其中，宜宾断面监测到漂流性鱼卵总量 0.05 亿粒，江津断面监测到漂流性鱼卵总量 1.06 亿粒，宜都断面监测到四大家鱼鱼卵总量 10.8 亿粒，为历年最高。

1.2.3　2018 年调度实践与成效

2018 年长江上中游水库群联合调度方案首次将汉江、中游鄱阳湖区控制性水库群纳入联合调度范围，联合调度范围由上游扩展至中游湖口（鄱阳湖出口）控制断面以上，控制性水库数量增加至 40 座，总调节库容 854 亿 m³，防洪库容 574 亿 m³。

2018 年梯级水库水雨情呈现来水丰、洪水量大次多的特点，预报工作准备充分、预报精度高。溪洛渡、三峡水库入库水量均创建库以来新高。溪洛渡水库汛期发生 4 场超 12 000 m³/s 洪水，7 月 16 日出现 16 300 m³/s 的建库最大洪峰；三峡水库发生 4 场超 44 000 m³/s 洪水，7 月水量为建库以来单月第 2 丰；7 月 14 日发生 60 000 m³/s 的 2 号洪峰，为近 6 年最大；32 天内 4 场超 44 000 m³/s 的洪水，次数创建库以来新高；单月 3 场超 49 000 m³/s 洪峰，次数与 2012 年并列第 1。

2018 年，以溪洛渡、向家坝、三峡等控制性水库为核心的长江流域水库群实施联合防洪运用，充分发挥了防洪效益。汛前，梯级水库如期完成消落任务，为汛期防洪度汛腾出了库容。消落期间，三峡水库为下游累计补水 153 天，累计补水量 226.7 亿 m³，有效满足了下游生产、生活、生态和航运需水。结合水库上游来水及汛前消落计划，1 月中下旬~5 月初，溪洛渡水库实施了分层取水生态调度试验；5 月 15~18 日，溪洛渡—向家坝实施了联合生态调度试验；5 月中旬~6 月下旬，三峡水库实施了 2 次生态调度试验。汛末，长江防总科学合理调度上游水库群有序蓄水，调度溪洛渡、向家坝、三峡水库前期运行与蓄水平稳衔接，三库分别于 9 月 1 日、5 日和 10 日正式开始蓄水。各水库有序蓄水，顺利完成蓄满目标。

1. 防洪减灾效益

汛期（7~9 月）溪洛渡、向家坝、三峡梯级水库总拦蓄洪量 150.05 亿 m³，其中，在三峡水库 4 次超 35 000 m³/s 洪水过程中，溪洛渡、向家坝梯级水库配合三峡水库总拦蓄洪量 137.48 亿 m³。在洪水调度过程中，水位、出库流量控制基本合理，下游沙市站、城陵矶站水位均未超警,有效保证了上下游的防洪安全、减轻了防洪压力,同时也有效利用了部分洪水资源。在应对长江1号洪水(流量峰值为53 000 m³/s,约2年一遇)期间,根据水雨情预报,三峡水库重复利用库容,开展了洪水优化调度。

2.生态调度效益

2018年,在前期大量科学研究和试验准备的基础上,溪洛渡、向家坝也具备了生态调度的条件。为促进长江上游珍稀特有鱼类繁殖,实现对长江上游鱼类资源的有效保护,结合水库上游来水及汛前消落计划,溪洛渡水库于1月15日~5月3日开展了分层取水生态调度试验,通过落下叠梁门实现水库分层取水以调节出库水温。5月15~18日,溪洛渡—向家坝实施了联合生态调度试验。此次生态调度对鱼类产卵起到了促进作用,宜宾江段在生态调度期间出现了较明显的产卵现象,坝下鱼类产卵受调度刺激明显。监测到金沙江宜宾断面鱼卵总量为0.03亿粒,泸州纳溪断面鱼卵总量为0.07亿粒,江津断面鱼卵总量为1.73亿粒。

5月中旬~6月下旬,三峡水库实施了2次生态调度试验,配合了中华鲟放流活动。2018年三峡水库两次生态调度期间,宜都江段均出现了明显的四大家鱼自然繁殖响应。生态调度试验期间,宜都断面监测到四大家鱼鱼卵总量13.3亿粒,为历年最高。

另外,为配合中华鲟放流活动顺利进行,在4月14日调度过程中通过调整出力,将葛洲坝水库出库流量准确地控制在8 800~9 000 m³/s,确保流量稳定,水位缓涨,为中华鲟放流提供了有利的水文条件。

3.航运调度效益

2018年汛期,择机开展了船舶疏散应急调度,保障航运安全畅通。2018年7、8月,三峡水库大洪水期间,出库流量较大,三峡—葛洲坝两坝间积压船舶较多。在防控防洪风险、确保防汛安全的前提下,在国家防总和电网相关部门的支持下,三峡水库开展了4次航运应急调度,合理控制出库以满足适航条件的通航流量,为疏散积压船舶开展日夜差异化调度,提高船舶疏散效率,累计疏散船只838艘。有效缓解了通航压力,最大限度减少三峡江段待闸船舶数量,缓减两坝间航运压力,保障航运安全畅通,在维护社会稳定方面发挥了重要作用。

1.2.4 2019年调度实践与成效

2019年长江流域水工程联合调度运用计划首次将流域内蓄滞洪区、重要排涝泵站和引调水工程等水工程纳入联合调度范围,综合考虑工程规模、控制作用、运行情况等因素,纳入2019年度长江流域联合调度范围的水工程共计100座,其中:控制性水库40座、总调节库容854亿m³,总防洪库容574亿m³;蓄滞洪区46处,总蓄洪容积591亿m³;涵闸泵站10座,总排涝能力1 562 m³/s;引调水工程4项,年设计总引调水规模247亿m³。

2019年1~10月,三峡水库上游来水总量3 869亿m³,比初步设计值偏枯5.4%,较三峡水库建库以来(2003~2018年)均值偏丰6.3%。1~10月最大入库流量45 000 m³/s,出现时间为8月8日20时,最小入库流量4 500 m³/s,出现时间为2月15日14时。溪洛渡水库上游来水总量1 120亿m³,比设计多年同期均值偏枯21.2%。1~10月最大入库流量11 300 m³/s,出现时间为9月18日20时,最小入库流量1 400 m³/s,出现时间为5月1日20时。

2019 年，溪洛渡、向家坝、三峡等控制性梯级水库均实现了安全度汛，梯级水库实施联合防洪运用，防洪效益显著发挥。汛前，梯级水库如期完成消落任务，为汛期防洪度汛腾出了库容。消落期间，三峡水库为下游累计补水 124 天，累计补水量 232.5 亿 m^3，有效满足了下游生产、生活、生态和航运需水。结合上游来水及汛前消落计划，1 月初~5 月上旬，溪洛渡水库首次实施了两层叠梁门分层取水生态调度试验；5 月 25~31 日，溪洛渡—向家坝—三峡水库实施了联合生态调度试验。这是三峡水库自 2011 年开始连续第 9 年开展的第 13 次生态调度试验，也是首次开展的三库联合生态调度试验。汛末，长江流域水库群有序蓄水调度，溪洛渡、向家坝、三峡水库前期运行与蓄水平稳衔接，三库分别于 9 月 1 日、5 日、10 日正式开始蓄水，先后于 9 月 21 日、10 月 4 日、10 月 31 日顺利完成蓄水目标。

1. 防洪减灾效益

2019 年汛期，长江流域梯级水库联合防洪运用持续开展，通过拦洪削峰，三峡水库有效应对两场洪峰流量超 40 000 m^3/s 的洪水过程，并对长江中下游洞庭湖和鄱阳湖地区实施了一次防洪补偿调度；成功应对了 2019 年长江 1 号洪水，为下游拦蓄洪量 10.73 亿 m^3。清江梯级汛期也成功应对一场超 3 000 m^3/s 的洪水，控制水布垭水库最大出库流量 750 m^3/s，削峰率 77%，充分发挥了梯级水库的防洪功能，有效减轻了长江中下游的防洪压力。

2. 生态调度效益

在前期大量科学研究和试验准备的基础上，2019 年 1 月初~5 月上旬，溪洛渡首次成功实施两层叠梁门分层取水生态调度试验，期间溪洛渡—向家坝大坝两坝间监测到鲤、鲫的集中产卵高峰，向家坝下游在宜宾三块石产卵场、横江河口和江安发现达氏鲟活动信号，距离坝下 20 km 范围内分布较为集中。5 月 25~31 日，溪洛渡—向家坝—三峡水库首次开展三库联合生态调度试验。从监测数据分析结果来看，此次联合生态调度期间的鱼类产卵总规模超过 90 亿粒，生态调度效果显著。

7 月中下旬，结合中小洪水调度，三峡水库首次实施了抑制支流水华的生态调度试验，合理控制库水位涨落，"潮汐式"防控支流水华。随着水位的波动，水华覆盖面积未见明显扩大，香溪河上游蓝藻漂浮情况明显减小。监测资料表明，7 月 23 日水华得到抑制，后续伴随水位的进一步变化，7 月 31 日水华消失。本次生态调度对抑制香溪河水华有着较好的效果。

1.2.5　2020 年调度实践与成效

2020 年长江流域水工程联合调度运用计划中，正式将乌东德水库纳入 2020 年度长江流域联合调度范围，至此长江流域联合调度体系中的水工程总数增至 101 座，其中控制性水库41 座，总调节库容 884 亿 m^3，总防洪库容 598 亿 m^3（图 1.1）。

此外，《三峡（正常运行期）-葛洲坝水利枢纽梯级调度规程（2019 年修订版）》2020 年正式获水利部批准并首次运用，成效显著。本次调度规程修订是在三峡调度运行环境发生一系列变化，以及国家汛限水位强监管的背景下，根据近年来以"三峡水库科学调度关键技术研究"第二阶段成果为代表的大量科学研究和成功实践的基础上提出的，对在新的运行环境下科学指导水库调度，进一步发挥三峡工程防洪、生态、发电、航运、水资源利用等综合效益具有重要意义。

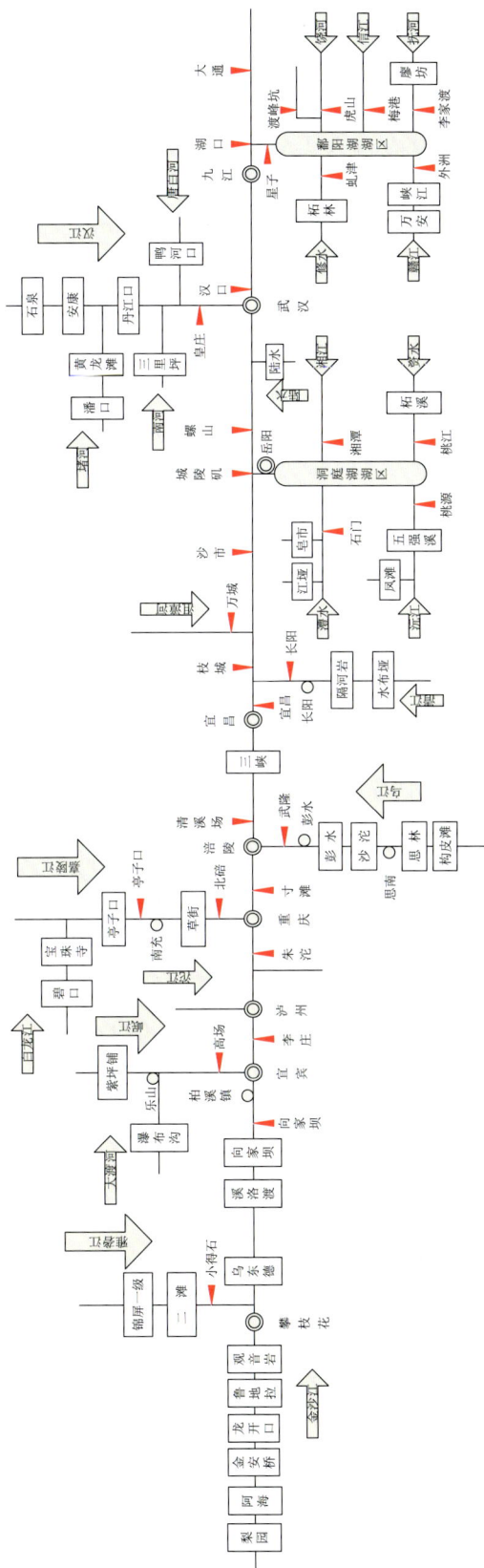

图 1.1 长江上游干支流控制性水库示意图

2020 年长江上游流域 1~10 月降水量时空分布不均，总雨量偏多约 2 成，排名 1951 年以来第三名（前两名分别为 1954 年和 1952 年）。其中：长江上游流域基本全流域偏多。岷江、沱江、长江上游干流和乌江、三峡区间东段为偏多的中心，偏多程度均在 2 成以上。

2020 年 1~10 月，溪洛渡水库来水总量为 1 320.44 亿 m³，来水量与多年均值（1 310.93 亿 m³）相比偏多 0.7%，最大入库流量 18 200 m³/s，最小入库流量 550 m³/s。1~10 月，三峡水库来水总量为 4 786.25 亿 m³，来水量与多年均值（4 078.84 亿 m³）相比偏多 17.3%，最大入库流量 75 000 m³/s，最小入库流量 4 800 m³/s。

2020 年汛期，长江流域各主要支流除湘江、汉江外均发生超警以上洪水过程，其中，岷江、沱江、嘉陵江发生超历史或超保证洪水，鄱阳湖发生流域性超历史洪水，洞庭湖发生超保证洪水；其余支流中，滁河、青弋江、水阳江发生超保证或超历史洪水，巢湖水位长时间超历史最高水位。经统计，流域内 90% 以上主要支流均发生了较大洪水，来水普遍性特征明显。经从洪水普遍性、洪水遭遇、洪量等方面综合分析，2020 年长江流域的洪水定性为仅次于 1954 年、1998 年的流域性大洪水。

面对疫情和汛情叠加的严峻形势，在水利部的坚强领导下，长江委和流域各省（区、市）水行政部门坚持"人民至上、生命至上"，与气象、电力、航运部门及各水库管理单位一道，夺取了 2020 年防汛抗洪工作的全面胜利。2020 年溪洛渡、向家坝、三峡等控制性水库的调度，充分发挥了预报调度核心能力和全面协调优势，圆满完成了抗疫保电、水库消落、防洪度汛、蓄水等各项调度工作，预报调度成效显著，航运、生态、补水、发电效益得到充分发挥。6 月上旬，纳入联合调度的控制性水库共腾出防洪库容 560 亿 m³，部分水库在汛限水位以下累计还有兴利库容 217 亿 m³，共计 777 亿 m³ 库容可调蓄洪水，为迎战 2020 年长江流域性大洪水提供了可靠保障；汛期，溪洛渡、三峡水库成功应对建库以来最大洪水；溪洛渡、向家坝、三峡水库顺利达成蓄水目标，乌东德电站顺利蓄水和接机发电；三峡电站年度发电量创单座水电站年发电量世界纪录，溪洛渡—向家坝—三峡梯级电站发电量创投产以来新纪录。

1. 防洪减灾效益

2020 年，长江流域共有 2 589 座次大中型水库拦蓄洪水 1 029 亿 m³，其中以三峡水库为核心的 41 座控制性水库在长江 5 次编号洪水期间共拦蓄洪水约 500 亿 m³，避免了荆江分洪区和城陵矶地区蓄滞洪区分洪运用，发挥了中流砥柱的作用。

在应对长江 1 号洪水中，水库群拦蓄洪水约 73 亿 m³（其中三峡水库共拦蓄洪水约 25 亿 m³），降低城陵矶河段洪峰水位 0.8 m、降低汉口河段洪峰水位约 0.5 m、降低湖口河段洪峰水位约 0.2 m，同时运用江西湖口附近洲滩民垸，指导湖南、湖北、江西、安徽等省合理限制城陵矶和湖口附近河段排涝，避免了城陵矶、湖口附近蓄滞洪区运用。

在应对长江 2 号洪水中，水库群拦蓄洪水约 173 亿 m³（其中三峡水库拦蓄洪水约 88 亿 m³），降低沙市河段洪峰水位约 1.5 m、降低监利河段洪峰水位约 1.6 m、降低城陵矶河段洪峰水位约 1.7 m、降低汉口河段洪峰水位约 1 m，结合城陵矶附近河段农田涝片限制排涝，以及洲滩民垸行蓄洪运用，显著减轻了长江中下游尤其是城陵矶河段的防洪压力，再次避免了城陵矶附近蓄滞洪区运用。

在应对长江 3 号洪水中，水库群拦蓄洪水约 56 亿 m³（其中三峡水库拦蓄洪水约 33 亿 m³），此外通过城陵矶附近河段农田涝片限制排涝、洲滩民垸行蓄洪运用以及适当抬高城陵矶河段行洪水位，降低城陵矶河段洪峰水位约 0.6 m，降低汉口河段洪峰水位约 0.4 m，达到了预期调度目标。

在应对长江第 4 号和第 5 号复式洪水中，通过上游水库群联合调度拦蓄洪水约 190 亿 m³（其中三峡水库拦蓄洪水约 108 亿 m³），总体降低岷江下游、嘉陵江下游洪峰水位分别约 1.4 m、2.3 m，降低长江干流川渝河段洪峰水位 2.9～3.6 m，减少洪水淹没面积约 235 km²，减少受灾人口约 70 万人；同时，避免了荆江分洪区的运用，避免了 60 余万人转移和 49.3 万亩耕地、10 万亩水产养殖田（塘）被淹没，发挥了巨大的防洪减灾效益。

面对 2020 年洪水，流域防洪体系经受住考验，流域水库群发挥了积极、主动、灵活的拦洪削峰错峰作用，是流域防洪的主要措施。

2. 生态调度效益

受疫情防控影响，现场操作人员、试验监测人员无法到位，2020 年溪洛渡水库分层取水生态调度试验未开展提落门工作，水温、水生态及鱼类生物学监测等试验工作仍按 2019 年 12 月制定的《溪洛渡、向家坝和三峡水库 2020 年生态调度试验方案》持续开展。

2020 年 5 月 1～5 日，三峡水库首次开展了针对产黏沉性卵鱼类繁殖的生态调度，产黏沉性卵鱼类鱼卵大多在浅水沿岸带水草上，若水位下降过快可能会影响部分支流回水区产黏沉性卵鱼类的繁殖和早期孵化。调度期间，水库通过调节出库流量，控制每天水位下降的幅度在 0.2 m 左右，以提高鱼卵成活率。本次生态调度监测结果初步表明，库区干流库中至库尾消落带江段未见产黏沉性卵鱼类集中产卵现象，库尾回水区江段出现产黏沉性卵鱼类产卵现象。

2020 年 5 月 23～28 日，根据水雨情预测预报，成功组织开展了溪洛渡—向家坝—三峡梯级水库联合水文过程生态调度试验，有效促进了产漂流性卵鱼类的产卵繁殖，生态调度期间，江津、宜都江段鱼类产卵总量分别约为 0.33 亿粒、5 亿粒，总规模约为 5.33 亿粒。

1.3 本书主要内容

本书主要依托"三峡水库科学调度关键技术研究"第二阶段项目成果编纂完成。"三峡水库科学调度关键技术研究"第二阶段项目共设 11 个课题（表 1.1），下设 48 个专题，计划执行期为 2015～2020 年。与第一阶段项目相比，研究对象由三峡水库扩展至金沙江下游已建的溪洛渡、向家坝梯级水库，同时考虑 2020 年前长江上游建成的其他各干支流水库群调度影响。研究内容涵盖预报调度技术、减淤调度、汛期洪水资源利用、汛前消落与汛末蓄水、水沙变化与河道治理、水生态与水环境等，另外还有联合调度平台建设等内容。

表 1.1 "三峡水库科学调度关键技术研究"第二阶段项目课题设置一览表

课题编号	课题名称	下设专题数量
1	上游水库群运行后洪水规律和实时预报调度技术研究	10
2	上游水库群运行后三峡水库泥沙淤积与减淤联合调度研究	4
3	上游水库群运行后溪洛渡、向家坝、三峡三库防洪调度和汛期运行水位研究	7
4	水库群蓄水调度优化研究	3

续表

课题编号	课题名称	下设专题数量
5	水库群联合消落与应急补水调度关键技术	4
6	上游水库群运行后三峡水库不同运行水位对库区影响及对策研究	3
7	新水沙条件下长江中下游干流河槽发育与岸坡稳定研究	3
8	新水沙和上游水库群联合调度条件下荆南四河水沙变化及对策研究	4
9	三峡水库运用与水生态环境变化响应关系研究	2
10	针对不同对象的三峡水库生态调度关键技术研究	3
11	以三峡水库为核心的水库群联合调度会商平台建设	5

长江流域治理已进入从水利水电工程开发建设到综合调度管理的关键转型期，水库群在保证防洪、发电等基础功能的同时，在满足河道、湖泊和区域需水，流域水生态环境保护，突发应急调度等方面也发挥着日益重要的作用，总结提炼梯级水库群联合调度理论与方法十分迫切。为此，将"三峡水库科学调度关键技术研究"第二阶段项目成果进行梳理，总结溪洛渡、向家坝、三峡梯级水库群调度关键技术，提炼兼顾防洪、发电、生态、应急等多重目标的水库群联合运行的系统科学理论，对保障三峡水库综合效益持续发挥具有重要的理论和现实意义，同时还可形成技术示范效应，扩大行业影响力。

本书立足于"三峡水库科学调度关键技术研究"第二阶段项目的研究成果，在课题总结的基础上，结合总体思路布局进一步归纳梳理，凝练关键技术，以反映第二阶段项目研究成果全貌，主要包括：三峡水库水文特征及预报技术；溪洛渡、向家坝、三峡水库泥沙冲淤规律与减淤调度；溪洛渡、向家坝、三峡水库联合防洪调度及洪水资源利用；溪洛渡、向家坝、三峡水库联合蓄水调度；溪洛渡、向家坝、三峡水库联合消落与应急补水调度；三峡水库不同运行水位与库区水面线响应关系；长江中下游干流河槽发育与岸坡稳定；荆南四河水沙变化及对策；三峡水库优化调度与水生态环境演变；促进重要鱼类自然繁殖的三峡水库生态调度关键技术等10个方面。

（1）三峡水库水文特征及预报技术。针对长江干支流、上下游洪水特性差异大、流域洪水组成复杂，以及河道渠化、洪水特性变化显著等带来的一系列技术问题，开展洪水、径流还原还现，洪水分期，典型年设计洪水过程分析与计算，水库出库流量率定，以及水库群运行后水库下游洪水传播等相关研究，并对气象预报、水文模型、洪水演进、不确定性水文预报等方面的新技术开展试验性应用研究。提出水库群协同调度和长距离河道洪水演进耦合模型，构建长江流域主要控制节点的整体设计洪水过程数据库（集），揭示建库前后洪水传播特性变化规律，拓展分布式水文模型的应用前景，以及开展不确定性水文预报试验，以期为提高我国多阻断条件下水文预报技术水平提供参考。

（2）溪洛渡、向家坝、三峡水库泥沙冲淤规律与减淤调度。运用原型观测、实测资料分析、数学模型计算等多种手段，开展溪洛渡、向家坝、三峡水库泥沙冲淤规律与减淤调度研究，揭示长江上游产输沙规律，预测金沙江下游梯级水库及三峡水库入库泥沙量；改进梯级水库泥沙实时预报与冲淤观测关键技术，提出三峡水库及上游大型水库泥沙冲淤观测控制指标；预测新水沙条件下长江上游梯级水库泥沙淤积与坝下游河道冲淤变化响应，得出新的入库水沙和联合优化调度条件下长江上游梯级水库及长江中下游河道泥沙冲淤长期变化趋势；建立新水沙条件下金沙江下游梯级乌东德、白鹤滩、溪洛渡、向家坝和三峡水库联合减淤调度一维水沙数学模型，提出上游水库群运行后金沙江下游梯级水库与三峡水库联合减淤调度方案。

（3）溪洛渡、向家坝、三峡水库联合防洪调度及洪水资源利用。在分析长江流域防洪形势变化和联合防洪调度需求的基础上，进一步复核上游水库群联合防洪调度控制目标参数；探讨在三峡水库不同洪水遭遇和地区组合下，上游水库配合三峡水库对长江中下游防洪调度方式；优化对城陵矶防洪库容的运用方式和抬高对城陵矶防洪补偿控制水位，提出上游水库群配合三峡水库对城陵矶防洪调度方式和作用，并研究对武汉地区防洪作用；梳理分析长江中游水库调蓄对长江中下游防洪形势的影响程度，提出长江流域中游水库群联合防洪调度方式；在不增加下游地区防洪压力的条件下，以提高洪水资源利用水平为目标，提出溪洛渡、向家坝、三峡水库汛期运行水位上浮运用方式及常遇洪水调度方式。

（4）溪洛渡、向家坝、三峡水库联合蓄水调度。在切实保障水库及上下游地区防洪安全的前提下，提出溪洛渡、向家坝与三峡水库汛末防洪库容有序释放的动态时空裕度；以减少弃水，增加枯水期供水，提升水库群综合利用效益为目标，优化溪洛渡、向家坝与三峡水库的蓄水时机和进程，提出联合协同蓄水方案，并评估上游水库群蓄水对长江干流和洞庭湖、鄱阳湖水文情势的影响。

（5）溪洛渡、向家坝、三峡水库联合消落与应急补水调度。在探究长江中下游干流沿岸各省取用水情况和河口压咸用水的变化程度和趋势的基础上，识别长江中下游已经产生的影响，并寻求表征该影响的特征参数，尝试得到流域调度能够识别的各项约束条件；建立考虑多种因素的长江中下游枯水期应急补水调度的目标体系，研究提出不影响长江中下游防洪安全的汛前消落期三峡水库出库流量控制条件，优化溪洛渡、向家坝、三峡水库消落期水量分配过程，为开展水库枯水期科学调度研究提供依据。

（6）三峡水库不同运行水位与库区水面线响应关系。在梳理初步设计阶段三峡库区回水计算和试验性蓄水以来库区实际水面线情况的基础上，构建适用于河道型水库的一维非恒定流洪水演进计算模型，提出断面法水位库容曲线修正、区间流量水动力学模型反算与空间分配等模型改进新方法，提升模拟精度；基于实测数据，定量评估库尾水位-流量关系受坝前水位顶托影响，揭示典型控制断面行洪能力演变规律；基于一维非恒定流洪水演进计算模型，确定三峡库区淹没可控的临界水位及流量；基于对三峡水库不同运行水位淹没及相关影响要素的本底调查，研究不同库段在不同运行水位、不同来水情势的淹没风险，揭示洪水淹没的实物统计和沿程分布规律，解析不同水位和运行条件下敏感库段的淹没特点。

（7）长江中下游干流河槽发育与岸坡稳定。采用现场查勘与调研、资料收集与分析、数学模型计算、水槽试验、理论分析等多种手段，开展新水沙条件下长江中下游干流河槽发育与岸坡稳定研究，阐明三峡水库运行以来长江中下游河道水沙变化特征、造床流量变化及河槽发育变化特点、崩岸情势变化及其影响因素，提出满足多目标需求的三峡水库控泄流量过程和有利于洪水河槽发育的水库优化调度方式，预测新水沙条件下长江中下游干流河道洪水河槽发育趋势及岸坡稳定变化趋势。

（8）荆南四河水沙变化及对策。围绕新水沙条件下荆南四河冲淤演变趋势、水资源变化等问题，采用现场调研、实测资料分析、数学模型计算、实体模型试验等多种手段相结合的方法开展研究；利用不同地形条件的模型进行模拟分析，提出蓄水期河道冲淤变化和水位变化的响应关系；研究河口疏浚整治对荆江三口（即：松滋口、太平口、藕池口）分流量、改善断流、防洪和航运的影响，提出疏浚整治推荐方案。

（9）三峡水库优化调度与水生态环境演变。以三峡水库优化调度改善生态环境因子的各种需求为研究目标，以三峡工程运行以来水生态环境变化较大且可通过三峡水库调度进行调控的生态环境因子为对象，以分析各生态环境和水文因子的长期变化趋势及其与三峡水库调度的响应关系为手段，围绕三峡水库和长江中下游水文水质及生态环境要素演变、三峡水库支流富营养化及水华发生、长江中下游干流四大家鱼产卵繁殖、洞庭湖和鄱阳湖湿地演变、越冬候鸟种类及栖息地等生态环境问题，进行综合调研、资料收集和分析研究，提出三峡水库生态调度需求。

（10）促进重要鱼类自然繁殖的三峡水库生态调度关键技术。基于三峡水库调度运行前后二十多年的野外监测调查数据，系统分析三峡库区及坝下鱼类资源及早期资源动态变化，提出满足不同影响区域、不同产卵类型代表性鱼类自然繁殖的生态调度需求，量化三峡水库促进库区支流鲤、鲫自然繁殖的稳定水位生态调度以及促进坝下四大家鱼自然繁殖的人造洪峰生态调度参数和方案；基于水文、生境、生物的同步监测，评估三峡水库促进鱼类自然繁殖的生态调度试验效果。

第2章

三峡水库水文特征及预报技术

　　本章通过开展水文基础资料一致性分析，对长江流域干支流重要控制站洪水、径流过程还原还现，提出长江流域干支流重要控制站设计洪水过程分析成果，在此基础上，进一步深化研究梯级水库群运行后洪水传播特性的变异特征；本章在充分认识流域洪水规律的基础上，针对入库流量预报的不确定性，开展水文气象预报新技术和新方法研究并试验应用，以期提升流域水文气象预报精度、延长预见期，为水库群联合调度及风险管理提供基础技术支撑。

2.1　水文基础资料一致性分析

通过考虑具有较明显调蓄功能的水利工程运行影响，本章提出长江流域干支流重要控制站不同水平年的洪水、径流还原还现系列，为长江流域防洪减灾、水资源可持续开发利用、水利工程安全运行管理及流域综合管理提供重要基础资料。

2.1.1　洪水、径流还原还现

1. 洪水、径流还原还现方法

1）洪水还原方法

根据水库的水位库容曲线、坝前水位、出库流量等资料，采用水量平衡法、入库洪水演算法等方法进行洪水过程还原计算，得到坝址处的天然洪水过程。

2）洪水还现方法

以各大型水库工程防洪调度规则为依据，结合水库的防洪任务、防洪库容、防洪对象及防洪标准、下游防洪控制断面及安全泄量等内容，对水库进行洪水调节计算，得到受水库影响的出库流量过程。将水库出库流量过程与水库—控制站区间洪水过程叠加，得到控制站受上游水库影响后（还现）的洪水过程。

3）径流还原方法

根据长江上游和清江流域已建成的有较强调节性能的大型水库的水位库容曲线和调度运行资料，采用水量平衡法等方法分析水库的调蓄作用，对控制站的实测径流资料进行还原计算，计算时段为旬。

4）径流还现方法

依据"先上游再下游""先支流再干流"的原则，通过各水库常规调度模式推求水库出库流量过程，并根据水量平衡方程由上游水库的入库、出库流量及下游水库的还原流量推求下游水库的还现流量。

2. 上游水库群运行对天然洪水过程的影响

根据长江上游各水库投入运行时间，考虑各水库实际运行后的调蓄作用，分别对长江上游支流上金沙江的屏山（向家坝）站、岷江的高场站、嘉陵江的北碚站、乌江的武隆站和清江的长阳（高坝洲）站，长江干流上的寸滩站、宜昌站等主要控制站的洪水进行还原分析，提出了各控制站长系列1970～2015年及典型大水年的天然洪水过程。

上游梯级水库的调蓄对各控制站天然洪水过程的影响表征为削峰减量，减少了高水流量级的出现时间。宜昌站2009～2015年洪峰流量减小2 700～16 800 m³/s，削峰比例5%～29%，流量超过35 000 m³/s的天数最多减少11天。研究表明近年来通过水库群的科学调度，较好地实现了长江上游水库联合调度的防洪目标，显著减轻了长江中下游的防洪压力。

根据水库群的联合防洪调度方案或确定的调度方式，在洪水还原成果的基础上，逐级进行洪水调节计算，再逐级演算，得到了1970～2015年及典型大水年流域主要控制站的洪水还现过程。通过水库群的有效拦蓄，能够对下游防洪控制站产生较大的削峰减量效果，显著降低防洪风险。1970～2015 年宜昌站还现后多年平均洪峰流量减小 4 770 m³/s，削减流量占天然洪峰流量的比例平均为 9%，7～30 日洪峰流量减少比例平均为 3%～6%。经过还现计算后，宜昌站洪峰流量均不超过 50 000 m³/s，重现期均小于 2 年。

各控制站洪水还原与还现成果比较分析表明（见表 2.1），还现模拟的各控制站洪水成果与近年水库实际运行以来对洪水的削减效果较为一致，但由于各水库投入运行以来的时间不同，各控制站考虑的还原时段不一致，且近年长江上游来水相对较小，实际水库拦洪削峰程度有限，所以对于还原系列较短的年份，实际水库调蓄后削峰效果相对还现分析系列最大削峰量级与比例略小，但均高于长系列多年平均削峰程度。

表 2.1　各控制站洪水还原与还现成果比较表

控制站	还原		还现			
	洪峰流量最大削减/（m³/s）	最大削减比例/%	洪峰流量最大削减/（m³/s）	最大削减比例/%	洪峰流量削减平均值/（m³/s）	最大削减比例/%
溪洛渡水库入库	1 600	8	2 800	18	435	3
屏山站	3 500	21	7 800	44	2 280	12
高场站	1 800	13	4 600	27	1 270	7
北碚站	2 600	10	6 400	18	1 060	4
武隆站	7 600	32	5 000	53	1 790	14
长阳站	11 380	89	11 360	89	3 400	47
寸滩站	5 200	13	9 100	11	28	1
三峡水库入库	4 000	7	9 300	11	1 190	2
宜昌站	16 800	29	19 500	28	4 770	9

根据各控制站水文资料及相关水库实际调度运行资料，采用水量平衡法等方法还原各水库的来水，后逐级演算推求各控制站的天然流量过程，将流域主要控制站的天然径流系列延长至 2014 年。径流还原结果表明，受大型水库调蓄影响，长江流域干支流重要控制站实际流量与天然流量相比，整体上 6～11 月流量有一定减小，12 月～次年 5 月供水期流量增加。

根据还原后的天然径流系列，考虑具有较明显调蓄功能的水利工程的运行影响，模拟得到了不同水平年长江流域各主要控制站 1970～2014 年的旬径流还现系列。结果表明，还现流量与天然流量相比，整体上 7～11 月流量有一定减小，12 月～次年 6 月供水期流量增加，在规划水平年 2020 年，随着更多大型水库的陆续投产运行，对径流的影响明显加大。

2.1.2　设计洪水过程分析与计算

1. 设计洪水计算分析方法

点绘各控制站的洪水年内分布图，统计长江干支流最大洪峰出现的月份频次，从中分析各干支流站的主汛期出现迟早、汛期历时长短，揭示各控制站洪水的季节性变化特征。

分析各支流占控制站断面不同控制时段洪量的比例，归纳各控制站洪水地区组成特征；结合干支流各控制站历年给定时段最大洪量的起讫时间，并考虑干支流洪水传播时间，将各支流及出口控制断面的洪水过程点绘在同一张图中，分析干支流洪水遭遇情形。

将各控制站以上历年各支流的遭遇情况进行统计，揭示各控制站以上的支流遭遇规律；选择资料可靠完整、具有代表性、设计条件下可能发生的且对控制断面防洪较为不利的典型洪水过程，如选择峰高、量大、峰型集中、主峰发生时间偏后的洪水过程线为典型过程线；采用同频率放大法，用同一频率的洪峰和各时段的洪量控制放大典型洪水过程线，推求各控制站的设计洪水过程。

2. 长江流域主要控制站洪水遭遇分析

屏山站大洪水主要是由干流和支流遭遇形成。屏山站不同历时设计洪量分配情况表明，攀枝花站遇 1966 年型洪水 7 日洪量、小得石站遇 2001 年型洪水 3 日洪量和区间遇 1966 年型洪水 3 日洪量为各控制站对防洪最不利的典型情况。

高场站大洪水主要是由干流与青衣江遭遇、三江遭遇及干支流与区间大洪水组合形成。高场站不同历时设计洪量分配情况表明，彭山站遇 1981 年型洪水 1 日洪量、夹江站遇 1966 年型洪水 1 日洪量、福禄镇站遇 1981 年型洪水 3 日洪量和区间遇 1961 年型洪水 1 日洪量为各控制站对防洪最不利的典型情况。

北碚站大洪水主要是由干流与涪江遭遇、干流与渠江遭遇及三江遭遇形成。北碚站不同历时设计洪量分配情况表明，武胜站和小河坝站遇 1956 年型洪水 3 日洪量、罗渡溪站遇 1975 年型洪水 3 日洪量为各控制站对防洪最不利的典型情况。

朱沱站大洪水主要是由干流与岷江遭遇、岷江与沱江遭遇及三江遭遇形成。朱沱站不同历时设计洪量分配情况表明，屏山站和高场站遇 1966 年型洪水 7 日洪量、富顺站遇 2012 年型洪水 7 日洪量为各控制站对防洪最不利的典型情况。

寸滩站大洪水主要是由干支流遭遇形成。寸滩站不同历时设计洪量分配情况表明，朱沱站遇 2012 年型洪水 3 日洪量和北碚站遇 1981 年型洪水 3 日洪量为各控制站对防洪最不利的典型情况。

宜昌站大洪水主要是由干流来水较大和支流发生遭遇、支流来水较大和干流遭遇、区间来水较大、干流来水主导及干支流来水均大且发生遭遇形成。宜昌站不同历时设计洪量分配情况表明，寸滩站遇 1966 年型洪水 7 日洪量和武隆站遇 1954 年型洪水 15 日洪量为各控制站对防洪最不利的典型情况。

螺山站和汉口站大洪水主要是由长江中下游干流与洞庭湖来水遭遇、干流来水较大及干支流整体遭遇导致：螺山站不同历时设计洪量分配情况表明，宜昌站遇 1993 年型洪水 30 日洪量和洞庭湖四水合成遇 1996 年型洪水 30 日洪量为螺山站对防洪最不利的典型情况；汉口站不同历时设计洪量分配情况表明，宜昌站遇 1998 年型洪水 30 日洪量和洞庭湖四水合成遇 1996 年型洪水 30 日洪量为汉口站对防洪最不利的典型情况。

2.1.3　三峡、葛洲坝水库出库流量率定

1. 历史资料分析

三峡水库出库流量与庙河站流量整体相关性良好，20 000～30 000 m³/s 流量级时，三峡水库出库流量受枢纽电站机组发电调峰影响明显，瞬时流量变化较大，故相关性较差。

三峡水库出库流量与黄陵庙站流量整体相关性良好，流量较小时黄陵庙站受两坝间调蓄

影响明显，瞬时流量变化较大，故与三峡水库出库流量相关性相对较差。三峡水库出库流量与黄陵庙站流量基本偏差范围在±10%以内，大部分集中在±5%以内。

葛洲坝水库出库流量与宜昌站流量有较好的相关性，且以宜昌站流量偏小为主；葛洲坝水库出库流量与宜昌站流量的偏差范围基本在±10%以内，集中在±5%以内，整体来说，不同流量级下葛洲坝水库出库流量与宜昌站流量相关性均较好。

葛洲坝水库入库流量与黄陵庙站流量有较好的正相关关系，但当葛洲坝水库在不同的坝前水位运行时，二者的相关程度不一，除在 64～65 m 运行时葛洲坝水库入库流量较黄陵庙站以偏小为主外，其他坝前水位运行时段均以葛洲坝水库入库流量偏大为主。

2. 数值模拟分析

在三峡水库和葛洲坝水库调度运行时，两坝间会产生不同的流量波动，三峡水库坝下将产生顺流而下的顺涨（落）波，而葛洲坝水库上游生成逆流而上的逆落（涨）波，此类非恒定流波动在两坝间的传播时间一般稳定在 27～33 min。与两坝间河段相比，葛洲坝水库下游河段内流量振荡不明显，受葛洲坝电站调峰影响，形成的顺涨（落）波，自葛洲坝水库传至宜昌站历时约 5～10 min。

此类受电站调节所引起的非恒定流波动在各区段均表现为自上游向下游逐渐增强，影响波动程度的主要因子包括调节幅度、基流、调节历时等。而两坝间河段恢复稳定的最大历时整体上随基流增大而减少，其中退水过程比涨水过程耗时更长。整体上可以总结为，调节幅度越大，历时越短，基流越小，该工况下水流波动越大，河段恢复稳定所需时间越长。

在三峡水库单独调度运行时，若基流为 10 000 m³/s，两坝间沿程各站瞬时附加流量变化最为剧烈；若基流在 10 000 m³/s 以上，水流波动程度随流量增大而逐渐减小，非恒定流波动在河段的调蓄作用下迅速坦化。若加入葛洲坝水库反调节作用影响，两坝间和坝下河段的沿程各站瞬时附加流量变化程度均呈现自上游向下游呈线性增加趋势，其中坝下河段呈现基流越小，流量变幅越大时，水流波动越剧烈，恢复稳定所需时间越长的趋势。例如，当三峡水库最大出流为 35 000 m³/s 时，宜昌站瞬时附加流量变化均在±6%以内，恢复稳定历时约 100～170 min，但当三峡水库最大出流为 25 000 m³/s 时，沿程波动较强烈，宜昌站瞬时附加流量变化可达-3.5%～14%，恢复稳定历时约 140～180 min。

2.2　上游水库群运行后洪水特性及规律

2.2.1　梯级水库群条件下洪水传播特性

水库群的运行影响和改变着流域天然河道水力特性，对于单一水库而言，主要体现在径流的时空分布及量级、库区的产汇流特性、天然洪水的连续性、泥沙分布及河道冲淤形势。这些变化作用在洪水传播过程中的具体表现则可以按照发生位置分为两类：对于水库库区，主要体现在库区洪水传播时间、场次洪水峰型、传统静库容调洪适用性的变化；对于坝下河道的变化，则主要体现在洪水传播时间、洪峰要素演进规律、水位-流量关系的变化；对于梯级水库，则是上述变化的沿程累积和非线性叠加。

本节以三峡库区—三峡大坝—荆江河段为例，介绍上述水力特性的变化情况。

1. 洪水传播时间

1）库区洪水传播时间

三峡水库 175 m 试验性蓄水前，寸滩—三斗坪（三峡坝址）洪水平均传播时间约为 60 h，且一般表现为上游来水越大传播时间越短。三峡水库 175 m 试验性蓄水后，根据经验，在区间来水较小时，洪水实际传播时间可采用寸滩站、武隆站合成洪峰峰现时间与三峡水库坝前入库洪峰峰现时间的时间差代替。经实测资料分析，坝前库水位在 155 m 以下时，平均传播时间为 34 h；当坝前库水位在 155～165 m 时，平均传播时间为 30 h；当坝前库水位在 165 m 以上时，平均传播时间为 24 h，洪峰传播时间随库水位抬高而缩短。由此可见，三峡水库试验性蓄水后，库区洪水传播时间大大缩短。

2）水库下游河道洪水传播时间

采用 1992～2008 年资料代表三峡水库建库前，2010～2017 年的资料代表三峡水库建库后，分析三峡水库建库前后荆江河段洪水传播时间，见表 2.2。三峡水库蓄水投入运用后，宜昌—枝城河段洪水传播时间平均缩短约 3 h，枝城—沙市河段洪水传播时间平均缩短约 5 h，沙市—监利河段洪水传播时间平均缩短约 4 h，监利以下河段洪水传播时间未发生明显变化。

表 2.2　荆江河段洪水传播时间

河段	河道距离/km	流量级/(m³/s)	传播时间/h	
			1992～2008 年	2010～2017 年
宜昌—枝城河段	58	<30 000	6.4	1.7
		≥30 000	2.8	1.5
		平均	4.6	1.7
枝城—沙市河段	88	<30 000	11.3	4.7
		≥30 000	8.0	4.3
		平均	9.9	4.6
沙市—监利河段	206	<30 000	14.4	10.1
		≥30 000	12.2	8.0
		平均	13.6	9.5

2. 水位-流量关系

采用 2002～2017 年荆江河段主要控制站大断面及实测水位-流量资料进行分析，主要结论为：三峡水库蓄水以后，受清水下泄影响，枝城站、沙市站低水（<15 000 m³/s）断面平均水深逐步增加，断面面积扩大，但自 2014 年开始，枝城站变化幅度逐年减小，沙市站没有显著变化趋势；监利站受上游及洞庭湖来水的双重影响，断面中泓摆动剧烈但低水平均水深及断面面积变化不大。受断面下切影响，枝城站、沙市站低水水位-流量关系线下移，同流量级下水位下降明显；而高水（≥30 000 m³/s）水位-流量关系无明显变化趋势，同量级洪峰流

量对应洪峰水位既有升高也有降低，在涨退水过程中水位-流量关系绳套范围增加，如图 2.1
和图 2.2 所示。由于三峡水库蓄水运用以来，最大泄量仅 45 000 m³/s 左右，上述结论尚缺乏
高水资料进行验证。

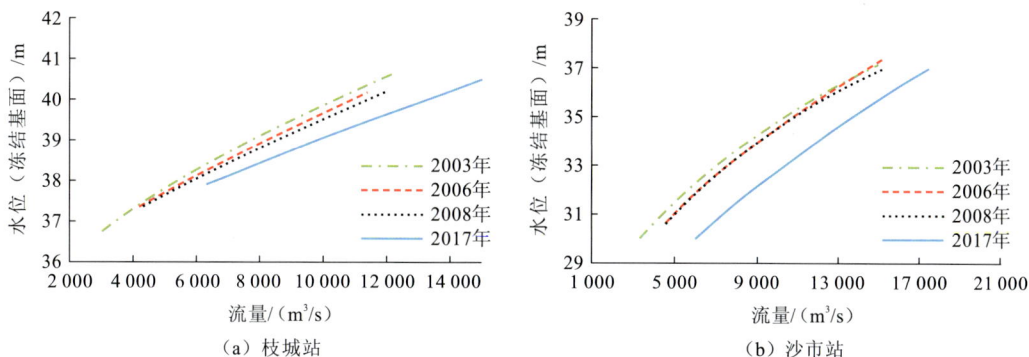

图 2.1　枝城站、沙市站低水水位-流量关系

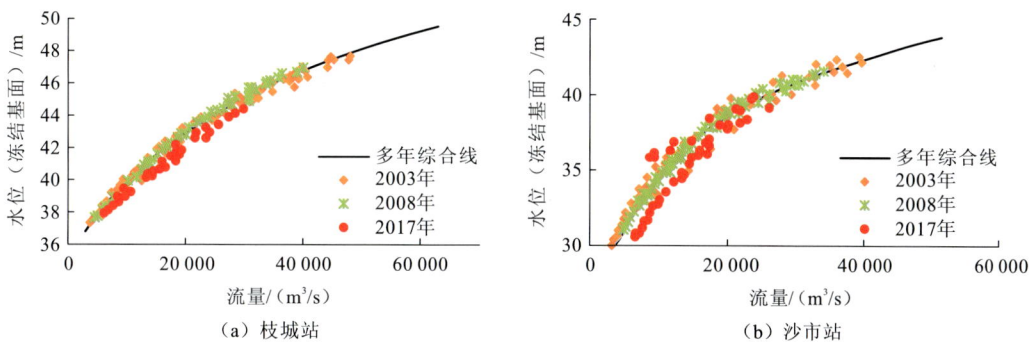

图 2.2　枝城站、沙市站中高水水位-流量关系

2.2.2　长江上游洪水分期规律

1. 分期研究方法

1）暴雨洪水分期统计规律及天气成因研究

以长江上游暴雨的天气成因、发生时间、类型、降雨过程等为研究指征，提出暴雨雨型
分析指标，分析各支流及整个长江上游的暴雨时空分布规律，综合评判暴雨是否具有分期特
征。

2）上游各支流洪水分期研究

结合长江上游各支流的天气成因、降水特性，根据屏山（向家坝）站、高场站、北碚站、
武隆站的洪水资料，结合各站历史洪水信息，分析金沙江、岷江、嘉陵江、乌江的洪峰量级、
峰现时间及汛期流量过程线的特征，利用天气成因分析法和基于矢量分析、变点分析、投影
寻踪分析等理论的多种数理统计法，综合确定各个支流是否存在洪水分期特征，在此基础上
确定存在洪水分期的各个支流的前汛期、主汛期及后汛期的分界点。

3）宜昌站洪水分期研究

分析宜昌站的洪峰量级、峰现时间及汛期流量过程线的特征，结合上游各支流的洪水分

期特征和宜昌站历史洪水信息，利用天气成因分析法和基于矢量分析、变点分析、投影寻踪分析等理论的多种数理统计法，综合确定宜昌站的前汛期、主汛期后汛期的分界点（刘攀 等，2005）。

2. 长江上游洪水分期

1）天气成因分析法

受季风气候影响，长江上游各地雨季起讫和持续时间不一，一般 4～6 月由东南向西北先后开始，8～10 月又从西北向东南先后结束，东南部雨季比西北部雨季长。乌江和长江上游干流下段区间 3 月就可出现暴雨，其余各地均在 4 月出现暴雨；各地暴雨大多于 10 月结束，嘉陵江流域少数站于 11 月结束。嘉陵江流域、长江上游干流三峡区间的一些站暴雨年内分布呈双峰型，前峰出现在 7 月，后峰出现在 9 月；乌江下游一些站暴雨年内分布也呈双峰型，但前峰出现在 6 月，后峰出现在 8 月。

长江上游汛期 5～10 月降水量占全年降水量的 83%，各旬降水量基本呈现由少至多，然后由多至少的季节变化规律；降水量以 7 月上旬最大，6 月下旬次之，8 月各旬降水量相差不大，9 月下旬降水明显减小。

综上所述，长江上游降水主要集中在 7～9 月，以 7 月、8 月降水最多，根据天气成因分析法，可将 5～6 月作为前汛期，7～8 月为主汛期，9～10 月为后汛期。

2）数理统计法

数理统计法中包含年最大值统计分析、多样本洪水统计分析、径流统计分析、矢量统计分析、模糊理论分析、变点分析、投影寻踪分析等方法，其计算结果见表 2.3。

三峡水库防洪主要考虑洪量控制，本次以年最大洪量统计分析成果为主，其他方法作为参考与验证，经综合分析，将宜昌站的汛期分为三期：5 月 1 日～6 月 20 日为前汛期；6 月 21 日～9 月 10 日为主汛期；9 月 11 日～10 月 31 日为后汛期。

表 2.3　宜昌站数理统计法汛期分期分析结果

数理统计分期方法		前汛期	主汛期	后汛期
①年最大值统计分析	洪峰	5 月上旬～6 月中旬	6 月下旬～9 月上旬	9 月中旬～10 月下旬
	7 日洪量	5 月上旬～6 月中旬	6 月下旬～9 月上旬	9 月中旬～10 月下旬
②多样本洪水统计分析		5 月上旬～6 月中旬	6 月下旬～9 月上旬	9 月中旬～10 月下旬
③径流统计分析		5 月上旬～6 月中旬	6 月下旬～9 月上旬	9 月中旬～10 月下旬
④矢量统计分析	洪峰	5 月 1 日～7 月 7 日	7 月 8 日～8 月 26 日	8 月 27 日～10 月 31 日
	7 日洪量	5 月 1 日～7 月 3 日	7 月 4 日～8 月 22 日	8 月 23 日～10 月 31 日
⑤模糊理论分析		5 月 1 日～7 月 5 日	7 月 6 日～9 月 16 日	9 月 17 日～10 月 31 日
⑥变点分析	洪峰	5 月 1 日～6 月 21 日	6 月 22 日～9 月 11 日	9 月 12 日～10 月 31 日
	7 日洪量	5 月 1 日～6 月 19 日	6 月 20 日～9 月 9 日	9 月 10 日～10 月 31 日
⑦投影寻踪分析		5 月上旬～6 月下旬	7 月上旬～9 月上旬	9 月中旬～10 月下旬
推荐成果		5 月上旬～6 月中旬	6 月下旬～9 月上旬	9 月中旬～10 月下旬

金沙江、岷江、嘉陵江、乌江、洞庭湖四水的洪水分期计算结果，见表 2.4。

表 2.4　研究区汛期分期分析结果

研究区域		前汛期	主汛期	后汛期
宜昌		5 月上旬～6 月中旬	6 月下旬～9 月上旬	9 月中旬～10 月下旬
金沙江		5 月上旬～6 月下旬	7 月上旬～9 月上旬	9 月中旬～10 月下旬
岷江		5 月上旬～6 月中旬	6 月下旬～9 月上旬	9 月中旬～10 月下旬
嘉陵江		5 月上旬～6 月中旬	6 月下旬～9 月下旬	10 月上旬～10 月下旬
乌江		4 月上旬～5 月下旬	6 月上旬～7 月下旬	8 月上旬～9 月中旬
洞庭湖四水		4 月上旬～4 月下旬	5 月上旬～7 月下旬	8 月上旬～9 月中旬
其中	湘江	4 月上旬～4 月下旬	5 月上旬～7 月中旬	7 月下旬～9 月下旬
	资水	4 月上旬～4 月下旬	5 月上旬～7 月下旬	8 月上旬～9 月中旬
	澧水	4 月上旬～5 月上旬	6 月上旬～7 月下旬	8 月上旬～9 月中旬
	沅江	4 月上旬～5 月中旬	5 月下旬～7 月下旬	8 月上旬～9 月中旬

2.3　水文气象预报方法

2.3.1　长江流域降水集合预报

1. 降雨集合预报方法

采用欧洲中期天气预报中心（European Centre for Medium-Range Weather Forecasts，ECMWF）、美国国家环境预报中心（National Centers for Environmental Prediction，NCEP）、GRAPES-GFS、气象研究与预报（weather research and forecasting，WRF）等业务模式产品，先对分辨率不同的模式降雨资料进行插值处理，统一到相同的格点分辨率，然后开展模式前期和当前预报性能检验［风险评分（threat score，TS）、公平技巧评分（equitable threat score，ETS）等］，评估分级降雨质量，对各模式进行评分排序选优；再基于动态检验结果，建立多模式综合权重的优化处理技术方案，输出网格降雨预报产品。

1）空间降尺度方法

基于 ECMWF、NCEP、GRAPES-GFS、WRF 等模式降雨资料，采用格点—格点的空间内插方法，将各个模式不同分辨率的资料统一到 5 km×5 km 细网格上，生成长江流域短中期（1～7 天）客观精细化网格降雨预报产品。

2）多种数值模式产品的动态集成

基于上述 4 种较为成熟的数值模式，在模式性能检验（TS、ETS 等）的基础上，应用动态权重，集成预报效果最优方案，实现长江流域分区 1～7 天综合集成的定量降雨预报产品（刘琳 等，2013）。

3）集成产品示例

为支持实际预报业务需求，构建了集成显示系统，生成长江流域区域、预报时效 1～7 天、空间分辨率 5 km×5 km、时间分辨率 24 h 的动态最优降雨场产品，该产品每天于 8:00 前更新，供预报员参考使用。

4）集成预报产品检验

对 2019 年主汛期（6～8 月）ECMWF、NCEP、GRAPES-GFS 和模式集成预报结果进行 TS 分析，评定区域为整个长江流域，降雨量级分为小雨、中雨、大雨、暴雨和大暴雨 5 个量级。

2. 集合预报产品试验应用检验

以 2018 年长江流域两次强降雨过程为例，分析集合预报在面雨量预报中的性能，具体分析如下：2018 年 5 月 5 日 8 时至 6 日 8 时，长江流域万州—宜昌区间（简称为"万宜区间"）等 10 个子流域的面雨量在大雨（24 h 面雨量值大于 15 mm）及以上量级，其中清江等 3 个子流域出现暴雨，以滁河子流域面雨量最大，为 58.3 mm，长江流域 39 个子流域的面雨量平均值为 10.7 mm。集合最优百分位预报在长江流域整体偏大，长江流域 39 个子流域的面雨量预报结果的平均值为 13.6 mm，预报较实况平均偏大 2.3 mm，误差百分比为 21%。结果如图 2.3 所示。

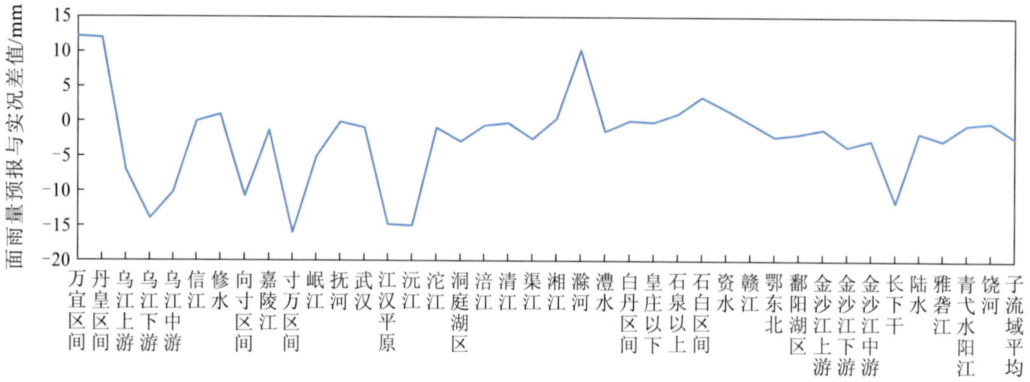

图 2.3　长江各子流域面雨量实况与预报差值

负值代表预报较实况偏大；正值代表预报较实况偏小

"丹皇区间"即为丹江口—皇庄区间；"向寸区间"即为向家坝—寸滩区间；"寸万区间"即为寸滩—万州区间；

"白丹区间"即为白河—丹江口区间；"石白区间"即为石泉—白河区间。

分析面雨量实况明显的子流域的预报误差情况，在滁河、万宜区间和清江 3 个出现（面雨量）暴雨的子流域上，集合预报与实况误差分别是 10.3 mm、12.2 mm 和 0.3 mm，对应误差百分比为-30%、-20%和 0.5%，表明预报结果在暴雨量级较实况偏小；对于实况出现大雨的 7 个子流域中，预报结果表现出偏强的特征，其中 5 个子流域中预报较实况偏大，1 个子流域（丹皇区间）预报偏小，1 个子流域（白丹区间）预报与实况一致（误差为 0.1 mm）；对于中雨及更小量级的降雨，ECMWF 模式也整体显现面雨量预报偏强的特征。

对降雨明显的子流域（如面雨量实况为大雨及以上量级的子流域），集合预报能够反映实况趋势，但预报误差在不同量级存在差异，对于大雨量级的子流域，预报整体较实况偏大，而对于暴雨量级子流域，预报较实况偏小。

2018 年 5 月 25 日 8 时至 26 日 8 时，长江流域武汉、鄂东北等 9 个子流域出现大雨和暴雨，其中长江下游干流面雨量最大，为 43.7 mm。集合预报面雨量结果整体较实况偏大，各子流域预报误差平均值为-1.9 mm，误差百分比约 20%。

分析降雨明显的子流域（面雨量为大雨）预报误差情况，武汉等 9 个大雨量级的子流域中，绝对误差最大值为 16.2 mm，最小值为 2 mm，9 个子流域的预报误差平均值为-1.6 mm，说明面雨量预报整体略偏大。对于实况出现小雨和中雨的子流域，面雨量预报也整体呈现出偏大的特征。

　　根据以上两个个例可以发现，面雨量预报结果在长江流域较实况略整体偏大，误差百分比约 20%；面雨量预报结果在大雨及其以下量级较实况偏大。

2.3.2　分布式水文模型预报

1. 分布式水文模型

1）分布式新安江模型

　　以传统新安江模型理论为基础，保留传统新安江模型中蓄满产流、分水源、分阶段汇流的经典方法，以流域内数字高程模型（digital elevation model，DEM）栅格作为计算单元进行产汇流计算。提取网格基本信息（平均坡度、河长等），构建网格间拓扑关系，根据流域平均蓄水容量理论公式和彭曼蒸散发原理获得网格内张力水蓄水容量和蒸散发能力，以时空插值后的网格降雨作为输入，进行产汇流计算。模型采用网格-单元面积-产汇流分区相互嵌套的产汇流计算框架，既保证了水量平衡，又充分利用了基于栅格的水文气象和下垫面数据，能够更加真实地模拟水文过程。

2）基于 DEM 的分布式水文模型（DEM-based distributed rainfall-runoff model，DDRM）

　　DDRM 的主体结构可分为两部分：栅格产汇流模块和河网汇流模块。模型的产流机制为蓄满产流，以地理信息系统（geographic information system，GIS）为支撑平台，通过 DEM 提取河网水系、划分子流域、计算地形指数等，并采用土壤蓄水能力作为模型参数来反映流域土壤特征。模型假设各栅格的土壤蓄水能力和对应的地形指数有关，即通过地形指数值来反映栅格的蓄水能力的空间异质性。

　　DDRM 假定每个栅格是具有物理意义的单元流域，各个单元流域有自己的物理特性数据，包括高程、坡度、地形指数等数据和降雨量。在 DEM 的每个栅格上，假设有地下土壤、地表和河道 3 种不同的蓄水单元（郭生练 等，2000）。

2. 水文预报结果评估

　　罗渡溪站为渠江流域出口控制站，2010～2016 年分布式新安江模型模拟精度评价结果见表 2.5。由表中结果可见，除 2015 年和 2016 年模拟效果较差，其余各年对水量和过程的模拟均较为出色，相对误差在 ±15% 以内，纳什效率系数（Nash-Sutcliffe efficiency coefficient，NSE）在 0.8 以上。2015 年和 2016 年模拟效果较差，主要原因为 2015 年和 2016 年来水量级较小，而模型率定时偏大水考虑，导致 2015 年和 2016 年模拟的洪峰较为尖瘦。罗渡溪站 2010年和 2011 年模拟过程见图 2.4。

表 2.5　罗渡溪站模拟精度评定

年份	实测平均流量/（m³/s）	模拟平均流量/（m³/s）	相对误差/%	NSE
2010	2 390	2 110	−12	0.87
2011	2 310	2 150	−7	0.82
2012	2 360	2 000	−15	0.84
2013	1 390	1 480	6	0.89

年份	实测平均流量/（m³/s）	模拟平均流量/（m³/s）	相对误差/%	NSE
2014	1 810	1 870	3	0.82
2015	767	817	7	0.70
2016	559	721	30	0.60

罗渡溪站 2010～2016 年 DDRM 模拟精度评价结果见表 2.6。由表中结果可见，与分布式新安江模型类似，DDRM 罗渡溪站除 2015 年和 2016 年模拟效果较差，其余各年对水量和过程的模拟均较好，相对误差在±15%以内，NSE 在 0.8 以上。2015 年和 2016 年模拟效果较差，主要原因为 2015 年和 2016 年来水量级较小，而模型率定时偏大水考虑，导致 2015 年和 2016 年模拟的洪峰较为尖瘦。罗渡溪站 DDRM 模型 2010 年和 2011 年模拟过程见图 2.5。

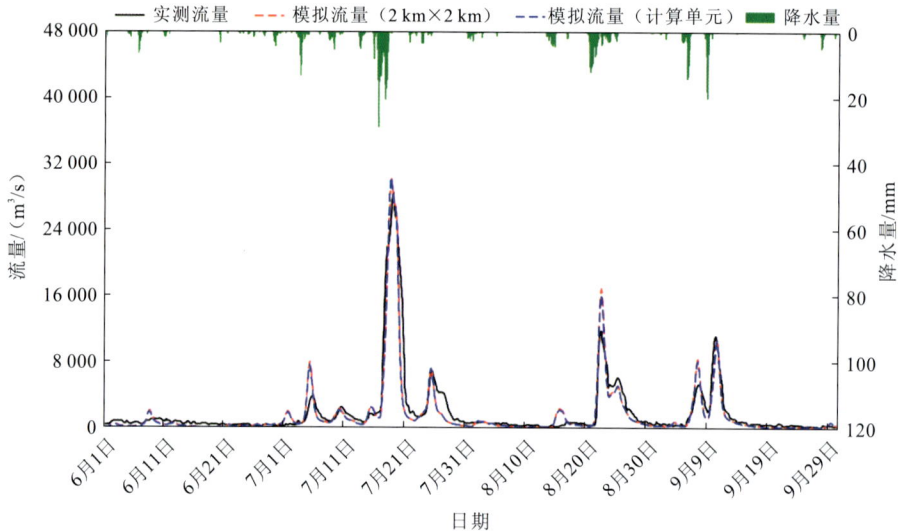

（a）2010 年

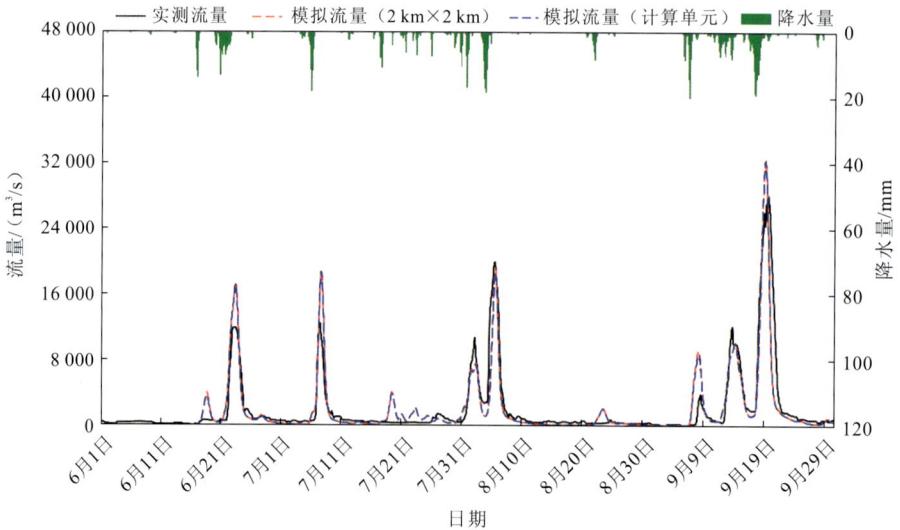

（b）2011 年

图 2.4 罗渡溪站模拟过程

表 2.6　罗渡溪站模拟精度评定（网格大小 2 km×2 km）

年份	实测平均流量/（m³/s）	模拟平均流量/（m³/s）	相对误差/%	NSE
2010	2 390	2 030	−15	0.88
2011	2 310	1 970	−15	0.80
2012	2 360	2 060	−13	0.81
2013	1 390	1 240	−11	0.88
2014	1 810	1 670	−8	0.86
2015	767	840	10	0.66
2016	559	620	11	0.63

注：各年统计时段均为 7 月 1 日～10 月 1 日。

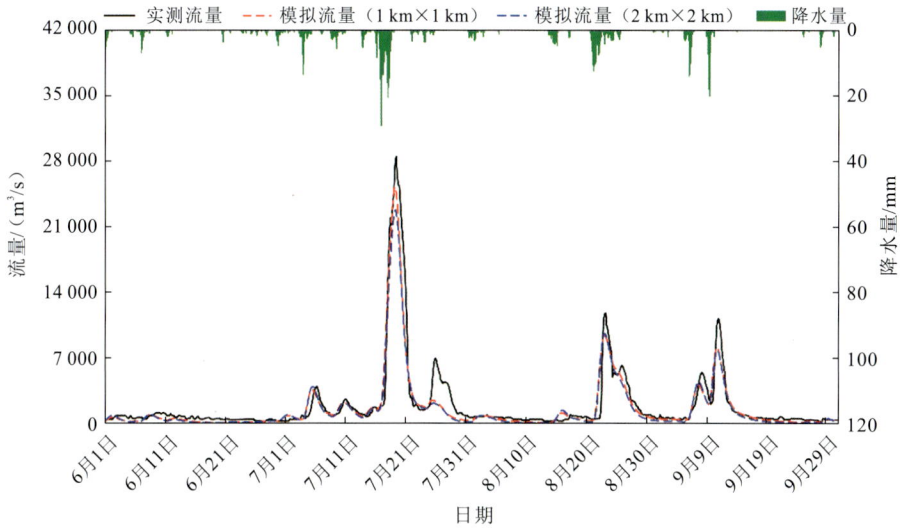

（a）2010 年

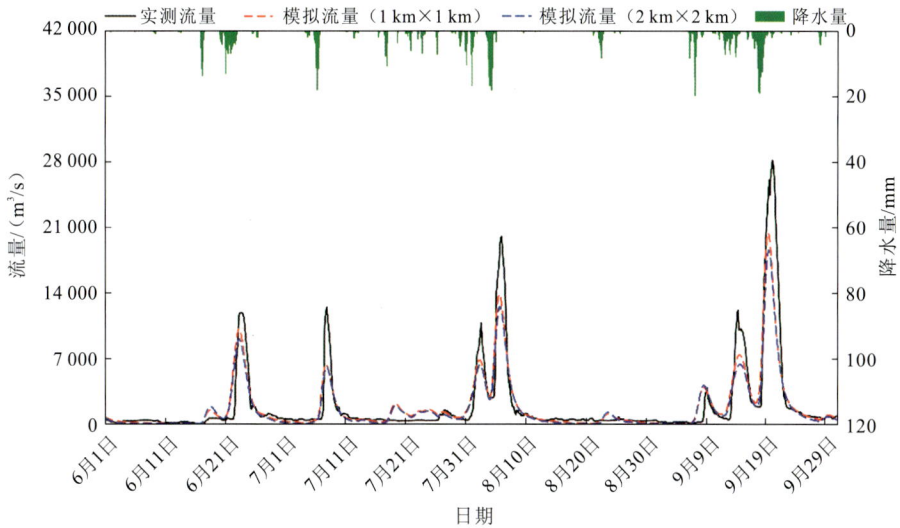

（b）2011 年

图 2.5　罗渡溪站 DDRM 模拟过程

2.3.3　洪水演进模拟

1. 洪水演进模型

洪水演进模型分为区间降雨径流模型和河道洪水演算模型，采用一维水动力学模型进行模型构建和参数设置，并在河网文件中实现降雨径流和河道演算的耦合。区间降雨径流模型按不同降雨分区分为若干个子分区，子分区面雨量按泰森多边形法计算；河道洪水演算模型包含入库流量计算模型和调洪模型，分别构建对应的河道水力学模型，并与区间降雨径流模型耦合，以实现入库流量计算和调洪。为降低模型预报误差，加入实时校正模块，本次模型中的校正模块采用混合滤波和误差校正技术，将误差预报模型定义为一个线性模型，并采用自回归模型函数进行定义。模块集成了自动估计参数的技术，在预报时间前的滤波期内，基于用户定义时间，估计并自动更新预报误差模型的参数。

2. 演进模拟效果评估

1）库区洪水演进模拟

三个库区（溪洛渡、向家坝、三峡库区）洪水演进模型的区间产流总量相对误差基本在许可误差 20%以内，过程总水量相对误差小于 10%，洪峰流量相对误差小于 5%，峰现时间误差基本在 12 h 以内，次洪过程确定性系数 0.85 左右，库水位过程确定性系数在 0.9 左右。表明溪洛渡、向家坝、三峡库区水动力学模型参数满足精度要求，基本合理。

2）川江河道洪水演进模拟

以 2016～2018 年为模型率定期，以 2019～2020 年为模型检验期，各子分区水量相对误差总体在 20%以内，将长江上游干流主要控制站李庄站、朱沱站、寸滩站作为控制对象率定粗糙系数，并分析模拟精度，各站汛期水量误差在 4%以内，李庄站、朱沱站、寸滩站次洪平均过程确定性系数分别为 0.97、0.73、0.83，洪峰流量平均相对误差为 1.8%、4%、5.5%，峰现时间略偏后。川江河道洪水演进模型模拟效果较好。

3）长江中下游洪水演进模拟

以 2016～2018 年 6～8 月为模型率定期，2019～2020 年 6～8 月为模型检验期，各站水位过程确定性系数基本都在 0.9 以上，洪峰水位平均误差在 0.17～0.53 m，流量过程确定性系数均在 0.99 以上，各站洪峰流量相对误差小于 5%。对 2020 年长江中下游中高水资料进行检验，洪峰流量相对误差小于 10%，各站水位过程确定性系数 0.775～0.974。总体而言，长江中下游主要控制站水位-流量过程模拟的拟合程度均较好。

2.3.4　长江上游旱涝长期预测

1. 旱涝长期预测模型

1）降水奇异值分解（singular value decomposition，SVD）等级预测模型

长江上游 6～8 月降水 SVD 等级预测模型的构建分为数据获取、数据预处理、气候因子选择、模型的训练与校验、预报评估指标五个部分，分别介绍如下。

数据获取：研究数据包括长江流域降水数据、全球海温数据、北极海冰数据和北半球位势高度数据。本节中按照水文局划分的长江流域一级子流域对长江上游进行分区降水预测，包括：金沙江流域、岷江流域、嘉陵江流域、乌江流域和长江上游干流。

数据预处理：SVD 计算时，采用原始场数据会导致分解模态中气候平均态的贡献率过大，屏蔽其他异常态信号，经过距平化处理可避免平均态的影响，减小误差。

气候因子选择：选取长江上游作为研究区域，对长江上游主汛期 6～8 月的累计降水进行预测，从高、中、低纬度分别选取 3 个与长江上游降水显著相关的气候因子，所选因子为冬季（12 月～次年 2 月）北极海冰场（60°N～90°N，180°E～180°W）、北半球 500 hPa 位势高度场（20°N～70°N，180°E～180°W）和热带海温场（30°S～30°N，180°E～180°W）。

模型的训练与校验：将数据资料按时间先后顺序分为训练数据、校验数据和检验数据。训练数据用于初步预测模型的参数率定；校验数据用于订正模型参数的率定，订正模型与初步预测模型组合得到优化预测模型；检验数据用于评估两种预测模型的预测性能。训练数据和校验数据分别参与了初步预测模型和优化预测模型的构建，而检验数据对于模型来说是全新的数据。由于构建初步预测模型时使用了 SVD 方法，所以称为奇异值分解预测（singular value decomposition forecast，SVDF）模型，而构建优化预测模型时再次使用 SVD 方法进行预测订正，故称为双重奇异值分解预测（singular singular value decomposition forecast，SSVDF）模型。

预报评估指标：主要有距平符号一致率（P_C）、相关系数（R）和平均绝对误差（mean absolute error，MAE）。

2）区域气候模式预测系统

区域海洋模式系统（regional ocean model system，ROMS）作为一个比较新的模式，主要应用于海洋近岸和河口海洋环境预报。本小节中使用的 ROMS 是一个自由表面、地形跟踪和基本方程的斜压海洋模型，也是一个三维自由表面的非线性原始方程，主要应用于近海区域的海洋模型，将 ROMS 海洋模式与区域气候模式 RegCM4 进行耦合。

利用区域气候模式 RegCM4 及主要物理参数化方案对 2017 年和 2018 年长江流域降水进行模拟评估，综合来看，对于单个物理方案的变化，长江流域的降水模拟误差在不同区域和不同时间段都有所差异，这是由于不同的物理方案对不同的降水过程的模拟能力有所不同。为了选择一个整合性更好的物理方案配置，需对多种物理方案的配置进行降水模拟的对比评估和分析。

长江流域区域气候模式预测系统是基于最新版的区域气候模式 RegCM4 和 NCEP 最新的气候预测系统 CFSv2 建立在服务器 Linux 系统上的降水和气温的预测系统。搭建的长江流域区域气候模式预测系统，其中区域气候模式的中心点设置为（30.5°N，108°E），模式水平分辨率为 25 km×25 km，东西向格点数为 156，南北向格点数为 100，垂直方向为 36 层，最顶层的气压为 50 hPa，地图投影方式采用兰伯特投影。

2. 模型预测效果评估

1）降水 SVD 等级预测模型

长期降水距平预测是世界性的难题，目前国内预测机构的多年平均降水距平符号一致率评分多在 60～70 分，因此本节以 60 分作为预测合格。表 2.7 给出了训练期-SVDF 模型、校验期-SVDF 模型、检验期-SVDF 模型、校验期-SSVDF 模型、检验期-SSVDF 模型的距平符号一致率评分。可以看到，训练期-SVDF 模型的降水模拟平均评分达到 70 分，在校验期-SVDF

模型平均评分仅有 51 分,而经过订正的 SSVDF 模型降水拟合平均评分达到 73 分。这表明,SVDF 模型在实际预测中对降水异常的预测效果有明显下降,经过订正后则可以显著消除这种系统性误差。在实际检验期,SVDF 模型和 SSVDF 模型的平均评分分别为 52 分和 64 分,SSVDF 模型的评分相比校验期有所下降,但明显高于 SVDF,且在合格水平以上,验证了 SSVDF 模型对长江流域降水异常预测的合理性。

表 2.7　各阶段模型模拟预测结果评分

项目	训练期-SVDF 模型	校验期-SVDF 模型	校验期-SSVDF 模型	检验期-SVDF 模型	检验期-SSVDF 模型
P_C	70	51	73	52	64

表 2.8 为检验期逐年的降水距平预测结果。如表所示,SVDF 模型各年的预测结果均在 60 分以下,未能合格。SSVDF 模型在 2011 年和 2012 年预测评分在 60 分以下,其他年份均在 60 分以上,特别是在 2014 年和 2017 年预测评分分别达到 74 分和 69 分,预测效果良好。

表 2.8　检验期逐年降水距平预测结果

模型	2011	2012	2013	2014	2015	2016	2017	平均
SVDF 模型	45	56	59	56	47	53	47	52
SSVDF 模型	58	57	63	74	63	64	69	64

从 SSVDF 模型在 2011～2017 年的预测和实况降水距平对比图(以 2017 年为例,图 2.6)可以看到:2011 年,模型较好地预报出了汉江上游降水偏多、长江上游干流南部降水偏少的分布状况,但对两湖水系的降水预报效果较差;2012 年,模型的整体预报效果较差,未能预报出汉江上游的干旱状况;2013 年,模型成功预报了长江中下游南部降水偏少、嘉陵江和汉江上游降水偏多的分布,但在量级和中心上存在误差;2014 年,模型预测结果较好地把握了当年长江流域主汛期大范围偏旱的状况,但干旱中心与实况相比有所偏移;2015 年,模型预测出了汉江上游降水偏少的状况,但对于长江中下游干流南部降水偏多的预测效果一般;2016 年,长江中下游干流附近降水显著偏多,模型对降水强度的预测效果较好,但其预测的多雨区位置明显偏南;2017 年,模型预测结果基本把握了长江中下游降水偏多、上游降水偏少的分布,特别是对嘉陵江局地的一片多雨区有所反映,但同时也看到模型预测降水的异常程度明显小于实况。综合来看,SSVDF 模型预测结果能够大体把握长江流域主汛期降水的旱涝分布,但其对局地异常降水中心和异常降水程度的预测有较为明显的误差。

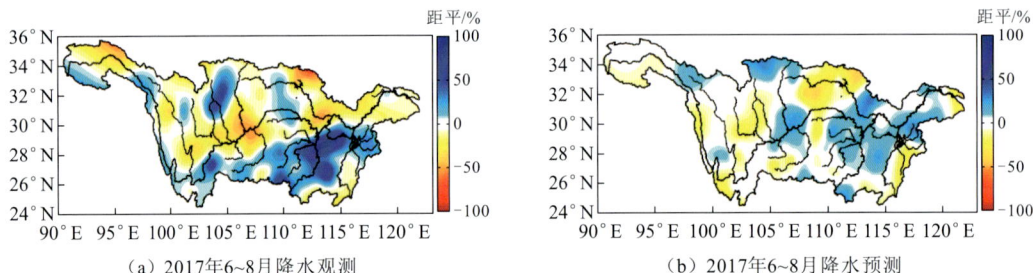

(a) 2017 年 6~8 月降水观测　　　　　　　　(b) 2017 年 6~8 月降水预测

图 2.6　2017 年实况(左)与预测(右)对比

2)区域气候模式成果应用检验

以 2020 年 5 月 27 日为起始时间进行降水预报,对未来 3 个月累计降水的预报结果如

图 2.7 所示，可以看出，2020 年夏季降水偏多，以 EC-Earth 为强迫场进行降水预报时，预报的累计降水整体偏小，主要集中在长江流域上游地区，在四川盆地的降水预报明显偏小。将强迫场数据更新为 CFS 数据时，可以看到：预报的降水明显增多，与观测结果更加接近，尤其是四川盆地及长江中下游地区，降水预报与观测更加接近；在长江流域强降水中心虽然未预报出来，但是相比于老版本的强迫场数据，整体的降水预报结果增大，夏季累计降水量与观测更加接近。

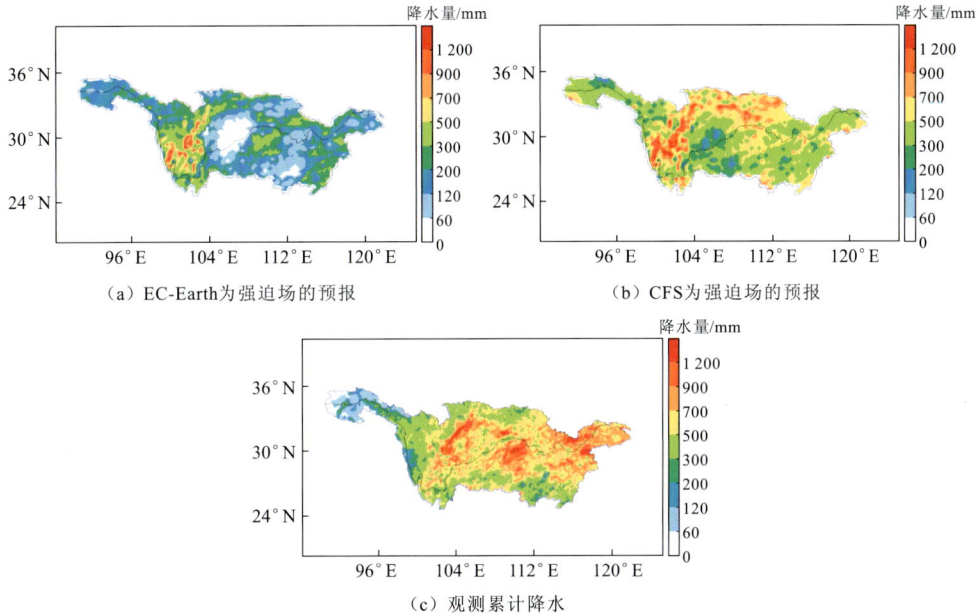

（a）EC-Earth 为强迫场的预报　　　　　　（b）CFS 为强迫场的预报

（c）观测累计降水

图 2.7　2020 年夏季长江流域降水预报结果对比情况

2.4　三峡水库不确定性水文预报

2.4.1　洪水集合概率预报方法

1）降水预报数据预处理技术

梳理不同的降水校正方法，针对人工综合预报产品，采用不同的预报降水校正方法进行校正，并分析偏差情况；根据实际情况分析选择降水时程分配方法，以向家坝—三峡水库区间为研究对象，分析向家坝—三峡水库区间不同雨型降水发生频率的空间分布。

2）入库洪水模拟预报方法

建立适用于溪洛渡和三峡水库入库流量计算的多输入单输出（multi-input and single-output，MISO）模型，采用入库流量评定指标，分析评价洪水模拟结果。

3）入库洪水预报实时校正

建立误差自回归估计模型，对比分析溪洛渡和三峡水库入库 MISO 模型的模拟误差与自回归误差，实现对模型计算流量的有效校正。

4）入库洪水概率预报方法

分析确定溪洛渡和三峡水库入库洪水边缘分布函数，建立基于 Copula 函数理论的联合分布函数，根据数理统计原理，计算得到后验期望值作为确定性洪水预报结果，同时获取给定置信水平下的入库流量预报区间（郭生练 等，2008）。

5）入库洪水集合预报方法

采用不同种类数值降水量和水文模型，交叉构建三线入库流量集合预报方案，采用统计学方法对集合预报系统的输出结果进行修正，使其更加符合真实预报量的统计特性。

2.4.2　洪水集合概率预报应用研究

1）洪水集合预报

研究区域为寸滩—武隆以下的三峡区间流域，对于上游干支流控制站入流，采用马斯京根法演算至入库点；对于三峡水库区间流域，采用水文模型进行产汇流计算后直接叠加得到三峡水库入库流量。在考虑 3 种主要不确定性来源的基础上，构建了三峡水库入库流量集合预报方案，并进行短期入库流量预报试验。

对于三峡水库入库流量预报，采用寸滩站、武隆站的实测值和预报值作为输入，并考虑预见期内的三峡区间数值降水预报，计算得到了 2012 年 5 月 11 日～2015 年 12 月 31 日共计 1 330 个时段的三峡入库流量 1～3 天集合预报结果。

图 2.8 展示了各预见期三峡水库入库流量集合预报的评价指标箱线图。随着预见期增长，三峡水库入库流量的预报精度总体上呈现下降趋势，以 NSE 为例，1～3 天预见期的集合预报 NSE 中位数分别为 98%、95% 和 91%，结果表明随着预见期延长，预报误差逐渐增大。同时，随着预见期增长，集合预报成员之间的差异也更加显著，表现为评价指标的取值范围逐渐增加，集合预报的不确定性区间也逐渐增大。总体看来，3 天预见期集合入库流量预报误差仍维持在较小的水平，具有较好的预报精度。

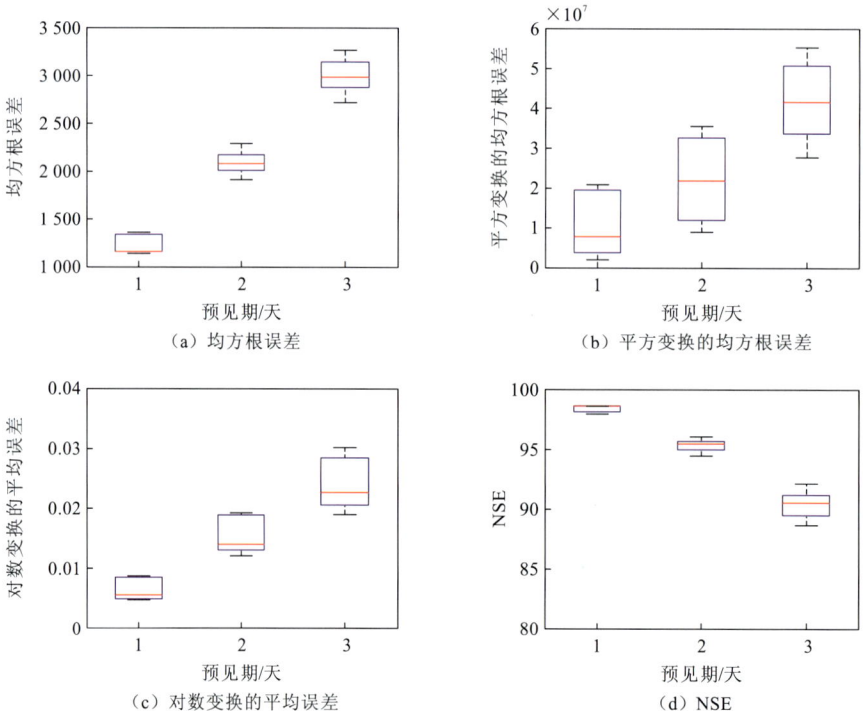

图 2.8　三峡水库入库流量集合预报评价结果

2）洪水概率预报

根据数理统计原理，给定显著性水平 $\xi=0.1$，计算得到后验流量概率分布 5%和 95%的分位数，它们分别给出了 90%的流量预报区间的置信下限和上限值。三峡水库 2013071908 起报的不同预见期的确定性预报流量、后验中值预报流量及 90%的置信区间列于表 2.9。

表 2.9　三峡水库 2013071908 洪水不同预见期后验期望值预报流量及 90%的置信区间

预报时刻	实测流量 /（m³/s）	确定性预报流量 /（m³/s）	后验期望值预报流量 /（m³/s）	90%置信区间 /（m³/s）
2013071908	31 100	28 200	28 300	[25 000, 31 300]
2013072008	42 600	38 000	37 700	[34 000, 41 000]
2013072108	48 100	48 600	48 200	[44 300, 51 700]
2013072208	45 900	47 800	44 200	[37 400, 50 100]
2013072308	38 200	41 500	41 700	[37 200, 45 600]
2013072408	39 500	36 600	36 700	[31 900, 40 900]
2013072508	40 900	39 800	39 800	[34 900, 44 200]

预见期的后验期望值预报流量相比确定性预报流量，洪峰部分有所改善，对于预见期 1～7 天的预报，贝叶斯预报处理器计算的 90%的置信区间基本包含了实测流量，可靠性较高。

同理，可以计算任意预报时刻的后验期望值预报流量和 90%置信区间，实现洪水过程的连续预报。从三峡水库 2013 年预见期 1～7 天汛期洪水过程的后验期望值预报流量和 90%的置信区间及实测流量过程（以 3 天预见期为例，如图 2.9 所示）可以看出，基于 Copula-BPF 的后验期望值预报流量与实测流量序列拟合效果总体较好，但拟合效果随预见期的延长而降低。此外，90%置信区间也随着预见期的延长均变宽，预报不确定性增大，但基本上可包含实测流量，表明概率区间预报是可靠的，可以为防洪决策提供更多的信息，定量给出了各种不确定性，实现水文预报与实践决策的有机结合。

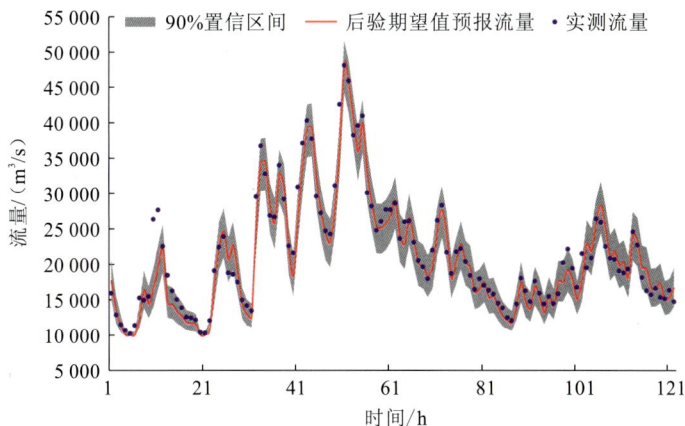

图 2.9　2013 年汛期入库流量实测值、3 天预见期后验期望值预报流量与 90%的置信区间

2.5 短中期水文气象预报实践

2.5.1 短中期降雨及水文预报精度评定方法

1）短期降雨预报精度评定

短期降雨预报评定为不同预见期不同降雨量级预报的准确率、漏报率、空报率、实际降雨量级的频次频率。

不同等级降雨量预报准确率 η、漏报率 β、空报率 w 计算式如下：

$$\eta = (n/m) \times 100\% \qquad (2.1)$$
$$\beta = (u/m) \times 100\% \qquad (2.2)$$
$$w = (p/m) \times 100\% \qquad (2.3)$$

式中：m 为发布预报次数；n 为预报正确次数；u 为预报漏报次数；p 为预报空报次数。

2）中期降雨预报精度评定

中期降雨预报评定为是否预报出长江上游的降雨过程及预报降雨过程的强度是否正确。收集中期降雨预报成果（预报内容主要为降雨量范围及降雨量倾向值），依据江河流域面雨量等级划分标准（表 2.10），选取长江上游实况面雨量至少连续两天达到或超过中雨量级的降雨过程作为统计样本，依据实况发生的降雨过程，如果中期降雨预报中有文字说明或者数字证明有降雨过程，则为降雨过程预报正确，如果没有，则为降雨过程预报错误；同时对比长江上游预报的降雨过程与实际发生的降雨过程的强度，如果实际发生的降雨过程累积雨量在预报累积雨量范围内，则为降雨过程强度预报正确，否则为降雨过程强度预报偏强或偏弱。

表 2.10 江河流域面雨量等级划分

等级	12 h 面雨量/mm	24 h 面雨量/mm
小雨	0.1～2.9	0.1～5.9
中雨	3.0～9.9	6.0～14.9
大雨	10.0～19.9	15.0～29.9
暴雨	20.0～39.9	30.0～59.9
大暴雨	40.0～80.0	60.0～150.0
特大暴雨	>80.0	>150.0

3）短中期水文预报精度评定

（1）绝对误差：水文要素的预报值减去实测值为预报的绝对误差，多个绝对误差绝对值的平均值表示多次预报的平均误差分析。

（2）相对误差：绝对误差除以实测值为相对误差，以百分数表示。多个相对误差绝对值的平均值表示多次预报的平均相对误差水平。相对误差绝对值与百分之百的差值为准确率。

（3）保证率误差：将各预见期入库流量预报的绝对误差、相对误差的绝对值进行从小到大排序，采用如下公式分别计算其保证率 P：$P = k/(N+1) \times 100\%$，其中 $k=1,2,3,\cdots,N$，表示序号；N 表示预报样本总数。

（4）合格率：一次预报的误差小于许可误差时，为合格预报。合格预报次数与预报总次数之比的百分数为合格率，表示多次预报总体的精度水平。

水位预报许可误差取预见期内实测变幅的 20%，当许可误差小于相应流量的 5%对应的水位幅度值或小于 0.1 m 时，则以该值作为许可误差；三峡水库入库流量及累计水量 1～5 天预报许可误差则分别按 5%、10%、15%、20%、25%控制。

2.5.2　短中期水文气象预报精度评定结果

1）短期降雨预报精度评定结果

由 24 h、48 h 及 72 h 预见期长江上游、清江及洞庭湖水系各分区短期降雨预报准确率可知：①24 h 短期降雨预报平均准确率为 74.8%，平均漏报率为 1.0%，平均空报率为 1.9%。②48 h 短期降雨预报平均准确率为 73.5%，平均漏报率为 0.9%，平均空报率为 1.8%。③72 h 短期降雨预报平均准确率为 71.6%，平均漏报率为 1.2%，平均空报率为 2.4%。④流域面积大的预报区域准确率较高，漏报率较低。

2）中期降雨预报精度评定结果

由长江上游中期降雨过程精度评定可知：有预报样本数为 151 次；在 151 次降雨过程检验中，有 1 次降雨过程未预报，降雨过程预报的准确率为 99.3%；在 150 次预报出的降雨过程样本中，过程强度正确的有 116 次（77.3%），偏强的有 10 次（6.7%），偏弱的有 24 次（16.0%）。因此，中期降雨预报对未来一周的降雨过程预报准确率较高，有很好的预报警示作用。

3）短中期水情预报精度评定结果

由不同预见期下的三峡水库入库流量及水量、沙市站水位、莲花塘站水位等预报成果可知：①入库流量短期 1～3 天预报平均相对误差均小于 9%，合格率在 89.35%～90.54%；入库累计水量 1～3 天预报成果平均相对误差在 3.52%～4.51%，合格率在 86.83%～94.36%。②在 85%的保证率下，1～3 天三峡水库入库流量绝对误差在 1 500～3 500 m³/s，相对误差在 8.11%～17.24%；1～3 天累计水量相对误差在 6.67%～7.99%。③较高水位时沙市站水位预报精度较高，1～3 天预见期平均误差在 0.16～0.37 m。④莲花塘站 1～5 天预见期平均误差在 0.06～0.28 m，合格率均大于 75%。

第3章

溪洛渡、向家坝、三峡水库泥沙冲淤规律与减淤调度

本章阐述长江上游的产输沙规律，开展三峡水库区间入库泥沙调查及规律研究，评价三峡水库区间入库泥沙量及淤积量的影响因素。研究提出溪洛渡、向家坝、三峡水库入库泥沙实时监测技术，建立梯级水库泥沙实时预报体系。提出三峡水库及上游大型水库泥沙冲淤观测关键技术与控制指标。改进三峡水库及长江上游梯级水库水沙数学模型，预测新的入库水沙和溪洛渡、向家坝、三峡水库三库联合优化调度条件下三库泥沙淤积的长期变化趋势和向家坝、三峡水库出库水沙过程。基于宜昌—大通长河段一维水沙数学模型和典型平面二维水沙数学模型，预测长江中下游水沙情势与河道冲淤的变化趋势，研究提出溪洛渡、向家坝、三峡水库的联合减淤调度方案，并进行联合减淤调度的效果分析。

3.1　长江上游重点产沙区产输沙规律

3.1.1　长江上游干支流及三峡水库入库水沙量变化过程

1. 长江上游重点产沙区产输沙特征

长江上游是长江流域泥沙的主要来源区。20 世纪 90 年代以前，长江上游水土流失面积约 35.2 万 km²，地表年均侵蚀量约 15.68 亿 t。长江上游侵蚀产沙格局总体可以概括为"四片一带"。产沙较少的为西北部和东南部，其中西北部长江源区是整个流域的少沙区，输沙模数在 1.5~420 t/(km²·a)，东南部四川盆地丘陵区和喀斯特地区的输沙模数也较小，在 210~500 t/(km²·a)。产沙较多的地方主要分布在流域的西南部和东北部，以及连接这两个部分的中间地带。其中，西南部金沙江下游的产沙最为突出，输沙模数基本在 570~2 700 t/(km²·a)，东北部秦巴山地嘉陵江中上游部分输沙模数稍小，在 500~1 600 t/(km²·a)。长江上游整体的平均输沙模数约为 500 t/(km²·a)。

2. 长江上游主要干支流水沙特征及变化过程

长江上游水量主要源自金沙江、岷江、沱江、嘉陵江和乌江等，而输沙量则主要源自金沙江和嘉陵江流域。金沙江屏山站以上流域面积为三峡水库长江干流入库站寸滩站的 52.9%，其多年平均径流量和输沙量分别占寸滩站的 42.19% 和 64.26%；嘉陵江北碚站以上流域面积占寸滩站的 18.0%，其多年平均径流量和输沙量分别占寸滩站的 19.15% 和 26.42%。两江多年来水来沙量分别占寸滩站的 61.34% 和 90.68%，而其他河流来沙量不大，合计仅占寸滩站的 9.41%，水量则占 38.67%。

3. 三峡水库入库水沙变化

三峡水库入库径流量年际变化率不其显著，而输沙量年际变化率较大。自 20 世纪 90 年代以来，在径流量减幅不大的情况下，其输沙量表现出了明显的减少趋势，2000 年以来输沙量的变化极为明显。具体表现为：各站径流量总体变化不大，2000 年以来略有减少趋势，以嘉陵江减幅最大，其 20 世纪 90 年代和 2000~2009 年的平均来水比多年平均值分别偏小 17.5% 和 13.0%，2010 年以后又有所恢复；各站输沙量均大幅减少，其中嘉陵江有明显的在交替中逐渐下降的趋势，且进入 20 世纪 90 年代以后，减少明显，最大减幅达 76%，出现在 2000~2009 年，但 2010 年以后输沙量较 2000~2009 年有所恢复；乌江则是自 20 世纪 70 年代以后呈持续减少态势，以 2000 年以后减幅最大，平均减幅超过 72%；2008 年以来，乌江武隆站的输沙量变化趋势与之前基本相同，但嘉陵江在其径流量变化不大的情况下，输沙量在一段时间内有一定增加，可能与汶川地震增大了泥沙量有关。

3.1.2　典型产沙区产输沙过程及土壤侵蚀分布变化调查

1. 重点产沙区产沙 ^{137}Cs 示踪现场调查

研究主要采用现场调查 ^{137}Cs 的单核素示踪法进行长江上游重点产沙区的产沙研究。基于长江上游典型产沙区产输沙模数分区的既往研究成果，将产沙量较大且可能对三峡水库入库泥沙量有较大影响的典型产沙区作为代表，选取岷江下游、嘉陵江的渠江下游、沱江下游和长江干流向家坝—朱沱段共 4 个区域进行产输沙调查。

2. 不同土地利用类型的坡面侵蚀特征研究

为研究长江上游流域不同土地利用地块、坡度与土壤侵蚀的关系，在该流域内不同研究区各土地类型采集了大量土样，包括林地 42 个样品，坡耕地 62 个样品。取样采用平行双剖面线法，即沿取样地最大坡度方向，相隔 2～3 m，平行布设两条取样地形剖面线。沿剖面线间隔 3～4 m 平行采集一个土壤样品，土壤样品包括全样和分层样两种，使用取样钻采集土壤样品。土壤全样的取样深度为 25～40 cm，大于坡地犁耕层深度；土壤分层样的分层厚度为 3～5 cm，取样深度为 30 cm。

3. 典型重力侵蚀区域泥沙来源分区研究

选择云南小江流域为重力侵蚀典型流域，运用 ^{137}Cs 开展流域泥沙来源示踪研究，区别不同泥沙源地的泥沙贡献率。利用小江流域的土地利用图，结合侵蚀强度分区图，可以得到：①在小江干流及泥石流沟道两岸，崩塌滑坡与沟蚀的分布界线不十分明显，其中崩塌滑坡面积为 119.4 km^2，沟蚀面积为 232.9 km^2，分别占小江流域总面积的 3.9%和 7.6%，根据泥沙来源分析，11.5%的面积却成为小江流域 78.3%的泥沙来源地；②坡耕地与稀疏灌草坡面的侵蚀面积为 347.7 km^2，占小江流域总面积的 11.3%，其中坡耕地面积为 312 km^2，坡耕地与稀疏灌草坡面成为小江坡面泥沙的主要来源地；③林地及中高盖度草地面积为 1 457.9 km^2，占小江流域总面积的 47.6%，属于轻度侵蚀区；④微度或无侵蚀区面积为 905.9 km^2，占小江流域总面积的 29.6%，土地利用类型主要为水库湖泊、小江滩地、水田、城镇交通用地。

4. 重点产沙区土壤侵蚀分布特征

长江上游现实土壤侵蚀量为 1.188×10^9 t/a，平均土壤侵蚀模数为 1 250.70 t/（km^2·a）。与 20 世纪 90 年代前的调查结果相比，年均土壤侵蚀量下降了约 24%。虽然重点产沙区分布格局未发生明显变化，还是以流域西南部和东北部及连接这两个部分的中间地带为主，但是整体产沙模数明显减小，目前以轻度侵蚀和微度侵蚀为主，其中 68.15%的地区土壤侵蚀模数在 500 t/（km^2·a）以下。本次评估计算的现实土壤侵蚀量偏小，主要是近年来国家对水土保持比较重视，生态保护措施加强实施，使得长江上游生态系统土壤保持功能增强，水土流失量减少。

3.1.3　典型流域输沙变化过程和影响机理

1. 金沙江水沙变化和机理分析

从水库减沙效应的年际变化来看，1956～1990 年、1991～2005 年和 2006～2015 年水库拦沙对屏山站的减沙权重分别为 0.3%、48%和 83%，水库拦沙作用逐步增强。从水库减沙效应的空间变化来看，1991～2005 年，对屏山站减沙造成影响的水库主要分布在雅砻江流域；

2006～2015 年，对屏山站减沙造成影响的水库主要分布在金沙江中下游干流。从长远来看，金沙江中下游干流梯级和雅砻江梯级水库，均位于金沙江流域的重点产沙区，拦截了金沙江流域的绝大部分来沙，如果未来在此区域内再规划并兴建水库，其对屏山站的拦沙贡献（即总量）也不会发生较大变化。

2. 嘉陵江水沙变化和机理分析

嘉陵江流域 1954～2015 年降水对流域输沙量的贡献率逐步降低，人类活动成为流域输沙量减少的主要驱动力。人类活动中，1966～1990 年水利拦沙在人类活动中占主导地位，占比为 57.6%。这一时期也是流域内中小型水利工程的建设高潮，1975 年该流域内建成了第一个大型水库——碧口水库。1991～2005 年，土地利用在北碚站减沙中的比例由 42.4%升至66.5%，这主要是因为 1988 年起，国务院批准将嘉陵江中下游列为国家级水土流失重点防治区之一，开展重点防治，1998 年特大洪水后又实施长江上游天然林资源保护工程和所有坡度在 25°以上的坡耕地的退耕还林还草工程，说明土地侵蚀控制作用明显。2006～2011 年，建成水库库容为 236.31 亿 m³，超过此前历史时期的总和，水利工程对流域产沙和输沙有长期的巨大影响，其在人类活动中占主导地位，占比为 75.7%。

3. 岷江水沙变化和机理分析

1953～2017 年，岷江高场站河段径流量-输沙量累积曲线发生了 6 次显著变化，这种变化体现了岷江水沙系统对人类活动的复杂响应。岷江流域的这 6 次显著变化分别发生在 1958 年、1968 年、1980 年、1994 年、2002 年和 2008 年，输沙量变化不一。水库建设是出现这种复杂变化的重要原因之一。1958 年出现第一次显著变化，拟合直线向左倾斜，斜率变大，由于年代久远，资料短缺，无法具体分析，1958 年紫坪铺水库（后被拆除）、鱼嘴工程同时开工建设，大量的弃土及落后的筑坝技术带来的水土流失，导致了输沙量的骤然增加；1968 年出现第二次显著变化，拟合直线向右倾斜，斜率变小，输沙量的下降与 1967 年龚嘴水库的建成运行、开始拦沙有关；1980 年出现第三次显著变化，拟合直线向左倾斜，斜率变大，龚嘴水库运行以来，不断淤积，达到淤积平衡后，1980 年水库除淤增加了输沙量；1994 年出现第四次显著变化，拟合直线向右倾斜，斜率变小，铜街子水库建成蓄水是这种变化的重要原因；2002 年出现第五次显著变化，拟合直线略微向左倾斜，斜率变大，紫坪铺水库和瀑布沟水库等大量梯级水库的建设所带来的工程影响，直接导致了这种变化；2008 年出现第六次显著变化，拟合直线向右倾斜，斜率变小，与 2006 年建成的紫坪铺水库、冶勒水库，2008 年建成的瓦屋山、硗碛、龙头石等水库的运行有关。

3.1.4　典型水库淤积调查及金沙江下游梯级和三峡水库入库泥沙量预测

1. 长江上游典型水库淤积调查

2003～2017 年三峡水库累积淤积量为 16.691 亿 t，水库平均排沙比为 23.8%。2003～2017 年，三峡工程年库容损失为 0.3%，三峡库区区间拦沙率为 59%～93%，平均为 79%。2002～2013 年，嘉陵江碧口水库库容损失 1872 万 m³，年平均淤积速率为 156 万 m³。随着水库淤积量的逐年增加，形成的淤积三角洲也在逐步向水电站进水口推移，695 m 高程以下的库容损失速度加快,兴利库容逐渐减少,水库的调洪能力逐步减弱。嘉陵江宝珠寺水库泥沙年平均淤积量为 1781 万 m³,1997~2000 年这 4 年水库淤积量为 7122 万 m³,宝珠寺水库运行初期泥沙的淤积率达到 97.67%。2011~2017 年金沙江中游梯级年均淤积量约为 4300 万 t。2008 年 2 月~2017 年 10 月溪洛渡、向家坝水库分别淤积泥沙 4.82 亿 m³、0.53 亿 m³,共淤积泥沙 5.35 亿 m³。

2. 金沙江下游梯级和三峡水库入库泥沙量预测

预计在通常情况下,近期金沙江下游梯级入库泥沙量为 8 419 万~9 221 万 t/a,三峡水库入库泥沙量(不考虑三峡库区区间产输沙)为 2 700 万~8 000 万 t/a,而在重点产沙区降雨量偏大、降雨集中在产沙区等特殊条件下,三峡水库入库泥沙量可能显著超过预测值(图 3.1)。

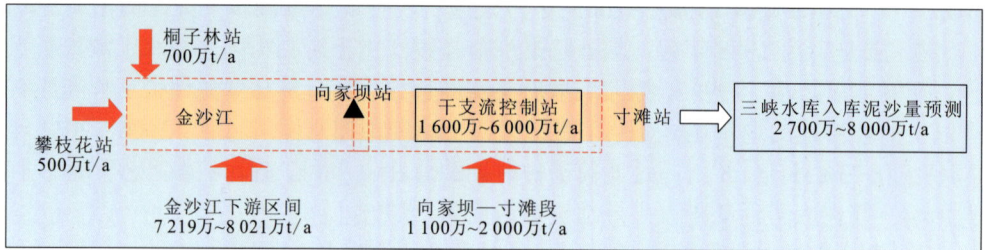

图 3.1　金沙江下游梯级和三峡水库入库泥沙量预测

3.2　三峡水库区间入库泥沙调查及规律

3.2.1　基于泥沙指纹识别的三峡水库区间重点产沙区域辨识

在三峡水库区间地貌图、土地利用图、坡度图、植被覆盖图的基础上,将三峡水库区间划分为如图 3.2 所示的 7 个区域,每个区域内均有一个有实测资料的典型小流域,然后根据每个区域内代表性小流域采集的泥沙指纹元素特征,利用泥沙指纹识别技术求解各个区域的入库泥沙贡献率。共采集 124 个泥沙沉积物样品,其中五步河流域 19 个,御临河流域 14 个、龙河流域 19 个、磨刀溪流域 23 个、澎溪河流域 8 个、大宁河流域 24 个、香溪河流域 17 个。

图 3.2　三峡水库区间区域划分图

磨刀溪入江口上游段、磨刀溪片区、澎溪河片区、大宁河片区、香溪河片区中的磨刀溪入江口上游段的泥沙贡献率是五步河入江口上游段、五步河片区、御临河片区、龙河片区综合作用的结果，对其进行换算，以期得到整个三峡库区的产沙来源情况（图 3.3）。

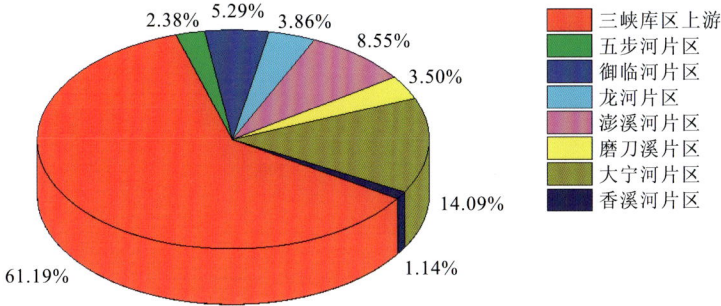

图 3.3　三峡库区各源地泥沙贡献率

三峡库区上游泥沙的贡献率为 61.19%，五步河片区的泥沙贡献率为 2.38%，御临河片区的泥沙贡献率为 5.29%，龙河片区的泥沙贡献率为 3.86%，澎溪河片区的泥沙贡献率为 8.55%，磨刀溪片区的泥沙贡献率为 3.50%，大宁河片区的泥沙贡献率为 14.09%，香溪河片区的泥沙贡献率为 1.14%。

为了得到三峡水库区间各支流片区对入库泥沙的贡献，需将三峡水库区间看作一个独立的侵蚀产沙单元，对上述计算结果进行换算，得到各个支流片区入库泥沙量对区间总入库泥沙量的贡献。

五步河片区的泥沙贡献率为 6.13%，御临河片区的泥沙贡献率为 13.63%，龙河片区的泥沙贡献率为 9.95%，澎溪河片区的泥沙贡献率为 22.03%，磨刀溪片区的泥沙贡献率为 9.02%，大宁河片区的泥沙贡献率为 36.31%，香溪河片区的泥沙贡献率为 2.94%（和不为 100% 由四舍五入导致）。

3.2.2　三峡水库区间及主要支流入库泥沙量淤积特征

根据大宁河、香溪河、磨刀溪和龙河流域野外采样资料，依据泥沙各粒径组分所占比例，结合侵蚀量和泥沙输移比，计算得大宁河流域年均土壤侵蚀量为 840 万 t，其中 646.8 万 t 泥沙发生淤积。香溪河流域年均土壤侵蚀量为 543 万 t，其中 505 万 t 泥沙发生淤积。磨刀溪流域年均土壤侵蚀量为 739 万 t，其中 679.9 万 t 泥沙发生淤积。龙河流域年均土壤侵蚀量为 466 万 t，其中 447.4 万 t 泥沙发生淤积。

对于 3.2.1 小节中划分的 7 个区域：①根据每个区域内代表性小流域的泥沙输移比，估算 7 个区域的泥沙输移比；②根据 7 条支流的面积占所划分区域面积的比例，获取整个三峡水库区间入库泥沙量。从表 3.1 中可见，整个三峡水库区间 2012 年、2014 年、2016 年和 2018 年计算的入库泥沙量分别为 1 328.7 万 t、1 578.8 万 t、1 816.2 万 t 和 1 246.1 万 t。

表 3.1　三峡水库区间典型支流片区入库泥沙量估算

区域	面积/km²	支流面积占片区面积的比例/%	2012 年调整面积后入库泥沙量/万 t	2014 年调整面积后入库泥沙量/万 t	2016 年调整面积后入库泥沙量/万 t	2018 年调整面积后入库泥沙量/万 t
香溪河片区	8 393.70	50.8	76.9	81.9	62.4	103.2
大宁河片区	8 430.44	99.6	409.2	416.0	512.4	373.2
磨刀溪片区	5 712.58	50.6	112.9	183.6	339.6	104.2
澎溪河片区	8 266.97	74.8	328.7	325.5	417.2	247.2
龙河片区	9 746.61	28.5	142.5	170.2	208.8	131.2
御临河片区	10 875.31	36.9	185.7	293.1	167.1	202.8
五步河片区	6 878.58	13.5	72.8	108.5	108.7	84.3
合计	58 304.19		1 328.7	1 578.8	1 816.2	1 246.1

3.3　溪洛渡、向家坝、三峡水库入库泥沙实时预报技术

3.3.1　溪洛渡、向家坝、三峡水库入库泥沙实时监测技术

选定三峡库区主要干支流的朱沱站、寸滩站、清溪场站、白鹤滩站、横江站、高场站、富顺站、北碚站、武隆站等 9 个控制站开展浊度与含沙量的比测试验，构建三峡水库入库泥沙监测站网，并进行泥沙实时监测，可控制库区主要干支流的入库泥沙。

根据收集的比测资料，对前期各控制站提出的含沙量非线性回归模型进行了验证，运用三项检验对回归模型是否合理给出科学的判断，并对模型确定性系数、模型推算单沙的精度、模型推算沙峰含沙量的误差范围及报汛合格率等几个方面综合考虑进行模型优选。采用数理统计公式计算误差精度指标，通过推算单点含沙量对比精度、沙峰含沙量对比精度对精度评价如下：9 个控制站中有 6 个站点推算的单点含沙量能达到乙级以上报汛精度，可用于正式报汛。另外，寸滩站、横江站和富顺站 3 个站点的报汛精度为丙级及以下，只可用于参考性估报。9 个控制站中有 7 个站点的主要沙峰含沙量平均相对误差在 10.0% 以内，报汛精度达到甲级。但富顺站和北碚站两站的沙峰含沙量推算误差较大，平均相对误差约为 30%，报汛精度等级为丙级及以下，只可用于参考性估报。这说明利用浊度仪推算单点含沙量和沙峰含沙量在大部分站点能满足相应的报汛精度要求，是可行的。

3.3.2　溪洛渡、向家坝、三峡水库洪峰沙峰传播特性

对于溪洛渡水库：当入库流量小于 10 000 m³/s 时，库区沙峰传播时间大于 9 天；当入库流量为 10 000～22 000 m³/s 时，库区沙峰传播时间为 3～9 天；当入库流量为 22 000～30 000 m³/s 时，库区沙峰传播时间为 2～3 天；当入库流量大于 30 000 m³/s 时，库区沙峰传播时间基本为 2 天。

对于向家坝水库：当入库流量小于 10 000 m³/s 时，库区沙峰传播时间大于 5 天；当入库流量为 10 000～22 000 m³/s 时，库区沙峰传播时间为 2～5 天；当入库流量大于 22 000 m³/s

时，库区沙峰传播时间基本为 2 天。

对于向家坝—朱沱段：当流量小于 10 000 m³/s 时，库区沙峰传播时间为 2 天；当流量为 10 000～20 000 m³/s 时，库区沙峰传播时间为 1.5～2 天；当流量为 20 000～30 000 m³/s 时，沙峰传播时间为 1～1.5 天；当流量大于 30 000 m³/s 时，库区沙峰传播时间基本为 1 天。

3.3.3　溪洛渡、向家坝、三峡水库泥沙实时预报体系

以一维水沙数学模型为主干，以边界控制站水沙预报模型为输入条件，结合水沙数学模型、区间产输沙模型、水文学预报模型、水沙关系模型等多种模型，建立泥沙实时预报体系。与一维水沙数学模型计算分块相对应，体系分为溪洛渡库区、向家坝库区、向家坝—朱沱段、三峡库区 4 个预报模块，各模块之间相互关联，构成一套完整的泥沙预报体系（图 3.4）。基于该泥沙实时预报体系，在 2018 年和 2019 年汛期开展了泥沙预报工作，为溪洛渡、向家坝、三峡水库的科学调度提供技术支撑。从计算结果精度上来看，流域产输沙模型计算精度较高，其主要根据降雨资料预报流域产流产沙，适合于流域面积较小、雨量站点个数适中、河道水沙输移未受水利工程影响的区域。对于无控制站和无泥沙实时报汛站的支流，仍主要采用降雨产输沙模型，填补无资料地区的空白。

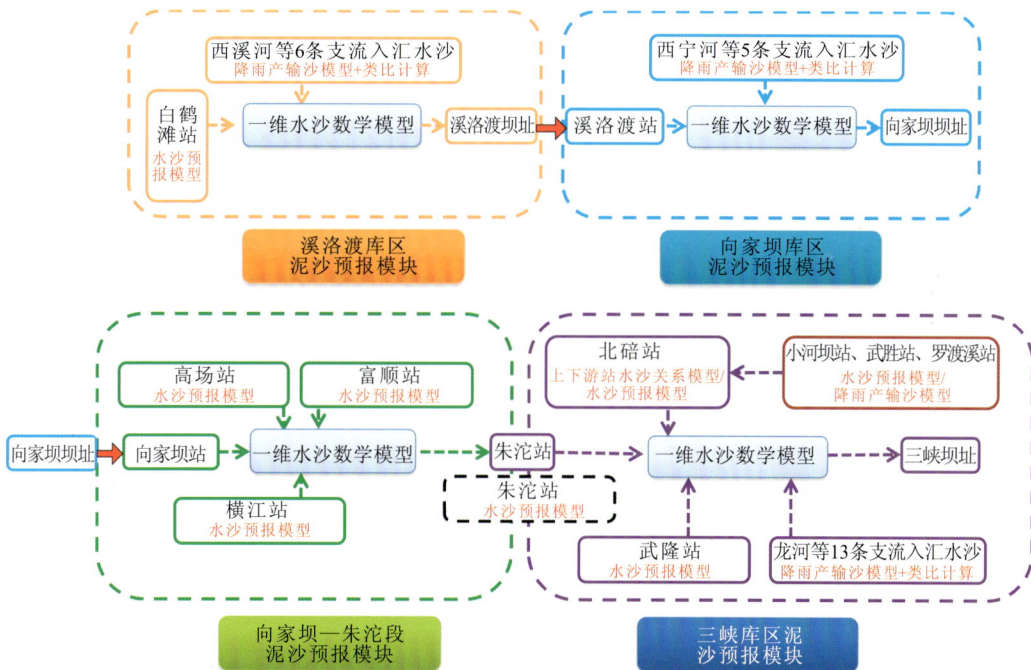

图 3.4　溪洛渡、向家坝、三峡水库泥沙实时预报体系示意图

3.3.4　联合调度下三峡水库沙峰过程排沙调度的"蓄清排浑"新模式

在深入研究泥沙实时预报技术的基础上，对沙峰调度因素和不同调度方案进行了研究，针对沙峰从库尾至坝前的输移特点和调度情况，结合上游梯级水库的适时增泄调度，提出了

联合调度下的三峡水库沙峰过程排沙调度的"蓄清排浑"新模式,为三峡水库制订更科学、合理的调度方案提供技术支撑。具体包括:对于入库泥沙量较少的年份,汛期水位适当上浮;对于入库泥沙量较多的年份,通过沙峰调度可在一定程度上缓解库区泥沙淤积风险。

3.4　三峡及上游大型水库泥沙冲淤观测关键技术与控制指标

3.4.1　船载动态三维激光水库消落带地形扫描系统研发

由于三峡及上游大型水库库区消落带存在着线长面广,观测时机性强,技术及时效性要求高,并且作业风险大的问题,引入船载三维激光陆上陡岸地形精密扫测技术,以测船为搭载平台,通过多源数据采集软件将全球导航卫星系统(global navigation satellite system, GNSS)、姿态传感器、三维激光扫描仪进行一体化集成,是解决消落带(岸坡地形)观测难、效率低的一个可行的方法。船载动态三维激光水库消落带地形扫描系统(简称"船载三维测量系统",图3.5)主要由定位定姿系统、三维激光扫描仪、高清全景相机、载体平台、计算机及数据采集与存储软件等组成。

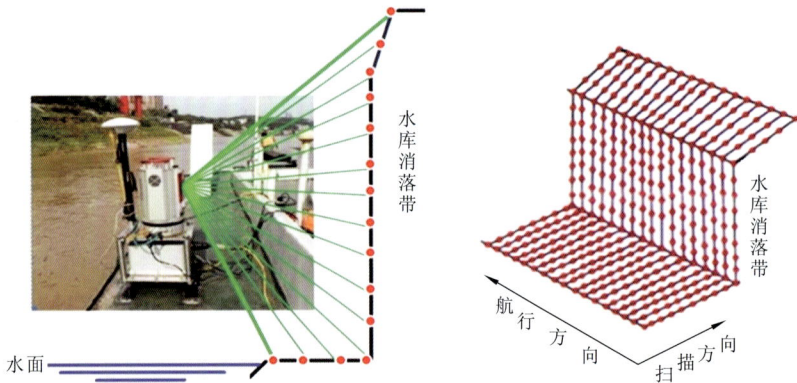

图3.5　船载三维测量系统作业示意图

3.4.2　三峡水库大水深测量精度提升方法

三峡水库高精度水下基准由3个校准场和2个坝前基准点构成。2019年8月,在汛限水位(145 m)附近进行建设,并采用陆上测量的方式精确测量其空间位置。蓄水后,通过淹没在水下的已知精确位置开展相关测深误差研究。其主要用于测深误差、定位误差、水位改正误差研究,包括:测深仪标称精度、测深方式、测深实际深度、动吃水影响;定位精度、GNSS数据更新率、不同坐标系间坐标转换、差分方法影响等;水位观测精度、水位推算模型、高程基准转换影响等。建设的3个水下校准场分别位于沙湾、隔流堤及伍相庙。两个基准点建在靖江西口外江中小岛顶部。

3.4.3　三峡及上游大型水库淤积物密实沉降观测

选取三峡库区坝前段、常年回水区万州河段典型断面进行泥沙密实沉降观测初探。选取的断面分别为坝前段的庙河断面（S39-2）、万州河段的万县站大断面。2009～2017 年近坝河段，每年 11 月～次年 4 月平均沉降量为 0.2～0.6 m。坝前段沉降量大于奉节河段，随坝前距离的增加逐步趋缓。根据本次三峡水库淤积物沉降的观测情况，水库库区固定断面观测时机宜选在 10 月中旬～11 月下旬，并且根据当年来水来沙的情况进行适当优化。

3.4.4　三峡水库水文泥沙实时监测及在线整编

1. 三峡水库悬移质含沙量特征

为定性判断各类泥沙在线监测设备的适用性，本小节对三峡库区主要控制站 2010～2020 年的悬移质含沙量特征值进行了统计，结果见表 3.2。

表 3.2　三峡库区主要控制站 2010～2020 年的悬移质含沙量特征值表

测站	最大含沙量/(kg/m³)	最大含沙量出现时间	最小含沙量/(kg/m³)	最小含沙量出现时间
朱沱站	8.380	2013-07-12 14:00	0.004	2019-12-13 07:00
北碚站	14.600	2013-07-12 02:00	0.001	2013-04-15 06:00
武隆站	4.370	2016-06-02 08:00	0.001	2017-02-19 05:00
庙河站	1.230	2018-07-18 19:00	0.002	2010-11-22 10:00

由表 3.2 可知，2010～2020 年，三峡库区及主要控制站中，朱沱站最大含沙量为 8.380 kg/m³，北碚站最大含沙量为 14.600 kg/m³，武隆站最大含沙量为 4.370 kg/m³，庙河站最大含沙量为 1.230 kg/m³，各站最小含沙量为 0.001～0.004 kg/m³。

2. 主要泥沙监测方式的优缺点

目前的悬移质泥沙测验方式主要有传统取样分析法、光学法、声学法、同位素法、称重法、振动法等。其中：同位素法存在辐射风险，安全管理风险大；称重法、振动法主要适用于高浓度泥沙测验。在此主要介绍传统取样分析法、光学法、声学法。

1）传统取样分析法

通过瞬时式、积时式采样器采集泥沙水样，经过处理后利用烘干法、沉降法等方法测得含沙量，是国家标准推荐的方法，也是所有测沙仪的基准。其缺点是无法实时获取数据，耗时费力，外业工作量大。但目前其仍是测量悬移质泥沙的主流方法。

2）光学法

光学法主要为光学散射法，其对点含沙量的测量精度较为可靠，操作方便、成本较低。其缺点是不能够获得剖面数据，同时电子元件漂移等各方面的原因，会造成测量结果的偏移，为保证测量的准确度，需要定期进行校准。同时，设备易受生物附着。

3）声学法

基于声学反向散射原理的悬移质泥沙测量技术具有无侵入、高时空分辨率、低成本和剖面测量等特点，同时不易受生物附着，不影响水流结构，可实现流量、含沙量同步测验。其缺点是尚无成型产品，数据处理程序复杂，必须进行本底噪声校正和近场声强校正。另外，反向散射声强会受悬浮物粒径的影响。声学多频悬沙通量剖面仪可同步测量悬浮泥沙浓度、剖面流速流向、泥沙粒径大小等。但目前无成熟产品，也尚无成功应用案例。

3.4.5　三峡及上游大型水库泥沙冲淤观测控制指标

1. 控制指标现状

水库泥沙冲淤观测的地形测量主要参照工程测量相关技术标准执行，陆上地形测量主要的规范包括《水利水电工程测量规范》（SL 197—2013）、《工程测量标准》（GB 50026—2020）等；水下地形测量主要的规范包括《水道观测规范》（SL 257—2017）、《水运工程测量规范》（JTS 131—2012）等。上述技术标准主要对测点密度、精度等技术指标进行规定。然而，它们对新的水库冲淤观测方法、精度指标、作业规程等方面未做出规定，因此有必要将这些新的水库冲淤观测方法纳入标准化范畴，为三峡水库及上游大型水库泥沙冲淤观测技术的发展与应用打好基础。

2. 观测技术指标

1）泥沙实时监测技术控制性指标

（1）泥沙实时监测满足《河流悬移质泥沙测验规范》（GB/T 50159—2015）、《水文资料整编规范》（SL/T 247—2020）等规范要求。

（2）泥沙实时监测同步比测样本数量应达到 30 个以上。

（3）推沙模型随机不确定度不应超过 18.0%，系统误差不应超过 2%。

2）冲淤观测关键技术指标

冲淤观测关键技术指标包括船速控制指标、固定断面重复面积较差限差控制指标、DEM体积较差限差控制指标。

对于船速控制指标，在综合考虑船速对测深精度的影响及测量效率的情况下，三峡水库测量船速宜采用 4～6 节。

水库泥沙冲淤观测重复断面面积相对较差限差控制指标见表 3.3。

表 3.3　水库泥沙冲淤观测重复断面面积相对较差限差控制指标

图上面积 S/mm²	允许误差/%	图上面积 S/mm²	允许误差/%	图上面积 S/mm²	允许误差/%
$S \leqslant 100$	6.0	$400 < S \leqslant 1\,000$	2.0	$3\,000 < S \leqslant 5\,000$	1.0
$100 < S \leqslant 400$	4.0	$1\,000 < S \leqslant 3\,000$	1.4	$S > 5\,000$	0.8

对于 DEM 体积较差限差控制指标，由点云构建的 DEM 与传统方法生成的 DEM 体积相对较差不大于 5%。

3.5　新的入库水沙和联合优化调度条件下三峡库区泥沙淤积研究

3.5.1　三峡库区泥沙沉降机理

1. 静水沉降

在三峡水库近坝段，由于水深较大，断面较宽，断面流速很小，同时其受到坝前三维特性的影响，泥沙呈现出静水沉降特性。在断面淤积形态上，表现为主槽平淤（如坝前 S31+1 断面、S34 断面）和沿湿周淤积（如坝前 S32+1 断面）。

2. 动水沉降

在三峡水库变动回水区和常年回水区上段，由于水深较小，断面流速较大，大部分淤积断面呈现出泥沙动水沉降特性。在断面淤积形态上，表现为主槽相对稳定，以一侧淤积和滩地淤积为主，淤积断面形态向高滩深槽方向发展。

3. 絮凝沉降

根据三峡水库实测资料及已有研究，三峡水库存在泥沙絮凝现象。相对而言，单颗粒泥沙在静水中的沉降特性已基本明确，而群体颗粒的沉降规律则相当复杂，对其沉降规律还认识不透。由于絮凝作用和网状结构的存在，三峡水库泥沙颗粒的沉降特性会发生很大变化，远比清水情况和单颗粒泥沙情况复杂。三峡水库泥沙絮凝沉降受到自身颗粒级配、含沙量、流速、水质、水温、阳离子种类等众多因素影响，其沉降特性具有自身的特点。

4. 淤积物密实沉降

根据水文局实测及分析研究结果，三峡水库蓄水运用以来，库区年际呈持续淤积态势，常年回水区各河段同样呈持续淤积状态。近年来，随着上游来水量的减少，常年回水区部分河段特别是坝前段部分年份出现了淤积量很小甚至转变为冲刷的现象。因为坝前段水深大、流速小，且不具备大幅度冲刷的水流条件，所以三峡水库应该存在淤积泥沙密实沉降，进而造成"伪冲刷"现象。三峡水库试验性蓄水以来，汛前大坝—奉节段（大坝—S118 段）均存在不同程度的"伪冲刷"，且大部分冲刷位于 145 m 水面线下，该水面线下占总体"冲刷"的 62%～93%。

3.5.2　三峡水库及长江上游梯级水库水沙数学模型改进

1. 三峡水库水沙数学模型改进

库容闭合计算改进：本节在以往考虑库区嘉陵江和乌江两大支流的基础上，进一步增加了其他一些库区支流断面地形进行水沙输移计算，以尽可能多地反映支流库容的影响。对于剩下的库容不闭合的差值部分，则根据水位逐步补齐并按静库容计算，需要补齐的这部分库容根据水位的不同形成一个水位库容修正曲线，并将这个修正库容作为一个装水的"水塘"放在位于坝前 6.5 km 的左岸太平溪处，其水位和进出流量通过与干支流整体耦合求解得出。

区间流量计算改进：本模型通过将区间流量分配到各入汇支流上加入计算河段，各入汇支流流量根据进出库控制站已有实测水文资料计算得到。

恢复饱和系数计算改进：本节提出一个经验公式，通过公式计算确定各粒径组泥沙的恢复饱和系数 α_L，公式形式为

$$\alpha_L = 0.25 \left(\frac{\omega_5}{\omega_L} \right)^{\frac{0.833 \times 10^{-10} \overline{Q}}{J}} \qquad (3.1)$$

式中：ω_L 为第 L 粒径组泥沙的沉速，m/s；ω_5 为第 5 粒径组泥沙的沉速，m/s；$\overline{Q}$ 为坝址处多年平均流量，m³/s；J 为水力坡度，由曼宁公式求出。

絮凝计算改进：本书以三峡水库泥沙沉降机理分析与室内水槽试验成果为基础，结合以往研究成果，提出了新的絮凝沉速计算公式，公式形式为

$$\omega_{Lf} = \omega_{L0} [\beta_1 D_L^n \ln(1.0 + S) + \beta_2] \qquad (3.2)$$

式中：ω_{L0} 和 ω_{Lf} 为第 L 粒径组泥沙的无絮凝沉速和絮凝修正沉速，m/s；D_L 为第 L 粒径组泥沙粒径，m；S 为粒径小于 0.02 mm 的各粒径组泥沙含沙量之和，kg/m³；β_1，β_2，n 是待定系数和指数，需要在参考以往研究成果的基础上结合模型率定确定，本书取 $\beta_1 = 1.0 \times 10^{-5}$，$\beta_2 = 0.0$，$n = -1.1$。

从 2003～2017 年计算结果看，库容闭合计算改进、区间流量计算改进、恢复饱和系数计算改进、絮凝计算改进后三峡水库泥沙冲淤模拟精度分别改变了-0.2%、5.9%、27.3%、0.7%，各改进技术合计提高三峡水库泥沙冲淤模拟精度 24.6%。

2. 长江上游梯级水库水沙数学模型改进

溪洛渡水库计算中考虑了尼姑河、西溪河、牛栏江、金阳河、美姑河、西苏角河共 6 条支流，以尽可能多地反映支流库容的影响；向家坝水库计算中考虑了团结河、细沙河、西宁河、中都河、大汶溪共 5 条支流，以尽可能多地反映支流库容的影响；对于剩下的库容不闭合的差值部分，则根据水位逐步补齐并按静库容计算，需要补齐的这部分库容根据水位的不同形成一个水位库容修正曲线。溪洛渡水库计算中将修正库容作为一个装水的"水塘"放在位于坝前 9.7 km 的左岸小支流处，向家坝水库计算中将修正库容作为一个装水的"水塘"放在位于坝前 18.1 km 的左岸小支流处，其水位和进出流量通过与干支流整体耦合求解得出。

溪洛渡、向家坝水库采用与三峡水库一样的计算方法计算区间流量。与三峡水库恢复饱和系数计算改进一样，在溪洛渡、向家坝、三峡水库水沙数学模型计算中，同样对溪洛渡、向家坝水库恢复饱和系数计算进行了改进。溪洛渡、向家坝水库恢复饱和系数计算改进方法与三峡水库相同，不同之处在于，将坝址处多年平均流量 $\overline{Q}$ 取为屏山站多年平均流量。溪洛渡和向家坝水库絮凝计算改进采用了与三峡水库一样的公式。

从 2014～2017 年计算结果看，库容闭合计算改进、区间流量计算改进、恢复饱和系数计算改进、絮凝计算改进合计提高溪洛渡水库泥沙冲淤模拟精度 31.2%，合计提高向家坝水库泥沙冲淤模拟精度 24.9%。

3.5.3　三峡库区泥沙淤积长期预测

1. 模型计算条件

建立了长江上游梯级水库联合调度泥沙数学模型，模型计算范围为乌东德水库库尾攀枝花—三峡坝址段，长约 1 800 km。入库水沙边界采用 1991～2000 年沙量修正系列，不仅对乌东德、白鹤滩、溪洛渡、向家坝、三峡水库 5 座水库进行了水沙计算，还考虑了金沙江中游、雅砻江、岷江、嘉陵江、乌江 5 个流域上 25 座水库的拦沙影响。

初步考虑溪洛渡、向家坝、三峡水库三库联合优化调度的计算方案组合为：溪洛渡水库汛后蓄水起蓄时间分别考虑 8 月 21 日、8 月 26 日、9 月 1 日三种工况，且三种工况均在 9 月底蓄至正常蓄水位 600 m，汛期运行水位考虑 560 m 不变、550 m 不变、575 m 不变三种工况；向家坝水库汛后蓄水起蓄时间分别考虑 8 月 26 日、9 月 1 日、9 月 5 日三种工况，且三种工况均在 9 月中旬蓄至正常蓄水位 380 m，汛期运行水位考虑 370 m 不变、375 m 不变两种工况；三峡水库 9 月 10 日起蓄，起蓄水位为 150～155 m，9 月底控制蓄水位分别考虑 162 m 和 165 m 两种工况，10 月底蓄至 175 m，汛期运行水位考虑 145～146.5 m 变动、150 m 不变、155 m 不变、汛期中小洪水调度等多种工况。

2. 不同联合优化调度条件下泥沙淤积对水库长期使用的影响

从溪洛渡、向家坝、三峡水库淤积相对平衡时间和淤积量结果看，三库不同联合优化调度方案下，溪洛渡水库淤积相对平衡时间为 230～240 年，淤积相对平衡时溪洛渡水库淤积量为 72.69 亿～87.12 亿 m³，之后溪洛渡水库淤积量仍会缓慢增加，500 年末不同方案溪洛渡水库淤积量为 82.12 亿～92.37 亿 m³。

不同联合优化调度方案下，向家坝水库淤积相对平衡时间均为 260 年，淤积相对平衡时向家坝水库淤积量为 38.22 亿～41.28 亿 m³，之后向家坝水库淤积量仍会缓慢增加，500 年末不同方案向家坝水库淤积量为 40.90 亿～44.50 亿 m³。

不同联合优化调度方案下，三峡水库淤积相对平衡时间为 360～390 年，淤积相对平衡时三峡水库淤积量为 132.6 亿～174.0 亿 m³，之后三峡水库淤积量仍会缓慢增加，500 年末不同方案三峡水库淤积量为 153.0 亿～191.3 亿 m³。

3.6　新水沙条件下长江中下游干流河道的冲淤变化响应

3.6.1　坝下游河道冲刷响应及影响因素

三峡水库蓄水运用以来的第一个 10 年（2002 年 10 月～2012 年 10 月），宜昌—湖口段平滩河槽总冲刷量为 117 086 万 m³（城陵矶—湖口段为 2001 年 10 月～2012 年 10 月），冲刷强度为 11.9 万 m³/（km·a）。2012 年金沙江下游梯级水库蓄水运用以来，三峡水库坝下游河道出现较强冲刷，宜昌—湖口段 2012 年 10 月～2018 年 10 月的年均冲刷量达到了 20 578 万 m³，相较于 2002 年 10 月～2012 年 10 月的年均冲刷量 11 341 万 m³ 偏大近 1 倍。同时，冲刷逐渐向下游发展，城陵矶以下河段河床冲刷强度明显增大。

从年均径流量、输沙量和含沙量变化及汛期（7～9月）径流量、输沙量和平均含沙量变化来看，由于坝下游各站径流略为偏丰，而输沙量和含沙量却大幅偏少，泥沙总量的锐减使水沙关系极为不匹配，坝下游河道水沙不饱和系数明显增加，挟沙能力的富余要求河床上的床沙对其进行补充，近年来坝下游河道冲刷强度明显增加。2014年和2016年长江中下游均发生了不同程度的大洪水，洪峰较大，洪水过程持续时间较长，在一定程度上加剧了坝下游河道的冲刷。

3.6.2　长江中下游河道冲淤变化趋势

1. 模型范围

建立了宜昌—大通段一维水沙数学模型，模型模拟范围为长江干流宜昌—大通段、荆江三口洪道、洞庭湖四水尾闾控制站以下河段、洞庭湖湖区（区间汇入的主要支流为清江、汉江等）和鄱阳湖湖区（汇入的河流为赣江、抚河、信江、饶河和修河）。

2. 长江中下游河道冲淤变化趋势预测

采用最新实测资料验证的数学模型，利用1991～2000年水库拦沙后的水沙系列，预测了宜昌—大通河段未来40年的冲淤变化过程。数学模型计算结果表明（图3.6），未来40年末，长江干流宜昌—大通段悬移质总冲刷量为46.83亿m³，其中宜昌—城陵矶段冲刷量为28.49亿m³，城陵矶—汉口段冲刷量为13.50亿m³，汉口—大通段冲刷量为4.84亿m³。

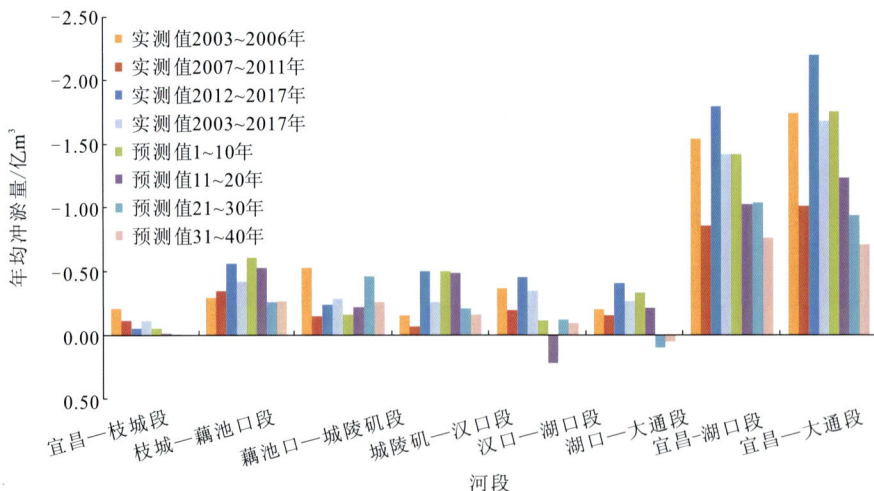

图3.6　宜昌—大通段年均冲淤量变化对比图

由于宜昌—大通段跨越不同地貌单元，河床组成各异，各分河段在三峡水库运用后出现不同程度的冲淤变化。

宜昌—枝城段，河床由卵石夹沙组成，表层粒径较粗。三峡水库运用初期本段悬移质强烈冲刷基本完成，达到冲淤平衡状态。未来40年，该河段呈冲淤交替状态，冲淤量不大，40年末最大冲刷量为0.52亿m³，年均冲刷量为130万m³，如按平均河宽1 000 m计，宜昌—枝城段平均冲深0.86 m。

枝城—藕池口段为弯曲型河道，弯道凹岸已实施护岸工程，河床由中细沙组成，未来 40 年，该河段仍将处于持续冲刷状态，但冲刷强度逐渐减缓，由前 10 年的 32.67 万 $m^3/(km \cdot a)$，逐渐减少为 21~30 年的 15.43 万 $m^3/(km \cdot a)$。该河段在水库运用的 40 年末，累积冲刷量为 17.07 亿 m^3，河床平均冲深 6.65 m。

藕池口—城陵矶段（下荆江）为蜿蜒型河道，河床沙层厚达数十米。三峡水库初期运行时，本河段冲刷强度较小；三峡水库及上游水库运用后该河段河床发生剧烈冲刷，未来该河段仍保持冲刷趋势，前 20 年冲刷强度逐渐增加，由前 10 年的 12.36 万 $m^3/(km \cdot a)$，逐渐增加为 26.03 万 $m^3/(km \cdot a)$；20 年之后冲刷强度开始减小，21~30 年约为 14.72 万 $m^3/(km \cdot a)$。40 年末本段冲刷量为 10.89 亿 m^3，即河床平均冲深 3.88 m；由于该河段河床多为细沙，之后该河段仍将保持冲刷趋势。

三峡水库运行初期，由于下荆江的强烈冲刷，进入城陵矶—汉口段水流的含沙量较近坝段大。待荆江河段的强烈冲刷基本完成后，强冲刷下移。加上上游干支流水库的拦沙效应，城陵矶—汉口段冲刷强度也较大，水库运用 40 年末，河段持续冲刷，冲刷量为 13.50 亿 m^3，河床平均冲深 2.69 m。

汉口—大通段为分汊型河道，当上游河段冲刷强烈时，泥沙输移至汉口—湖口段。未来 40 年，汉口—湖口段总体呈冲淤交替状态，前 10 年以冲刷为主，之后至 20 年，河段逐渐回淤，淤积量为 1.13 亿 m^3，至 40 年，河段又逐渐转为冲刷，冲刷量约 0.96 亿 m^3。湖口—大通段，也呈冲淤交替状态，冲淤趋势正好与汉口—湖口段相反，20 年末河段总冲刷量为 5.44 亿 m^3，40 年末总冲刷量为 3.88 亿 m^3。

由此可见，三峡水库及上游梯级水库蓄水运用后，坝下游河段整体呈冲刷趋势，宜昌—城陵矶段的冲刷量占宜昌—大通段总冲刷量的 60%左右，总体来看，冲淤分布趋势与实测值分布相近。

根据实测资料，宜昌—湖口段近 10 年（2008~2017 年）实测年均冲刷量为 1.44 亿 m^3，未来 40 年各 10 年预测的年均冲刷量为 1.06 亿 m^3、1.06 亿 m^3、0.77 亿 m^3、1.06 亿 m^3，相对于近期 10 年冲刷强度有所减小。各分段均呈冲刷趋势，与实际冲淤性质一致，年均冲刷量接近或小于实测值。总体来看，冲淤分布趋势与实测值分布相近，预测成果基本可信。

从宜昌—大通的大河段冲淤变化来看：宜昌—枝城段在未来 10 年后基本达到冲刷平衡状态，总的冲刷量较少，且年际呈冲淤交替状态。荆江河段整体仍处于冲刷状态，20 年后上荆江冲刷发展逐渐减缓，下荆江冲刷速率有所提高；但 40 年后仍未有平衡的趋势。城陵矶—汉口段未来冲刷持续发展，20 年后冲刷发展逐渐减缓，至 40 年该河段仍未见平衡趋势。汉口—湖口段总体呈冲淤交替状态，前 10 年以冲刷为主，之后至 20 年河段逐渐回淤，至 40 年河段又逐渐转为冲刷。湖口—大通段也呈冲淤交替状态，冲淤趋势正好与汉口—湖口段相反，见图 3.7。

3.6.3　典型河段滩槽演变趋势

杨家垴—公安段总体处于冲刷状态。10 年末、20 年末、30 年末、40 年末全河段冲刷总量分别为 18 061.0 万 m^3、28 879.0 万 m^3、39 628.2 万 m^3、51 820.9 万 m^3，其中前 20 年年均冲刷 1 444.0 万 m^3，后 20 年年均冲刷 1 147.1 万 m^3，后 20 年冲刷量小于前 20 年冲刷量。

碾子湾—盐船套段计算期内河段总体冲刷。10 年末、20 年末、30 年末、40 年末累积冲刷分别为 8 763.6 万 m^3、13 145.4 万 m^3、33 347.6 万 m^3、54 836.05 万 m^3。计算期 40 年内，

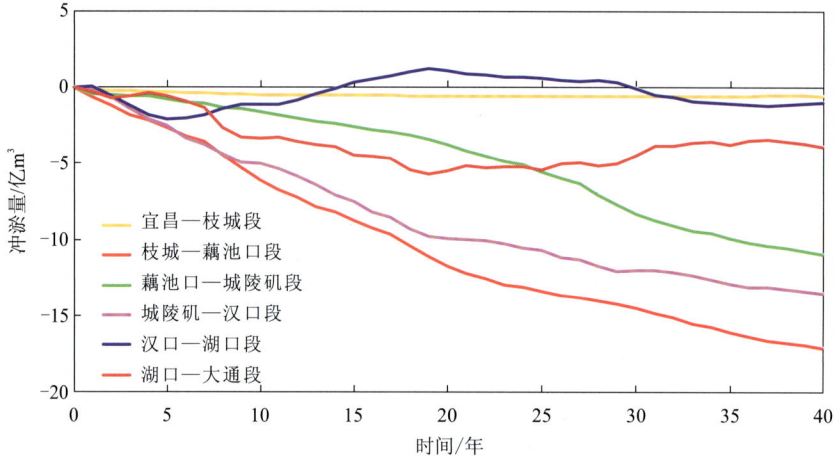

图 3.7　宜昌—大通各分段累积冲淤过程图

碛子湾—盐船套段总体上河势基本维持现状，主槽冲刷下切，边滩（心滩）微幅冲刷或略有淤积，河道有向单一主槽发展的态势。

盐船套—城陵矶段计算期内各河段总体冲刷。其中以洞庭湖出口—螺山段累积冲刷量最大，荆江门—洞庭湖出口段次之，荆江门以上河段累积冲刷量最小。盐船套—荆江门段、荆江门—洞庭湖出口段、洞庭湖出口—螺山段三个河段 40 年末累积冲刷量分别为 2 394 万 m³、6 095 万 m³、7 758 万 m³。总体河势格局基本维持现状，且有向单一主槽发展的态势，但二洲子右汊同时冲刷发展；河段冲淤主要发生在河槽及两侧低边滩上，且以河槽冲深展宽、边滩淤积为主要特点；熊家洲、七弓岭、观音洲各弯道弯顶附近有主流向凸岸边滩靠近，凸岸边滩前缘变陡的态势，同时对岸侧边滩淤积发展；不排除稀遇极端洪水导致本河段河势在短时间发生大的变化的可能性，如八姓洲狭颈裁弯。

3.6.4　主要控制站水位-流量关系变化趋势

1. 新水沙条件下主要控制站水位-流量关系变化趋势

三峡水库及上游水库群蓄水运用后，由于长江中下游各河段河床冲刷在时间和空间上均有较大的差异，各站的水位-流量关系随着水库运用时期的不同而出现相应的变化，沿程各站同流量下的水位呈下降趋势。分别在不同地形上计算各控制站的水位-流量关系。表 3.4 为干流各站水位变化表。结果表明，水位下降除受本河段冲刷影响以外，还受下游河段冲刷的影响。三峡水库及上游水库蓄水运用 40 年，荆江河道和城汉河段冲刷量较大，故沙市站、螺山站、汉口站水位-流量关系变化较大。

表 3.4　上游控制性水库运用 40 年干流各站水位变化

流量/（m³/s）	枝城站水位/m	沙市站水位/m	螺山站水位/m	汉口站水位/m
7 000	-1.13	-3.11	—	—
10 000	-1.11	-2.73	-2.85	-2.71
20 000	-0.99	-2.06	-2.28	-1.98
30 000	-0.75	-1.56	-1.71	-1.46

注：负值表示水位下降。

2. 水位预测成果合理性分析

图 3.8 给出了三峡水库蓄水后坝下游各河段累积冲淤量与枯水位的关系图。可以看出，两者表现出较好的相关性，随着河道累积冲刷量的增加，枯水位呈下降趋势。宜昌—枝城段 2003～2018 年枯水河槽累积冲刷 1.54 亿 m³，宜昌站 7 000 m³/s 流量下水位累积下降 0.82 m；上荆江河段 2003～2018 年枯水河槽累积冲刷 6.38 亿 m³，枝城站 7 000 m³/s 流量下水位累积下降 0.61 m；下荆江河段 2003～2018 年枯水河槽累积冲刷 3.86 亿 m³，沙市站 7 000 m³/s 流量下水位累积下降 2.43 m；城陵矶—汉口段 2003～2018 年枯水河槽累积冲刷 4.39 亿 m³，螺山站 10 000 m³/s 流量下水位累积下降 1.64 m；汉口—湖口段 2003～2018 年枯水河槽累积冲刷 5.83 亿 m³，汉口站 10 000 m³/s 流量下水位累积下降 1.35 m。总体看来，未来 40 年沿江主要控制站的枯水位仍有不同程度的降低，但水位下降速率有所减缓，符合河道冲刷与水位变化之间的一般性规律，成果总体合理可信。

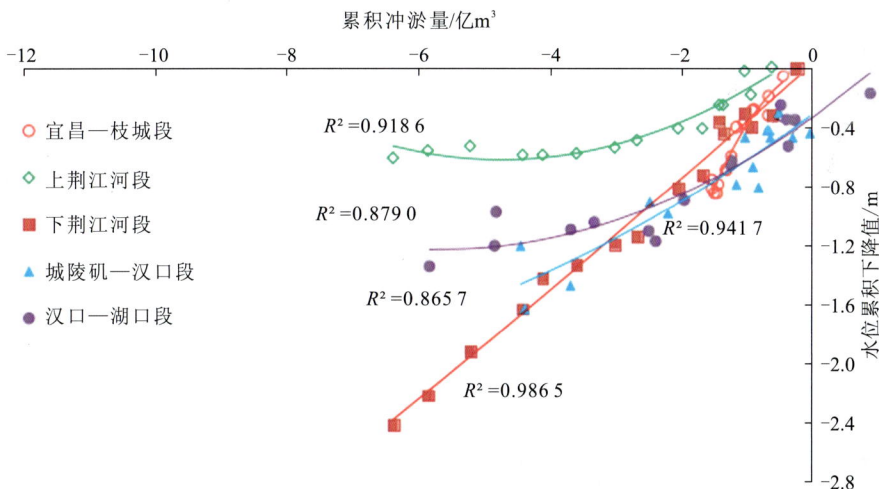

图 3.8　坝下游各河段累积冲淤量与枯水位变化的关系

3.6.5　槽蓄关系变化趋势预测

根据现有条件，分别在地形（2016 年 11 月）、冲淤预测的 40 年末（2056 年）的地形上，采用典型洪水过程进行槽蓄量计算。由于近些年没有大水年，故选取 1981 年、1983 年、1989 年、1991 年、1993 年、1996 年、1998 年这 7 年的洪水过程作为代表。

总体来看，长江干流宜昌—大通段不同河段在不同水位情况下的槽蓄量增量的变化规律不完全相同，但其槽蓄量的增加幅度均随着水位的抬高而逐渐减少。

宜昌—沙市段未来 40 年（2017～2056 年）仍将继续冲刷，累积冲刷约 13 亿 m³。与此同时，该河段水位槽蓄关系曲线有所变化，不同莲花塘站水位下，河段槽蓄量增加 7.1 亿～11.5 亿 m³。

沙市—城陵矶段未来 40 年累积冲刷量为 15.64 亿 m³，该河段水位槽蓄量关系曲线的变化也较大。总体来看，随着螺山站水位的抬高，河道内冲刷量逐渐增加，槽蓄量变化值也逐渐增加，但槽蓄量的增加幅度整体减小。不同螺山站水位下，河段槽蓄量增加 4.93 亿～14.93 亿 m³。当螺山站水位为 20.0 m 时，较现状槽蓄量增大 31.2%；当螺山站水位为 32.0 m 时，较现状槽蓄量增大 26.9%。

城陵矶—汉口段未来 40 年（2017~2056 年）累积冲刷 12.13 亿 m³，故城陵矶—汉口段水位槽蓄量关系曲线变化较大。总体来看，在中枯水位时，随着汉口站水位的抬高，河道内冲刷量增加较多，槽蓄量变化值有所增加，之后，随着汉口站水位的升高，槽蓄量变化值逐渐减少，这也说明槽蓄量大幅增加主要发生在冲刷量较大的枯水河槽和平滩河槽，其变化规律与河道冲淤规律基本一致。同时，槽蓄量的增加幅度随着汉口站水位的抬高逐渐减小。40 年末，不同汉口站水位下，河段内槽蓄量相对增加 9.52 亿~11.10 亿 m³。当汉口站水位为 15.0 m 时，较现状槽蓄量增大 33.8%；当汉口站水位为 27.0 m 时，较现状槽蓄量增大 13.4%。

汉口—湖口段在不同湖口（八里江）站水位下，河段内槽蓄量相对增加 2.65 亿~5.95 亿 m³。当湖口（八里江）站水位为 15.0 m 时，较现状槽蓄量增大 5.6%；当湖口（八里江）站水位为 20.0 m 时，较现状槽蓄量增大 4.7%。

三峡水库蓄水后的 2003~2016 年，大通站实测水位-流量关系无趋势性变化，同一水位下，蓄水前后湖口—大通段槽蓄量曲线无变化。三峡水库等控制性水库运用 40 年后，湖口—大通段累积冲刷量为 4.82 亿 m³，但由于大通站水位主要由其下游的河口水位来控制，未来其水位-流量关系变化不大，所以在相同水位下，该河段的槽蓄量增加值较小，为 0.73 亿~2.85 亿 m³，增加幅度在 5%以内。

3.7 上游水库群运行后金沙江下游梯级与三峡水库联合减淤调度方案

3.7.1 金沙江下游梯级及三峡水库消落期联合减淤调度方案

1. 金沙江下游梯级及三峡水库库尾河段床沙特性及消落期走沙条件

自 2013 年以来，溪洛渡库区、向家坝坝下游—江津段床沙粒径基本保持稳定；三峡水库库尾卵石河床粒径基本保持稳定，沙质河床床沙粒径年际以波动变化为主，在来沙较大的年份河床组成偏粗。从年内不同时期（汛前测次和汛后测次）床沙的变化来看，向家坝坝下游宜宾—三峡水库库尾段床沙粒径年内并无明显变化规律。对于卵石河段，床沙粒径年内基本稳定，汛前测次和汛后测次无明显差异。对于沙质河段，对比汛前测次和汛后测次发现，一般汛后测次表现为较粗，但从寸滩站年内连续月份的观测资料来看，汛前测次并未比汛后测次的床沙粒径要细，年内无明显规律。

在水库消落过程中，随着水位下降，主流归槽，河道内水流动力增强，水流挟带泥沙的能力变大，因而消落期是库区河道走沙的关键时期。结合复杂边界条件（宽级配河床）下非均匀沙起动的基本理论，基于最新的床沙分析成果，采用理论分析和数学模型计算的方法，对金沙江下游梯级及三峡水库库尾河段床沙起动条件进行了研究，提出了各水库库尾河段床沙的起动条件。

2. 消落期联合减淤调度研究及效果分析

消落期对溪洛渡水库及三峡水库进行减淤调度能取得较好的减淤效果，主要表现为变动回水区淤积泥沙被冲刷至常年回水区内，起到优化库区淤积分布的效果。其中，若原本不满足库尾泥沙起动条件，而利用水库群加泄的手段使流量满足泥沙起动条件，变动回水区内虽有一定的改善，但减淤效果并不理想。通过减淤调度方案计算及效果综合分析对比，提出金沙江下游梯级与三峡水库消落期联合减淤调度方案。

3.7.2　金沙江下游梯级及三峡水库汛期联合减淤调度方案

1. 三峡水库汛期场次洪水泥沙输移特性

对于乌东德水库而言：当入库流量为 10 000 m³/s 时，库区沙峰传播时间为 5 天左右；当入库流量为 15 000 m³/s 时，库区沙峰传播时间为 4 天左右；当入库流量为 20 000 m³/s 时，库区沙峰传播时间为 3 天左右。

对于溪洛渡水库而言：当入库流量小于 10 000 m³/s 时，库区沙峰传播时间大于 9 天；当入库流量为 10 000～22 000 m³/s 时，库区沙峰传播时间为 3～9 天；当入库流量为 22 000～30 000 m³/s 时，库区沙峰传播时间为 2～3 天；当入库流量大于 30 000 m³/s 时，库区沙峰传播时间基本为 2 天。

对于向家坝水库而言：当入库流量小于 10 000 m³/s 时，库区沙峰传播时间大于 5 天；当入库流量为 10 000～22 000 m³/s 时，库区沙峰传播时间为 2～5 天；当入库流量为 22 000～30 000 m³/s 时，库区沙峰传播时间基本为 1.5～2 天；当入库流量大于 30 000 m³/s 时，库区沙峰传播时间基本为 1.5 天。

向家坝—朱沱段为天然河道：在 10 000 m³/s 流量条件下，沙峰传播至朱沱需要 48 h；在 30 000 m³/s 流量条件下，沙峰传播至朱沱需要 25 h。朱沱—寸滩段沙峰传播时间随坝前水位的抬高而增加，随流量的增大而减小，不同水位、流量组合下沙峰传播时间在 18～56 h。沙峰传播时间为洪峰传播时间的 2～3 倍。

对于三峡库区而言，洪峰传播时间与坝前水位的关系十分明显，坝前水位越高，洪峰传播时间越短。当坝前水位按汛期 145 m 运行时，寸滩站到大坝沙峰传播时间平均为 7.6 天；当洪峰流量小于 30 000 m³/s 时，库区沙峰传播时间基本大于 7 天；当洪峰流量大于 50 000 m³/s 时，库区沙峰传播时间基本小于 5 天。

2. 汛期联合减淤调度研究及效果分析

研究表明，对于溪洛渡水库 2017 年 7 月上旬的沙峰过程，通过增大下泄、降低水位的方式进行汛期减淤调度：在沙峰过程拉沙期及排沙期加大下泄流量，能使变动回水区及常年回水区末段的河床淤积量减少，泥沙更多地淤积在常年回水区中下段。方案对比表明，拉沙期按 10 500 m³/s 流量下泄，排沙期利用剩余水量排沙时的减淤调度效果最好，排沙比从实际方案下的 0.67%增大为 1.97%，多排沙 56.49 万 t。

三峡水库入库水沙异源现象突出，容易造成场次洪水中洪峰、沙峰峰现时间明显的相位差，沙峰较洪峰提前或滞后。通过水沙异步特性对库区淤积的影响研究发现，当沙峰和洪峰异步程度不同时，三峡水库入库含沙量过程、库区总淤积量等都有较大的差异，其中，当沙峰、洪峰同步或异步程度较小（1 天以内）时，通过向家坝水库加泄，能排出更多的沙量，而当沙峰与洪峰异步程度较大（峰值时间差在 2 天以上）时，调度效果较差。

3.7.3　金沙江下游梯级及三峡水库蓄水期联合减淤调度方案

蓄水期减淤调度主要是通过改变水库蓄水进程，调节汛后水库泥沙淤积量，达到改善泥沙在库区内淤积分布的目的。一般而言，水库蓄水期淤积量较少，若遇入库泥沙较多的秋汛，导致蓄水期淤积量较多，则在次年的调度中可将泥沙冲走。蓄水期减淤调度的主要思路是研究不同起蓄水位和起蓄时间对库区淤积的影响。对溪洛渡库区不同蓄水方案的研究表明：不同的坝前蓄水方案对库区总淤积量的影响较小，各方案下库区总淤积量最大相差 5.63 万 m^3，约占库区总淤积量的 0.3%。对三峡库区不同蓄水方案的研究表明：不同的坝前蓄水方案对库区总淤积量的影响较小，各方案下库区总淤积量最大相差 38.53 万 m^3，约占库区总淤积量的 2%。

3.7.4　金沙江下游梯级及三峡水库全时期联合减淤调度方案

在年内不同时期联合减淤调度研究的基础上，从整体出发，对典型年综合提出金沙江下游梯级及三峡水库联合减淤调度方案。其总体思路为：消落期主要考虑上下游水库群集中消落，有效利用下泄水量，同时坝前水位加快消落；汛期主要考虑在沙峰入库时，通过上游水库提前加泄水量，加大下游水库排沙能力；蓄水期减淤调度主要在来沙不大的情况下保障蓄水，调度方案以现行的调度规程为准。在结合年内不同时期减淤调度研究成果的基础上，提出金沙江下游梯级及三峡水库联合减淤调度方案。

对 2018～2019 年典型年进行联合减淤调度计算，对比实际调度方案和优化调度方案的冲淤结果发现：从淤积总量上看，优化调度方案下溪洛渡、向家坝、三峡水库累积减淤 598 万 m^3，减淤幅度为 2.1%，溪洛渡、向家坝、三峡水库淤积量占比分别为 43%、1%、56%，优化调度前后各水库淤积量占比无大的调整，淤积分布格局未发生改变；从各水库淤积部位的调整来看，优化调度后溪洛渡水库和三峡水库常年回水区淤积量分别增大了 391.75 万 m^3 和 286.56 万 m^3，说明水库群联合减淤调度将更多的泥沙搬运到深水区、死库容内，对保障水库防洪库容、延长水库群使用寿命有积极作用。从重点河段的减淤效果来看，优化调度方案能显著减少三峡水库库尾河段淤积总量和淤积厚度，对减小三峡水库库尾局部泥沙淤积对航运及库尾洪水的影响具有积极作用。

第4章

溪洛渡、向家坝、三峡水库联合防洪调度及洪水资源利用

本章通过研究寸滩站的洪水地区组成特性，探讨在三峡水库不同洪水遭遇和地区组合下，上游水库配合三峡水库对长江中下游防洪调度方式；为提高对城陵矶防洪作用，优化对城陵矶防洪库容的运用方式和抬高对城陵矶防洪补偿控制水位，提出上游水库群配合三峡水库对城陵矶防洪调度方式和作用，并开展对武汉地区防洪作用研究；梳理分析长江中游水库调蓄对长江中下游防洪形势的影响程度，提出长江流域中游水库群联合防洪调度方式；为充分利用洪水资源，在不增加下游地区防洪压力的条件下，提出溪洛渡、向家坝、三峡水库汛期运行水位上浮运用方式及常遇洪水调度方式。

4.1　基于不同典型洪水分类的水库群联合防洪调度方式

4.1.1　洪水样本分类

由于三峡坝址以上干支流众多，洪水遭遇与地区组成复杂，暴雨洪水主要来源于岷江、嘉陵江、屏山—寸滩区间、寸滩—宜昌区间等地区，所以对于出现某一频率洪水的时空分布也存在多种可能性，无法利用常规方法获取上游各干支流相应防洪控制站设计洪水过程。考虑到寸滩站洪水与宜昌站洪水的相关性较强，选择寸滩站作为三峡水库入库代表站，采用长系列实测日径流作为样本分析其洪水来源组成。

根据寸滩站年最大 1 日、3 日、7 日洪量发生时间，考虑洪水传播时间，逐年统计 1950～2012 年屏山站、高场站、北碚站相应发生的时段洪量，得到各站多年平均 1 日洪量、3 日洪量、7 日洪量及占寸滩站的比例，见表 4.1。

表 4.1　寸滩站洪水组成分析（1950～2012 年）

站名	与寸滩站面积比/%	1 日洪量		3 日洪量		7 日洪量		占比平均/%
		洪量/亿 m³	占寸滩站/%	洪量/亿 m³	占寸滩站/%	洪量/亿 m³	占寸滩站/%	
屏山站	55.9	9.93	24.0	30.20	26.4	73.50	32.6	27.7
高场站	15.6	8.91	21.5	23.60	20.7	47.80	21.2	21.1
北碚站	18.0	16.30	39.3	42.50	37.2	71.80	31.9	36.1
富顺站	2.3	0.80	1.9	2.25	2.0	5.50	2.4	2.1
屏山—寸滩区间	8.1	5.50	13.3	15.60	13.7	26.70	11.9	12.9
寸滩站	—	41.44	—	114.15	—	225.30	—	—

注：和不为 100%由四舍五入导致。

嘉陵江是长江上游暴雨洪水多发区之一，寸滩站洪水组成中北碚站的占比最大，其次为面积占比最大的屏山站。屏山站占寸滩站年最大洪水比重约为 27.7%，远小于其面积比，且每年的占比均小于两站面积比 55.9%。高场站占寸滩站年最大洪水比重约为 21.1%，且大多数年份占比大于两站的面积比。北碚站占寸滩站年最大洪水的比重约为 36.1%，远大于其面积比 18.0%。沱江富顺站占寸滩站年最大洪水比重约为 2.1%，与面积比相当。屏山—寸滩区间面积比为 8.1%，而屏山—寸滩区间产生的洪水占寸滩站年最大洪水比重约为 12.9%，远大于其面积比。

考虑相关站点之间洪水传播时间，结合相关控制站与寸滩站多年平均 3 日洪量比重关系（表 4.1）及汛期多年平均流量等要素，分别拟定各地区洪水组成判别阈值，将寸滩站洪水分为单一区域来水为主和多区域洪水遭遇两大类。

1）单一区域来水为主

单一区域来水为主洪水主要包括金沙江来水较大、岷江来水较大、嘉陵江来水较大三种情况。当其中一控制站 3 日洪量占寸滩站相应 3 日洪量比重大于汛期多年平均 3 日洪量比重，且其他支流控制站来水小于汛期多年平均流量，即认为该场次洪水以相应单一区域来水为主。

（1）当金沙江屏山站 3 日洪量占寸滩站相应 3 日洪量比重大于汛期多年平均 3 日洪量比

重 26.4%，且相应时段其他支流来水小于汛期多年平均流量时，认为该场洪水以金沙江来水为主。

（2）同理，当岷江高场站 3 日洪量占寸滩站相应 3 日洪量比重大于 20.7%，且相应时段其他支流来水小于汛期多年平均流量时，认为该场洪水以岷江来水为主。

（3）当嘉陵江北碚站 3 日洪量占寸滩站相应 3 日洪量比重大于 37.2%，且相应时段其他支流来水小于汛期多年平均流量时，认为该场洪水以嘉陵江来水为主。

2）多区域洪水遭遇

多区域洪水遭遇主要包括长江干流与嘉陵江洪水遭遇、金沙江与岷江洪水遭遇两种情况，相应干支流控制站流量均超过汛期多年平均流量。当其中一控制站 3 日洪量占寸滩站 3 日洪量比重超过汛期多年平均 3 日洪量比重，认为该站相应河流来水较大，反之，则判定为一般洪水。

综上所述，寸滩站洪水分类准则具体划分准则见表 4.2。

表 4.2　寸滩站洪水分类准则

大类	小类	判断依据
单一区域来水为主	金沙江来水较大，岷江、嘉陵江未发生洪水	屏山站与寸滩站 3 日洪量大于 26.4%，高场站、北碚站流量小于汛期多年平均流量
	岷江来水较大，金沙江、嘉陵江未发生洪水	高场站与寸滩站 3 日洪量比大于 20.7%，屏山站、北碚站流量小于汛期多年平均流量
	嘉陵江来水较大，长江干流未发生洪水	北碚站与寸滩站 3 日洪量比大于 37.2%，朱沱站流量小于汛期多年平均流量
多区域洪水遭遇	长江干流与嘉陵江洪水遭遇 —— 嘉陵江来水较大，长江干流为一般洪水	北碚站与寸滩站 3 日洪量比大于 37.2%，朱沱站流量大于汛期多年平均流量
	长江干流与嘉陵江洪水遭遇 —— 金沙江来水较大，嘉陵江为一般洪水	屏山站与寸滩站 3 日洪量比大于 26.4%，北碚站流量大于汛期多年平均流量
	长江干流与嘉陵江洪水遭遇 —— 岷江来水较大，嘉陵江为一般洪水	高场站与寸滩站 3 日洪量比大于 20.7%，北碚站流量大于汛期多年平均流量
	长江干流与嘉陵江洪水遭遇 —— 长江干流、嘉陵江来水均较大	朱沱站与寸滩站 3 日洪量比大于 50.0%，北碚站与寸滩站 3 日洪量比大于 37.2%
	金沙江与岷江洪水遭遇，嘉陵江未发生洪水 —— 金沙江来水较大，岷江为一般洪水	屏山站与寸滩站 3 日洪量比大于 26.4%，高场站流量大于汛期多年平均流量
	金沙江与岷江洪水遭遇，嘉陵江未发生洪水 —— 岷江来水较大，金沙江为一般洪水	高场站与寸滩站 3 日洪量比大于 20.7%，屏山站流量大于汛期多年平均流量
	金沙江与岷江洪水遭遇，嘉陵江未发生洪水 —— 金沙江、岷江来水均较大	屏山站与寸滩站 3 日洪量比大于 26.4%，高场站与寸滩站 3 日洪量比大于 20.7%

4.1.2　上游水库群对不同类型寸滩站洪水的拦蓄方式

针对各类洪水特性，围绕长江上游水库本河段防洪需求和配合三峡水库对长江中下游防洪任务，研究分析上游水库群对寸滩站洪水的防洪调度方式。

《三峡水库优化调度方案》在初步设计的基础上，提出了三峡水库兼顾城陵矶地区防洪补偿调度方式，对城陵矶地区补偿库容分配、补偿流量、控制水位等做了深入研究，将水位 155 m 作为三峡水库兼顾城陵矶地区防洪向仅对荆江河段防洪补偿的转折点，防洪任务在此发生转变。

长江上游水库拦蓄,一方面可减少三峡水库入库洪量,另一方面可对三峡水库入库洪水进行适量的滞洪削峰,降低三峡水库的回水水面线高程。在三峡水库不同的调度运行阶段,长江上游水库群配合三峡水库防洪运行目标应有所侧重。分别针对三峡水库 145~155 m 兼顾城陵矶地区防洪补偿调度阶段和 155 m 以上对荆江河段防洪补偿调度阶段,结合三峡水库不同的防洪任务,研究长江上游水库对干支流不同类型洪水的防洪调度方式。

1)三峡水库兼顾城陵矶地区防洪补偿调度阶段

三峡水库兼顾城陵矶地区防洪补偿调度阶段,长江上游水库群配合三峡水库防洪以稳定拦蓄相应干支流洪量为主,减少三峡水库入库洪量。

(1)当预报 3 日内寸滩站流量小于 55 000 m³/s,而长江中下游出现较大洪水需要三峡水库防洪调度时,长江上游水库群配合拦蓄基流。分析寸滩站与长江上游相关控制站流量相关关系可知,在寸滩站流量 55 000 m³/s 以下区域,点据分布较为分散,流量相关性较弱,难以形成稳定持续的拦蓄空间。结合《长江上游控制性水库优化调度方案编制》研究成果,金沙江、雅砻江水库群拟根据自身来水情况分级拦蓄部分流量,减少三峡水库入库洪量。

(2)当预报 3 日内寸滩站流量超过 55 000 m³/s 时,长江上游水库群启动拦蓄。根据历史实测及频率设计洪水分析控制站之间流量相关关系,当寸滩站流量在 55 000~75 000 m³/s 时,拟定调度方式见表 4.3。

表 4.3　三峡水库兼顾城陵矶地区防洪补偿调度阶段寸滩站流量 55 000~75 000 m³/s
（单一区域来水）时长江上游控制性水库拦蓄方式

类型	控制站流量/（m³/s）	相应水库入库流量/（m³/s）	控制水库拦蓄方式	配合水库拦蓄方式
金沙江 单一区域为主	28 000~32 000	28 000~32 000	入库小于 30 000 m³/s 时,控蓄 15 000 m³/s 入库大于 30 000 m³/s 时,控蓄 20 000 m³/s	—
岷江 单一区域为主	14 000~36 000	4 200~10 800	控泄 2 610 m³/s （额定流量）	金沙江梯级控蓄 2 000 m³/s、4 000 m³/s
嘉陵江 单一区域为主	20 000~35 000	6 000~10 000	控泄 1 730 m³/s （满发流量）	金沙江梯级控蓄 2 000 m³/s、4 000 m³/s

(3)若预报寸滩站流量为多区域洪水遭遇,相应干支流根据来水情况配合拦蓄。当干支流区域来水较大,相应梯级水库拦蓄方式按单一区域来水为主方式运行;当干支流区域遭遇洪水不大,仅为一般洪水时,对拦蓄速率做进一步调整,见表 4.4。

表 4.4　三峡水库兼顾城陵矶地区防洪补偿调度阶段寸滩站流量 55 000~75 000 m³/s
（多区域洪水遭遇）时长江上游控制性水库拦蓄方式

类型	控制站流量/（m³/s）	相应水库入库流量/（m³/s）	控制水库拦蓄方式	配合水库拦蓄方式
多区域洪水遭遇 金沙江一般洪水	16 600~28 600	16 600~28 600	入库小于 20 000 m³/s 时,控蓄 6 000 m³/s 入库大于 20 000 m³/s 时,控蓄 10 000 m³/s	来水较大梯级拦蓄 方式参考单一区 域来水为主洪水 拦蓄方式
多区域洪水遭遇 岷江一般洪水	12 000~22 000	4 800~8 800	控蓄 2 000 m³/s+（入库流量 - 3 000 m³/s） /2	
多区域洪水遭遇 嘉陵江一般洪水	16 600~28 600	5 000~8 500	控泄 1 730 m³/s （满发流量）	

（4）当预报 3 日内寸滩站流量超过 75 000 m³/s（对应寸滩站洪峰频率约 20 年一遇）时，根据历史实测及频率设计洪水分析控制站之间流量相关关系，拟定调度方式见表 4.5。

表 4.5　三峡水库兼顾城陵矶地区防洪补偿调度阶段寸滩站流量大于 75 000 m³/s（单一区域来水为主）时长江上游控制性水库拦蓄方式

类型	控制站流量/（m³/s）	相应水库入库流量/（m³/s）	控制水库拦蓄方式	配合水库拦蓄方式
金沙江单一区域为主	33 000～40 000	33 000～40 000	入库小于 40 000 m³/s 时，控蓄 25 000 m³/s 入库大于 40 000 m³/s 时，控蓄 30 000 m³/s	—
岷江单一区域为主	17 000～48 000	5 000～14 400	控泄 2 610 m³/s（额定流量）	金沙江梯级控蓄 8 000 m³/s、10 000 m³/s
嘉陵江单一区域为主	20 000～35 000	6 000～10 000	控泄 1 730 m³/s（满发流量）	金沙江梯级控蓄 8 000 m³/s、10 000 m³/s

（5）若预报寸滩站流量为多区域洪水遭遇，寸滩站流量大于 75 000 m³/s 时，长江上游控制性水库的拦蓄方式见表 4.6。

表 4.6　三峡水库兼顾城陵矶地区防洪补偿调度阶段寸滩站流量大于 75 000 m³/s（多区域洪水遭遇）时长江上游控制性水库拦蓄方式

类型	控制站流量/（m³/s）	相应水库入库流量/（m³/s）	控制水库拦蓄方式	配合水库拦蓄方式
多区域洪水遭遇金沙江一般洪水	16 600～28 600	16 600～28 600	入库小于 20 000 m³/s 时，控蓄 8 000 m³/s 入库大于 20 000 m³/s 时，控蓄 12 000 m³/s	来水较大梯级拦蓄方式参考单一区域来水为主洪水拦蓄方式
多区域洪水遭遇岷江一般洪水	16 000～23 000	6 400～94 000	控蓄 2 000 m³/s+（入库流量 – 3 000 m³/s）/2	
多区域洪水遭遇嘉陵江一般洪水	33 000～44 000	10 000～13 000	控泄 1 730 m³/s（满发流量）	

2）三峡水库针对荆江河段防洪补偿调度阶段

（1）预报 3 日内寸滩站最大流量为 40 000～55 000 m³/s，洪水量级较小，长江上游水库群配合三峡水库防洪主要以拦蓄基流为主，但需结合三峡水库变动回水区水位情况，针对性地削减入库洪峰，降低三峡水库回水水面线高程。拟定调度方式见表 4.7。

表 4.7　三峡水库对荆江河段防洪补偿调度阶段寸滩站流量 40 000～55 000 m³/s（单一区域来水为主）时长江上游控制性水库拦蓄方式

类型	控制站流量/（m³/s）	相应水库入库流量/（m³/s）	控制水库拦蓄方式	配合水库拦蓄方式
金沙江单一区域为主	12 500～17 000	12 500～17 000	提前 2 日控泄 7 500 m³/s	—
岷江单一区域为主	7 000～17 000	2 800～6 800	提前 2 日控泄 1 400 m³/s（机组过流量）	—
嘉陵江单一区域为主	9 000～30 000	2 700～10 000	提前 2 日控泄 1 730 m³/s（满发流量）	—

（2）若预报寸滩站发生多区域洪水遭遇，防洪调度方式见表 4.8。

表 4.8　三峡水库对荆江河段防洪补偿调度阶段寸滩站流量 40 000～55 000 m³/s
（多区域洪水遭遇）时长江上游控制性水库拦蓄方式

类型	控制站流量/（m³/s）	相应水库入库流量/（m³/s）	控制水库拦蓄方式	若洪水遭遇配合水库拦蓄方式
多区域洪水遭遇金沙江来水较大	12 000～25 000	12 000～25 000	提前 2 日泄洪 7 500 m³/s	瀑布沟控蓄（x – 3 000）/2，亭子口提前 2 日泄洪 1 730 m³/s
多区域洪水遭遇岷江来水较大	4 700～24 100	1 900～9 600	提前 2 日泄洪 1 400 m³/s（机组过流量）	溪向提前 2 日控蓄 4 000 m³/s，亭子口提前 2 日泄洪 1 730 m³/s
多区域洪水遭遇嘉陵江来水较大	9 200～33 000	2 800～9 900	提前 2 日泄洪 1 730 m³/s（满发流量）	溪向提前 2 日控蓄 4 000 m³/s，瀑布沟控蓄（x – 3000 m³/s）/2

注：溪向为溪洛渡、向家坝简称，余同。

（3）当预报 3 日内寸滩站最大流量超过 55 000 m³/s 时或小于 40 000 m³/s 时，长江上游水库群拦蓄方式与三峡水库兼顾城陵矶地区防洪补偿调度阶段相同。

4.2　水库群联合防洪调度对城陵矶及武汉地区防洪作用

4.2.1　对城陵矶地区防洪作用

以往研究水库群配合三峡水库对城陵矶防洪的调度运行方式侧重于规划层面，未针对不同的实际来水过程进行深入研究，距防洪实时调度的可操作性具有进一步研究的空间。本节在以往的研究基础上，进一步开展对实际洪水类型的识别和判断，深化长江上游水库群配合作用下的三峡水库对城陵矶地区的防洪调度方式，最大程度地发挥联合防洪调度效益。

1）145～158 m 内对城陵矶地区防洪补偿调度方式细化研究

对城陵矶地区防洪补偿调度是考虑三峡水库下游来水较大，为了在保证遇特大洪水时荆江河段防洪安全前提下，尽可能提高三峡工程对一般洪水的防洪作用，减少城陵矶地区的分洪量。

调整方式的基本思路描述如下：沙市站及城陵矶站低于警戒水位时，按照不超过警戒水位进行控制，进行中小洪水调度；三峡水库达到风险转移控制水位或者沙市站及城陵矶站高于警戒水位时，按照不超过保证水位进行控制，对城陵矶地区进行防洪补偿调度。

风险转移控制水位：三峡水库对中小洪水调度和对城陵矶防洪补偿调度的防洪库容协调控制水位，即三峡水库对城陵矶地区防洪补偿调度按照不超过警戒水位和不超过保证水位之间的防洪库容协调控制水位。主要针对当三峡水库水位低于"对城陵矶地区防洪补偿控制水位"时，水库当日泄量的计算方式进行优化调整。

选用不同的风险转移控制水位，经统计分析对应的三峡水库多年调度期内（1954～2014年 6 月 10 日～9 月 10 日）的多年平均最高调洪水位、水位超过 155 m 年数、枝城站流量超过 42 000 m³/s 的洪量、枝城站流量超过 56 700 m³/s 的洪量、城陵矶站流量超过 49 000 m³/s 的洪量、城陵矶站流量超过 60 000 m³/s 的洪量、库区回水淹没年数、多年平均发电量、多年平均弃水量的情况，城陵矶地区防洪从按超警戒到超过保证的风险转移控制水位可拟定在 151 m。在调度运用过程中可先按照沙市站、城陵矶站不超过警戒水位进行中小洪水调度，达到设定的风险转移控制水位后按照沙市站、城陵矶站不超过保证水位进行对城陵矶地区防洪补偿调度，以达到对长江中下游减压、减灾的目的，提高对城陵矶地区的防洪能力。在长江上游水库群配合三峡水库联合调度模式下,若长江上游水库群来水不大且中下游水位不高、区间来水不大时,可相机进一步抬高三峡水库风险转移控制水位,以充分发挥长江上游水库群配合三峡水库联合调度对一般洪水的防洪作用。

2)城陵矶地区防洪补偿控制水位进一步提高的可行性

在不改变长江上游水库群配合三峡水库拦蓄方式的基础上,在相关研究的基础上开展溪洛渡、向家坝骨干水库拦蓄方式研究,来研究进一步抬高三峡水库对城陵矶地区防洪补偿控制水位的可行性及其风险分析,以扩大对城陵矶地区防洪作用。

溪洛渡、向家坝水库基本拦蓄方式:按照"大水多拦、小水少拦"的原则,设定当三峡水库水位在对城陵矶地区防洪补偿控制水位及以上时,溪洛渡、向家坝水库按三峡水库 2 日预报来水流量,以分级拦蓄的方式配合三峡水库对长江中下游进行防洪补偿调度。

针对 1954 年、1998 年实际洪水调度,长江上游水库群防洪库容剩余较多,为更好应用水库群防洪能力,进一步减少长江中下游分洪量,有必要研究三峡水库在 158 m 以上进一步实施对城陵矶地区防洪补偿调度。考虑溪洛渡、向家坝水库配合运用,假定三峡水库对城陵矶地区防洪补偿调度控制水位为 156~162 m,做相应的调洪演算与库区回水推算,结果表明,在 161 m 及以下水位起调时,遇坝址 20 年一遇洪水,回水均于移民迁移线末端弹子田断面以下灭尖,且各区间回水水位也均在移民迁移线以下。进一步假定不同三峡水库对城陵矶地区防洪补偿控制水位的起调水位为 157~163 m,对坝址 100 年一遇洪水进行调洪,结果表明,加大拦蓄方式对应的调洪成果在 1954 年、1981 年 1%洪水时,均低于基本拦蓄方式;在 1998 年 1%洪水时,略高于基本拦蓄方式,但也不高于 171 m。特别地,除 1982 年典型年外,对于起调典型年,在起调水位为 161 m 以下时,各起调水位对应的最高调洪水位均低于 171 m。因此,不同起调水位可在一定程度上降低对荆江河段防洪风险,是一种有效的大洪水时长江上游水库群联合调度对荆江河段调度的风险对策措施。

总之,综合考虑防洪调度技术、长江上游干支流建库,长江下游泄洪能力提高、堤防加高加固等有利因素,流域对洪水的调蓄能力在现有基础上会更强,在长江上游水库配合作用下,对保证从 158 m 甚至是 161 m 起调,三峡水库对荆江河段遇 100 年一遇不分洪是在可控范围内,总体风险不大。

3)158 m 以上进一步细分防洪库容空间运用方式

以下从另一个角度对长江中下游型洪水 1954 年、1998 年大洪水开展研究,即研究 158 m 以上水位继续对城陵矶地区防洪补偿调度的方式及风险。将三峡水库防洪库容细分为如下情况,如图 4.1 所示,其中 145 m 为防洪限制水位,151 m 为中小洪水调度转换为对城陵矶地区防洪补偿的风险转移控制水位,155 m 为对城陵矶地区防洪补偿控制水位,158 m 为考虑长江上游水库群配合运用的对城陵矶地区防洪补偿控制水位,161 m 为以金沙江来水为主的长江上游型洪水时加大拦蓄方式所确定的对城陵矶地区防洪补偿控制水位,X 为 LA 控制水位(面临库区长寿区断面和长江下游防洪安全的决策),Y 为 LB 控制水位(面临库区回水末端弹子田断面和长江下游防洪安全的决策),171 m 为对荆江河段防洪补偿控制水位,175 m 为防洪高水位。

在考虑长江上游水库群剩余防洪库容可进一步进行拦蓄和有效的水文预报前提下,基于前面的三峡水库水位 158 m 以上防洪库容空间细分运用方式和对 1954 年实际洪水的计算分析研究,针对 1954 实际洪水进行了防洪效果计算分析,统计了不同时期及水库群不同运用方案下 1954 年洪水长江中下游分洪量,见表 4.9。

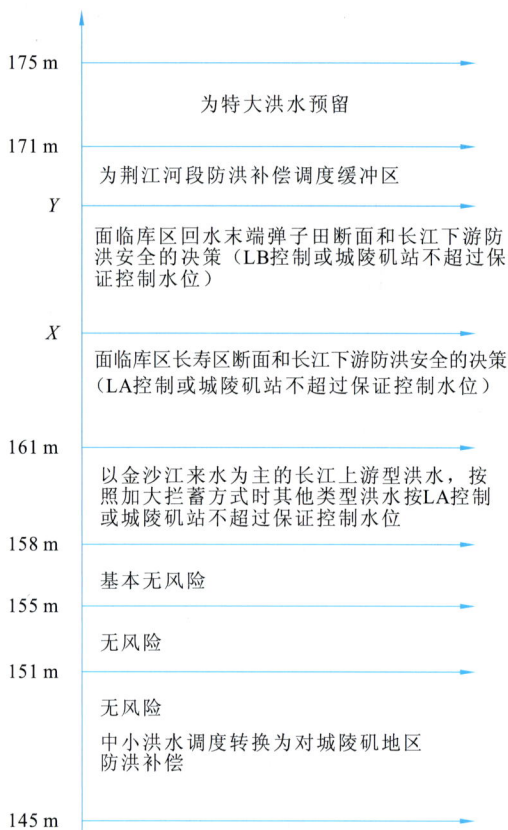

图 4.1 三峡水库防洪库容的细分

表 4.9 不同时期及水库群不同运用方案下 1954 年洪水长江中下游分洪量

运用方案	三峡水库调洪高水位/m	荆江河段 /亿 m³	城陵矶地区 /亿 m³	武汉地区 /亿 m³	湖口地区 /亿 m³	总计 /亿 m³
三峡水库运行前	—	15	448	44	40	547
三峡单库优化调度	167.56	0	305	56	40	401
水库群联合调度	163.52	0	279	35	33	347
本次细化运用	169.39	0	243	30	25	298

可见，通过 158 m 以上防洪库容空间细分运用，继续对城陵矶地区实施防洪补偿调度，关注长江中下游和库区防洪安全，可在长江上游水库群配合三峡水库联合调度模式下，进一步减少长江中下游分洪量 49 亿 m³，防洪效果明显，这对于流域防洪安全是比较有利的，但前提条件是风险可控。

4.2.2 对武汉地区防洪作用

1）水库群联合调度兼顾对武汉地区防洪调度方式

以往研究主要是考虑荆江河段、城陵矶地区的防洪控制条件、来水情势等，针对三峡水库对荆江河段和城陵矶地区进行防洪补偿调度，本节重点研究长江上游水库群配合作用下三峡水库兼顾对武汉地区防洪调度方式，研究的前提是不降低对荆江河段和城陵矶地区防洪标准，不影响对荆江河段和城陵矶地区防洪作用。

在三峡水库对城陵矶地区防洪补偿调度方式中，尝试兼顾对武汉地区不分洪进行控制，相应最大流量为 71 600 m³/s。结合以上叙述，考虑《三峡水库优化调度方案》对荆江河段和城陵矶地区防洪调度方式，在三峡水库对城陵矶地区防洪补偿调度的基础上加入对武汉地区防洪补偿调度方式，即当三峡水库水位低于对城陵矶地区防洪补偿控制水位时，水库当日泄量为：当日荆江河段防洪补偿的允许泄量、第三日城陵矶地区防洪补偿的允许泄量以及第三日武汉地区防洪补偿的允许泄量三者中的最小值（在一般情况下，城陵矶地区防洪补偿的允许泄量均小于荆江河段防洪补偿的允许泄量，因此主要还是比较城陵矶地区防洪补偿的允许泄量与武汉防洪补偿允许泄量的小值）。

$q_1 = 56\,700$ m³/s$-q$ 当日宜昌一枝城区间流量，$q_2 = 60\,000$ m³/s$-q$ 第三日宜昌一城陵矶区间流量，$q_3 = 71\,600$ m³/s$-q$ 第三日宜昌一汉口区间流量，实际下泄量 $q = \min(q_1, q_2, q_3)$，但若 $q < 30\,000$ m³/s，则取为 30 000 m³/s。

2）水库群联合调度对武汉地区防洪作用分析

考虑长江上游水库群调蓄作用，三峡水库对城陵矶地区防洪补偿控制水位为 158 m，分为"对城陵矶地区防洪"和"兼顾对武汉地区防洪"两种方式，比较 10 场典型年洪水（$P = 1\%$、$P = 2\%$、$P = 3.33\%$）时，三峡水库调洪最高水位差值，有以下分析结论：

1%洪水时，三峡水库调洪最高水位平均差仅为 0.02 m；2%洪水时，三峡水库调洪最高水位平均差仅为 0.01 m；3.33%洪水时，三峡水库调洪最高水位平均差仅为 0.02 m。根据长江上游水库群配合三峡水库对武汉地区防洪作用分析可知，将武汉地区防洪控制条件加入到对城陵矶地区防洪补偿调度方式中，直接的防洪作用与城陵矶地区防洪补偿后对武汉地区间接的防洪作用基本相当，加入三峡水库对武汉地区防洪补偿调度控制条件作用后，不会进一步扩大三峡水库防洪作用。

3）针对 1980 年洪水的兼顾对武汉地区防洪补偿调度效果分析

对 1980 年调度过程实施了兼顾对武汉地区防洪调度调洪计算，计算结果表明，在长江上游水库群配合三峡水库对城陵矶地区防洪且兼顾对武汉地区防洪调度时，相比长江上游水库群配合三峡水库对城陵矶地区防洪，可减少武汉地区河段流量超 71 600 m³/s 的洪量为 6.02 亿 m³，对武汉地区防洪产生较好的积极作用。

此外，计算比较了对长江中下游水位过程的影响，可最大程度降低城陵矶地区和汉口地区水位，分别降低 0.18 m 和 0.14 m。可见，在实际调度过程中，加入对武汉地区防洪控制条件，虽然不会大幅度改变长江中下游分洪量，但对降低长江中下游水位是有利的。

4.3　长江中游水库群联合防洪调度方式

4.3.1　洞庭湖四水水库群配合三峡水库防洪调度

以洞庭湖水系控制性水库为研究对象，开展洞庭湖四水水库群联合调度方式研究，以充分发挥控制性水库在洞庭湖水系防洪工程体系中的重要作用，进一步完善长江中游地区防洪的非工程措施。结合自身流域防洪能力，量化分析不同阶段、各支流水库对城陵矶站水位的防洪作用，提出长江干流来水较大和干流来水不大、洞庭湖支流水系来水较大两种工况下，洞庭湖四水水库群配合三峡水库对城陵矶地区防洪的启动条件、拦蓄方式、作用效果（图4.2）。

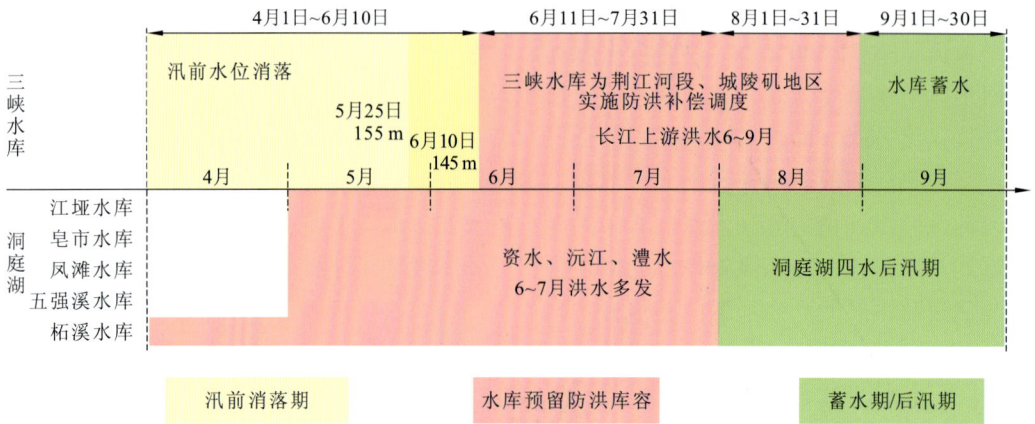

图 4.2　洞庭湖四水水库群与三峡水库汛期调度示意图

　　选取 1931 年、1935 年、1954 年、1968 年、1969 年、1980 年、1983 年、1988 年、1996 年、1998 年，以及近年来长江中下游来水较大的 2016 年、2017 年等作为洪水典型年，分析洞庭湖四水水库群配合三峡水库对城陵矶地区防洪调度效果。洞庭湖水库按照《2020 年长江流域水工程联合调度运用计划》拟定的调度方式运行，结果表明，在 12 场典型洪水调洪过程中，因本流域防洪需要，洞庭湖凤滩水库、五强溪水库、柘溪水库、江垭水库、皂市水库 5 座控制性水库分别最多剩余防洪库容 2.77 亿 m^3、13.6 亿 m^3、10.6 亿 m^3、7.4 亿 m^3、7.83 亿 m^3，其中凤滩水库、江垭水库的防洪库容在多数年份全部投入运用。可见，皂市水库、江垭水库、五强溪水库的防洪库容主要用于本流域防洪；柘溪水库和皂市水库在本流域防洪任务之外，尚有能力配合三峡水库对城陵矶地区防洪。

　　基于《三峡（正常运行期）—葛洲坝水利枢纽梯级调度规程（2019 年修订版）》和《2020 年长江流域水工程联合调度运用计划》，拟定两种洞庭湖四水水库群配合三峡水库防洪运用方式。

　　（1）方式一：三峡水库对城陵矶地区按天然流量防洪补偿调度，即三峡水库按照规程运行，对城陵矶地区河段防洪补偿调度水位按不超过 158 m 控制，同时不考虑洞庭湖四水水库群拦蓄作用，控制城陵矶地区河段代表站螺山站流量不超过 60 000 m^3/s，长江中游水库群按既定调度方式运行，在三峡水库拦蓄基础上进一步削减螺山站流量。

　　对比分析洞庭湖 5 座控制性水库和三峡水库洪水拦蓄时段，洞庭湖四水水库群拦蓄时机和三峡水库拦蓄时间仅有少量重合，对三峡水库的配合作用较为有限。

　　（2）方式二：在方式一的基础上优先考虑洞庭湖四水水库群对城陵矶地区的防洪作用，即在洞庭湖四水水库群拦蓄削减螺山站流量的前提下，三峡水库按洞庭湖四水水库群调度后的螺山站流量进行防洪补偿调度，控制螺山站流量不超过 60 000 m^3/s，以此可减少三峡水库防洪库容的使用量，从而延长兼顾城陵矶地区防洪的运用时间。

　　调度方式建议如下：①若洞庭湖四水水库群预见期内来水较大，按所在本流域防洪任务和控制目标，使用洞庭湖水系水库群拦蓄洪水；②若洞庭湖四水水库群预见期内不需要对本流域防洪时，则优先运用洞庭湖四水水库群防洪库容，相机配合三峡水库防洪调度，减少汇入洞庭湖水量，减轻城陵矶附近地区的防洪压力；③本河流洪峰过后，应在确保水库上下游安全前提下，考虑城陵矶地区的防洪要求，适当控制泄水过程进行水库腾库。

洞庭湖四水水库群通过主动和被动配合三峡水库对城陵矶地区防洪，可在一定程度上减少三峡水库兼顾城陵矶地区防洪所需的洪水拦蓄量，降低最高防洪水位，如图 4.3 和图 4.4 所示。

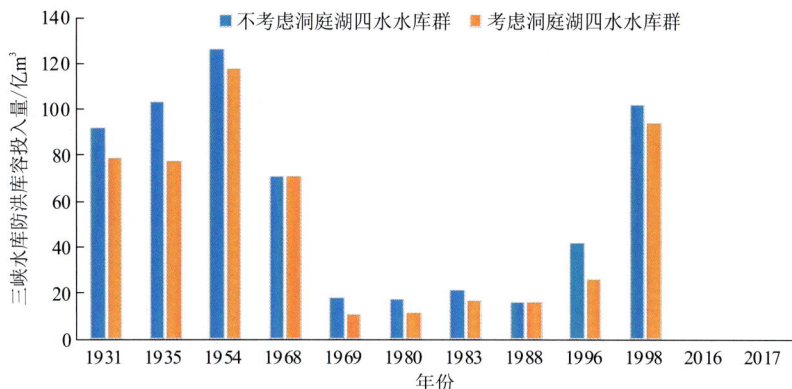

图 4.3　考虑洞庭湖四水水库群配合后三峡水库投入防洪库容对比

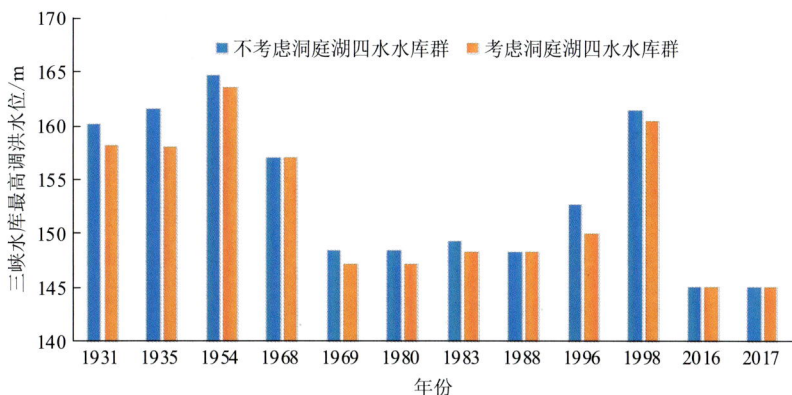

图 4.4　考虑洞庭湖四水水库群配合后三峡水库最高调洪水位对比

考虑洞庭湖四水水库群配合后，理想情况下可减少三峡水库防洪库容投入量 5.05 亿～25.85 亿 m³，降低三峡水库最高调洪水位 0.97～3.6 m，一定程度上减缓三峡水库水位上涨速率，延长三峡水库兼顾对城陵矶地区防洪补偿时间，提升对城陵矶地区的防洪作用。

4.3.2　鄱阳湖五河水库群联合防洪调度方式

结合赣江万安水库、峡江水库、江口水库，抚河廖坊水库、洪门水库，修水柘林水库、东津水库、大坳水库，共 8 座大型水库的调度方式，选取 1998 年、2016 年、2017 年 3 场实际洪水作为洪水典型，以鄱阳湖区星子站为控制站，计算调度前后鄱阳湖入湖水量及星子站水位变化。

计算结果表明，2016 年和 2017 年鄱阳湖各支流来水约 10～25 年一遇，洪水主要来源饶河目前无控制性水利工程，赣江梯级水库、抚河梯级水库、修水梯级水库未达到本流域防洪启动拦蓄条件，对鄱阳湖区防洪未产生影响。1998 年洪水过程的来水以抚河和修水为主，启动抚河洪门水库、廖坊水库和修水柘林水库拦蓄洪水，运行过程如图 4.5～图 4.7 所示。

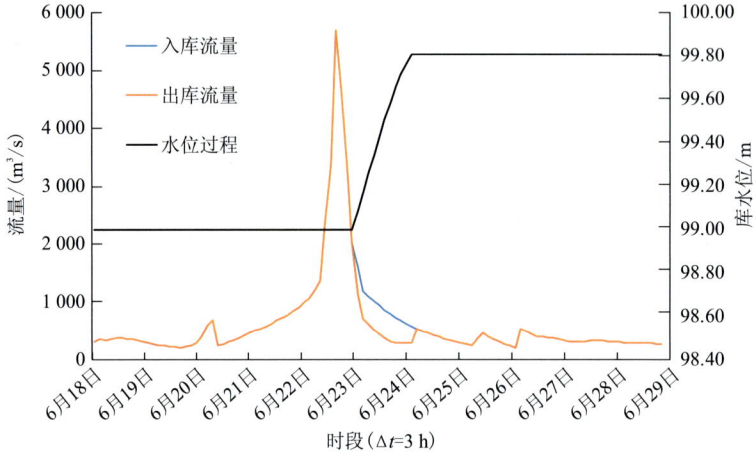

图 4.5　1998 年场次洪水洪门水库运行过程

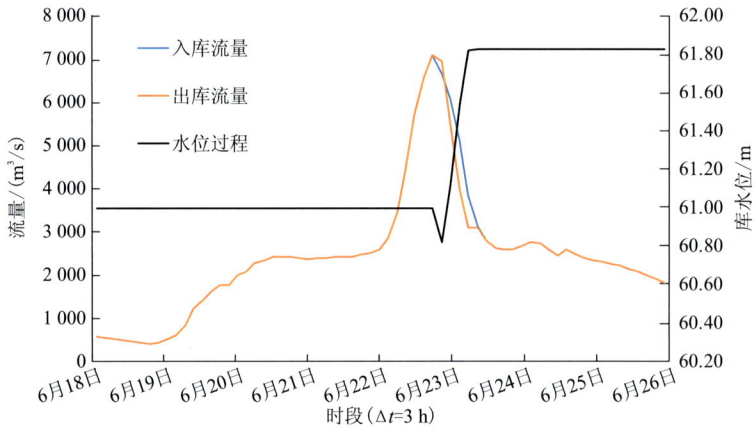

图 4.6　1998 年场次洪水廖坊水库运行过程

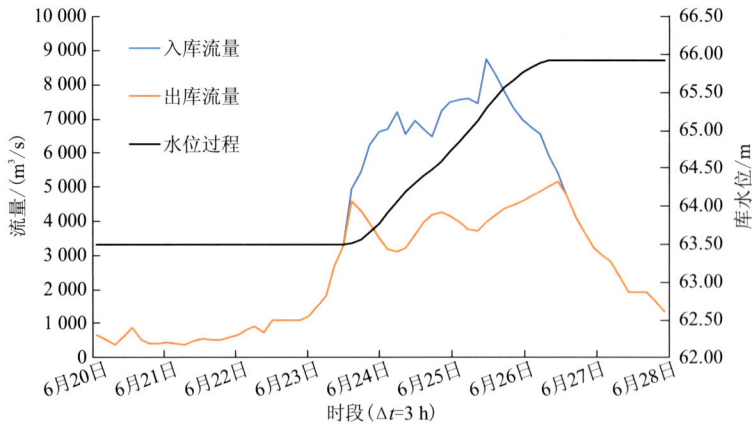

图 4.7　1998 年场次洪水柘林水库运行过程

梯级水库对 1998 年典型洪水拦蓄后，抚河梯级水库入湖洪量减少 0.77 亿 m^3，最大削减入湖流量 1 228 m^3/s，修水梯级水库入湖洪量减少 7.16 亿 m^3，最大削减入湖流量 4 802 m^3/s。在抚河梯级水库和修水梯级水库拦蓄作用下，鄱阳湖入湖洪量共减少 7.93 亿 m^3，鄱阳湖区星子站最高水位从 22.08 m 降低至 21.91 m，降幅 0.17 m。

综上所述：对于 2016 年和 2017 年洪水，鄱阳湖各支流来水仅为 10～25 年一遇，梯级水库群并未启动拦蓄；对于 1998 年洪水，梯级水库群联合防洪运行，修水柘林水库投入全部防洪库容拦蓄洪水，赣江水库由于来水较小并未启动拦蓄，抚河洪门水库、廖坊水库拦蓄少量洪水，最终仅降低鄱阳湖区星子站水位 0.17 m。

4.3.3　三峡水库和清江梯级水库联合防洪调度方式

三峡水库与清江梯级水库联合防洪调度有利于更好地应对长江流域洪水，在实际操作过程中，涉及各水库投入方案的问题，主要包括三峡水库与清江梯级水库投入次序、清江梯级各水库投入次序等问题的研究。

1）清江梯级水库防洪库容分配方案

通过设置清江梯级水库（水布垭水库、隔河岩水库）间防洪库容的不同分配方案，对比分析不同方案、不同典型洪水下清江梯级水库防洪库容使用效率和长系列发电效益，拟定清江梯级水库防洪库容分配方案。

清江水布垭水库和隔河岩水库各为长江中下游预留 5 亿 m^3 防洪库容，共 10 亿 m^3 防洪库容。在配合三峡水库对荆江河段防洪调度研究中，以 1 亿 m^3 防洪库容为步长，将 10 亿 m^3 防洪库容依次在两座水库之间进行分配。

综合分析成果，仍推荐现阶段调度规程的成果，即在水布垭水库、隔河岩水库均预留 5 亿 m^3 防洪库容。水布垭水库位于隔河岩水库上游，在实时调度中，可依据相关水文气象预报成果，适时调整两库间预留的防洪库容，当清江地区洪水以水布垭坝址以上洪水为主时，适当增加水布垭水库的预留防洪库容更有利于流域防洪；当水布垭—隔河岩区间洪水较大时，将防洪库容配置在隔河岩水库相对更利。

2）清江梯级水库与三峡水库防洪库容投入次序

三峡水库和清江梯级水库的投入方案分为三峡水库与清江梯级水库、清江梯级内部水布垭水库与隔河岩水库投入次序两个层面，关于投入方案的推荐意见分述如下。

（1）三峡水库和清江梯级水库的投入次序：清江洪水多以尖瘦型洪水为主，陡涨陡落、历时短；而长江洪水峰高量大，历时一般较长。因此，在长江、清江发生洪水出现不同遭遇情况下，应根据具体遭遇过程灵活确定投入方案。例如，当长江发生大洪水而清江来水较小时，若等到三峡水库对荆江河段的防洪库容用完时再使用清江梯级水库防洪库容，则存在清江水布垭水库、隔河岩水库拦蓄不到洪水的可能。另外，三峡水库位于长江干流，控制流域面积巨大，对荆江河段的补偿作用明显；对清江梯级水库而言，只有在清江洪水与长江洪水遭遇且需要与三峡水库开展联合调度的前提下，才能对荆江河段发挥防洪作用。因此，若预报洪水过程，不需要开展三峡水库与清江梯级水库的联合调度，则清江梯级水库自行安排调度计划；若需要清江梯级水库配合三峡水库开展联合调度，则优先使用清江梯级水库的防洪库容。

（2）清江水布垭水库和隔河岩水库的投入次序：水布垭水库、隔河岩水库属串联水库群，水库洪水有一定的同步性。按照串联水库群防洪统一调度的一般规律，为便于控制水库区间来水，一般以先蓄上游水库较为有利；为预防下次洪水而腾空库容，一般以先泄放下游水库较有利。清江洪水历时短，而长江洪水历时则较长。若水布垭水库、隔河岩水库防洪逐次投入使用，延长了蓄水时间，会遇到清江洪水退水阶段无水可拦的情况，因此，清江梯级水库同时启用防洪库容更为合理。

3）清江梯级水库与三峡水库联合防洪实时预报调度方案

以保障清江本流域和荆江河段防洪安全为前提，三峡水库与清江梯级水库联合防洪实时预报调度具体需遵循的联合防洪调度原则如下。

（1）根据短中期水文气象预报，荆江河段无防洪压力时，无须启动清江梯级配合三峡水库的联合防洪调度，各梯级水库可根据自身要求实时调度。

（2）清江梯级水库联合三峡水库为荆江河段进行联合补偿调度时，需根据来水组成制定不同的防洪库容投入方案：清江来水较大时，三峡水库和清江梯级水库的防洪库容均使用，优先投入清江梯级水库防洪库容；清江来水较小时，以三峡水库防洪为主，清江梯级水库予以配合，尽量减少下泄水量。

（3）6月21日～7月31日，清江梯级水库为荆江河段预留10亿 m^{3}防洪库容，一般情况下在水布垭水库、隔河岩水库平均分配，相应防洪起调水位分别为391.8 m、192.2 m。

（4）在实时调度中，可依据相关水文气象预报成果，根据洪水组成、量级、防洪形势等，适时调整水布垭水库、隔河岩水库两库间预留的防洪库容，当清江地区洪水以水布垭坝址以上洪水为主时，适当增加水布垭水库的预留防洪库容；当清江地区洪水以水布垭—隔河岩区间洪水为主时，适当增加隔河岩水库的预留防洪库容。

4.4　溪洛渡、向家坝与三峡水库洪水资源利用

4.4.1　溪洛渡、向家坝汛期运行水位上浮空间

1）下游河道防洪控制条件

溪洛渡、向家坝水库汛期运行水位上浮运用考虑以下三个控制点的防洪要求。

（1）以李庄站为控制站，控制宜宾主城区水位不超过警戒水位，对应流量为37 800 m^3/s（水位为269.8 m）。

（2）不超过叙州区所在金沙江河段实际允许安全过流能力。宜宾市区上游叙州区现状实际防洪能力为10年一遇，取向家坝水库出库流量为控制指标，对应流量为25 000 m^3/s。

（3）泸州采用朱沱站作为控制站，对应流量为43 000 m^3/s。

2）预泄控制参数选取

将李庄站、高场站洪水作为判断溪洛渡、向家坝水库预泄的控制参数。在预见期内当李庄站、高场站洪水达到相应判断条件，溪洛渡、向家坝水库开始预泄，从而使库水位在洪水来临前预泄至汛限水位，同时满足李庄站（37 800 m^3/s）、叙州区（25 000 m^3/s）和朱沱站（43 000 m^3/s）不超过相应预泄控制流量的约束条件。

预见期按保守考虑暂取2日。溪洛渡水库水位上浮2 m，向家坝水库上浮2.5 m，共4.25

亿 m³ 水量需在预见期内进行预泄才能避免水位上浮对防洪安全造成影响。

采用 1954～2014 年的每年 6～9 月共 61 年的日径流过程,分析随李庄站预泄判别流量指标逐步增加的条件下,溪洛渡、向家坝水库预泄后对下游李庄站、叙州区、朱沱站等控制断面的影响程度。统计结果如图 4.8～图 4.10 所示。

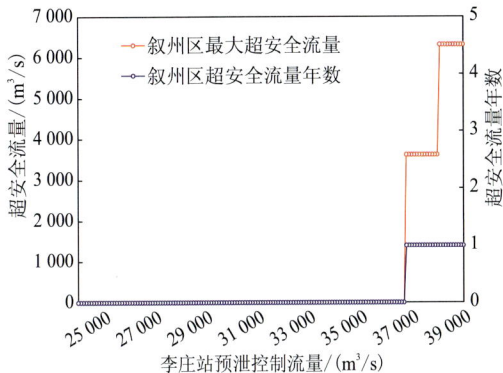

图 4.8　不同李庄站预泄临界流量下的叙州区统计结果

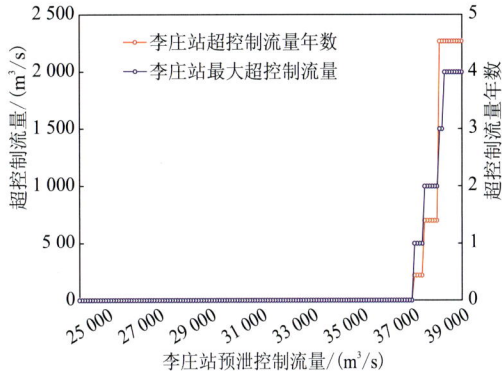

图 4.9　不同李庄站预泄临界流量下的李庄站统计结果

（1）叙州区:如图 4.8 所示,随着李庄站预泄控制流量的增大,出现了水库预泄导致洪水超过叙州区现状防洪能力（25 000 m³/s,10 年一遇）的现象,但超标准次数并未随着李庄站预泄控制流量的增加而增加。李庄站预泄控制流量超过 37 800 m³/s 时,溪洛渡、向家坝水库难以在大洪水来临之前预泄至防洪限制水位,增加了汛期防洪风险。因此,当预见期内李庄站流量达到 37 800 m³/s 时水库开始预泄,可基本保障叙州区实际防洪安全,

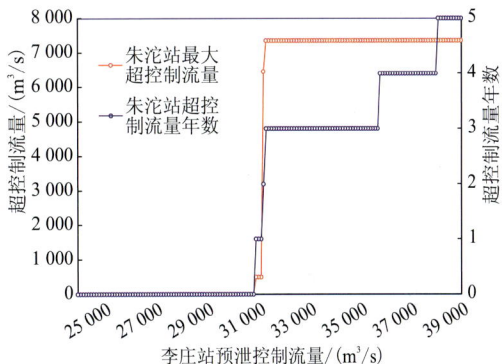

图 4.10　不同李庄站预泄临界流量下的朱沱站统计结果

但实时调度中仍需要关注叙州区实际洪水流量的变化趋势,防止向家坝下泄增加其防洪风险。

（2）李庄站:图 4.9 表明,当李庄站预泄控制流量在 37 800 m³/s 以下时,水库在预见期内开始预泄不会导致宜宾超过警戒水位,溪洛渡、向家坝水库共计 4.25 亿 m³ 库容可完全预泄。

（3）朱沱站:水库预泄对朱沱站影响分析表明（图 4.10）,当预见期内李庄站预泄控制流量达到 31 700 m³/s 时,溪洛渡、向家坝水库开始预泄,可保证泸州站不超过警戒水位对应流量 43 000 m³/s。当李庄站预泄控制流量超过 31 700 m³/s 时,随着控制流量的增加,泸州站超过警戒水位的年份及超过控制流量相应增加。

综合上述可知,当李庄站预泄控制流量为 31 700 m³/s 时,溪洛渡、向家坝水库在预见期内预泄 4.25 亿 m³ 库容,可满足下游宜宾主城区、叙州区及泸州的防洪要求。同时,根据调洪计算结果可知,当李庄站预泄控制流量达到 31 700 m³/s 时,高场站可不设置预泄控制流量。

4.4.2　三峡水库汛期运行水位动态控制

1. 汛期运行水位上浮空间论证

为分析水库预泄能力对三峡水库汛期运行水位的影响，采取按设防水位为控制条件，拟定三峡水库汛期运行水位上浮方式如下。

（1）在坝下游沙市站和城陵矶站水位均在设防水位（沙市站设防水位为 42.0 m、城陵矶站设防水位为 31.0 m）以下一定范围时，三峡水库可适当抬高汛期运行水位运行；

（2）如预报 1~3 天内，沙市站或城陵矶站将达到设防水位时，三峡水库加大下泄流量，实施预泄，将水位降至防洪限制水位 145.0 m。水库预泄后，须保证在泄流过程中坝下游沙市站和城陵矶站不因三峡水库出库流量的增加而超过设防水位。

按照汛期运行水位上浮运行不增加中下游防洪负担的原则，需要在设防水位以下为上浮水位库容留有预泄的空间，根据三峡水库预泄引起的长江中下游各站水位最高抬高值，分析各站不同预报水平时需要预留的水位空间，见表 4.10。根据表 4.10 计算结果，考虑 3 天预见期，三峡水库水位相应上浮至 147.0 m、148.0 m 时，需沙市站、城陵矶站水位分别在 41 m、30.5 m 以下；三峡水库水位上浮至 149.0 m 时，需沙市站、城陵矶站水位分别在 40.6 m、30.4 m 以下，三峡水库水位上浮至 150.0 m 时，需沙市站、城陵矶站水位分别在 40.3 m、30.3 m 以下。

表 4.10　设防水位以下需预留水位表　　　　　　（单位：m）

水位方案	预泄时间 1 天		预泄时间 2 天		预泄时间 3 天	
	沙市站	城陵矶站	沙市站	城陵矶站	沙市站	城陵矶站
146.5	0.86	0.27	0.80	0.21	0.54	0.19
147.0	1.14	0.37	1.06	0.29	0.71	0.26
148.0	—	—	1.52	0.43	1.06	0.38
149.0	—	—	1.96	0.57	1.37	0.51
150.0	—	—	2.39	0.71	1.68	0.63

结合已有研究成果和流域洪水特性，三峡水库汛期水位上浮空间初步定为以下情况。

（1）考虑泄水设施启闭时效、水情预报误差和电站日调节需要，实时调度中库水位可在防洪限制水位以下 0.1~1.0 m 范围内变动。

（2）在保证防洪安全的前提下，为提高机组效率和保障电网运行安全，有效利用洪水资源，考虑未来 3 天水文气象预报，预报洞庭湖水系未来 3 天无中等强度以上降雨过程，且沙市站和城陵矶站水位均在设防水位以下一定范围时，三峡水库可适当抬高汛期运行水位运行：即在满足沙市站、城陵矶站水位分别在 41.0 m、30.5 m 以下时，库水位可在 148.0 m 以下浮动运行。

（3）8 月 1 日以后，洞庭湖水系洪水已进入后汛期，在满足沙市站、城陵矶站水位分别在 40.6 m、30.4 m 以下时，库水位可在 149.0 m 以下浮动运行；在满足沙市站、城陵矶站水位分别在 40.3 m、30.3 m 以下时，库水位可在 150.0 m 以下浮动运行。

（4）当预报三峡水库洪水即将来临时，沙市站或城陵矶站可能达到设防水位时，三峡水库加大下泄流量,尽快降低库水位至合理区间。水库预泄过程中,应保证坝下游沙市站和城陵矶站不因三峡水库出库流量的增加而超过设防水位。

2. 三峡水库汛期运行水位上浮运用方式

1)三峡水库运行水位上浮上限 148.0 m 的运用方式

在三峡水库汛期运行水位上浮空间论证的基础上,以《三峡(正常运行期)—葛洲坝水利枢纽梯级调度规程》(水建管〔2015〕360 号)为基础,拟定了运行水位上浮上限 148.0 m 的不同计算方案,采用长系列实测径流资料,从不同计算方案预泄后对长江中下游防洪影响和不同计算方案对发电效益影响角度出发,分析提出了三峡水库运行水位上浮上限 148.0 m 的运用方式。遵循以往研究成果,考虑未来 1~3 天水文气象预报,拟定三峡水库汛期运行水位动态计算方案见表 4.11。

表 4.11　三峡水库汛期运行水位上浮至 148.0 m 的不同计算方案

时间	项目	方案 1	方案 2	方案 3	方案 4	方案 5
6月11日~ 9月10日	上浮水位/m	146.0~146.5			146.5~148.0	
	三峡水库实时入库流量/(m³/s)	<28 000	<30 000	<25 000	<28 000	<30 000
	三峡水库预报入库流量/(m³/s)	≤30 000	≤32 000	≤30 000	≤30 000	≤32 000
	沙市站水位/m	<41	<41	<41	<41	<41
	城陵矶站水位/m	<30.5	<30.5	<30.5	<30.5	<30.5

(1)不同上浮方案对长江中下游防洪的影响分析。

本小节采用宜昌站 1954~2014 年共计 61 年的汛期实测径流数据,按照表 4.11 方案拟定的计算条件和调度方式,预泄期间控制下游不超过设防水位进行汛期实测洪水调度计算。水位上浮 146.0 m-146.5 m-148.0 m 时不同调度方案结果分析见表 4.12。

表 4.12　水位上浮 146.0 m-146.5 m-148.0 m 时不同调度方案结果分析

项目		方案 1	方案 2	方案 3	方案 4	方案 5
汛期水位 浮动范围	上限/m	146.5			148.0	
	下限/m	146.0			146.5	
判别流量	实时入库/(m³/s)	28 000	30 000	25 000	28 000	30 000
	预报入库/(m³/s)	30 000	32 000	30 000	30 000	32 000
预泄总次数		227	209	250	227	209
上限水位	可安全预泄次数	207	184	219	198	175
	占比/%	91	88	88	87	84
下限水位	可安全预泄次数	210	188	232	207	184
	占比/%	93	90	93	91	88

同时考虑短期预报误差对汛期水位上浮运用方式的影响,结合预报误差的分析,第 1 天、第 2 天、第 3 天分别按照 3%、5%、10%预报误差(偏大)考虑。考虑预报误差后上浮

146.0 m-146.5 m-148.0 m 时不同调度方案结果分析见表 4.13。

表 4.13　考虑预报误差后上浮 146.0 m-146.5 m-148.0 m 时不同调度方案结果分析

项目		方案 1	方案 2	方案 3	方案 4	方案 5
汛期水位浮动范围	上限/m	146.5			148.0	
	下限/m	146.0			146.5	
判别流量	实时入库/(m³/s)	28 000	30 000	25 000	28 000	30 000
	预报入库/(m³/s)	30 000	32 000	30 000	30 000	32 000
预泄总次数		227	209	250	227	209
上限水位	可安全预泄次数	201	178	207	188	163
	占比/%	89	85	83	83	78
下限水位	可安全预泄次数	204	182	223	201	178
	占比/%	90	87	89	89	85

根据表 4.13 的结果分析，从水库预泄保障中下游防洪安全的角度考虑，对上浮至 146.5～148.0 m 的流量分级判别条件，优先推荐方案 3 和方案 4。

（2）不同上浮方案对发电效益的影响分析。

根据长江上游干支流控制性水库群常规调度径流调节计算模型，三峡水库汛期运行水位上浮 146.0 m-146.5 m-148.0 m 时不同方案发电效益计算结果见表 4.14。对比上浮上限 146.5 m 和 148.0 m 的各方案可知，汛期运行水位上浮越高，三峡水库多年平均年发电量和多年平均 6～9 月发电量均同步增加，6～9 月加权平均水头也有所增加，但水量利用率有所下降。

表 4.14　三峡水库汛期运行水位上浮 146.0 m-146.5 m-148.0 m 时不同方案发电效益计算结果

项目	方案 1	方案 2	方案 3	方案 4
多年平均年发电量/(亿 kW·h)	890.06	889.98	891.35	891.60
多年平均 6～9 月发电量/(亿 kW·h)	439.92	439.84	441.19	441.45
加权平均水头/m	96.58	96.58	96.58	96.58
6～9 月加权平均水头/m	79.68	79.69	80.03	80.08
水量利用率/%	94.04	94.02	93.86	93.83

对比方案 1 和方案 2 可知，方案 1 较方案 2 的多年平均年发电量增加 0.08 亿 kW·h，增加电量时段为 6～9 月，加权平均水头和水量利用率相差无几。

对比方案 3 和方案 4 可知，方案 4 较方案 3 多年平均年发电量增加 0.25 亿 kW·h，增加电量时段为 6～9 月，加权平均水头和水量利用率相差无几。

2）进一步上浮运行至 149.0 m 和 150.0 m 方案拟定

根据流域洪水特性和分期洪水规律，8 月 1 日以后，考虑洞庭湖区来水逐渐衰退，四水合成洪水进入后汛期，运行水位进一步上浮至 149.0 m 和 150.0 m 可在该时段予以考虑。进一步考虑三峡水库上浮运行的上限按照 148.0～150.0 m 考虑，具体可细分为 146.5 m-148.0 m-149.0 m 工况和 146.5 m-148.0 m-150.0 m 工况如表 4.15 所示。

表 4.15　三峡水库汛期运行水位上浮的 146.5 m-148.0 m-149.0 m 工况和

146.5 m-148.0 m-150.0 m 工况

项目		方案 4	方案 6	方案 7	方案 8	方案 9
汛期水位浮动范围	上限/m	148.0	149.0		150.0	
	下限/m	146.5	148.0		148.0	
判别流量	实时入库/（m³/s）	28 000	22 000	25 000	22 000	25 000
	预报入库/（m³/s）	30 000	25 000	28 000	25 000	28 000
判别水位/m	沙市站	41.0	40.6	40.6	40.3	40.3
	城陵矶站	30.5	30.4	30.4	30.3	30.3

（1）不同上浮方案对长江中下游防洪影响分析。

采用宜昌站 1954~2014 年共计 61 年的汛期实测径流数据，按照上述方案拟定的计算条件和三峡水库的调度方式，预泄期间控制下游不超设防水位进行汛期实测洪水调度计算。进一步上浮 146.5 m-148.0 m-149.0 m 工况和 146.5 m-148.0 m-150.0 m 工况结果分析见表 4.16。

表 4.16　进一步上浮 146.5 m-148.0 m-149.0 m 工况和 146.5 m-148.0 m-150.0 m 工况结果分析

项目		方案 4	方案 6	方案 7	方案 8	方案 9
汛期水位浮动范围	上限/m	148.0	149.0		150.0	
	下限/m	146.5	148.0		148.0	
判别流量	实时入库/（m³/s）	28 000	22 000	25 000	22 000	25 000
	预报入库/（m³/s）	30 000	25 000	28 000	25 000	28 000
判别水位	沙市站/m	41.0	40.6	40.6	40.3	40.3
	城陵矶站/m	30.5	30.4	30.4	30.3	30.3
预泄总次数		227	236	232	232	226
浮动至上限水位	可安全预泄次数	198	218	197	207	184
	占比/%	87	92	85	89	81
浮动至下限水位	可安全预泄次数	207	223	205	219	199
	占比/%	91	94	88	94	88

同样按照第 1 天、第 2 天、第 3 天分别 3%、5%、10%预报误差（偏大）考虑。对于 146.5 m-148.0 m-149.0 m 工况和 146.5 m-148.0 m-150.0 m 工况，计算考虑预报误差后汛期运行水位上浮方案。考虑预报误差后进一步上浮 146.5 m-148.0 m-149.0 m 工况和 146.5 m-148.0 m-150.0 m 工况的结果分析见表 4.17。

表 4.17　考虑预报误差后进一步上浮 146.5 m-148.0 m-149.0 m 工况和

146.5 m-148.0 m-150.0 m 工况的结果分析

项目		方案 4	方案 6	方案 7	方案 8	方案 9
汛期水位浮动范围	上限/m	148.0	149.0		150.0	
	下限/m	146.5	148.0		148.0	
判别流量	实时入库/（m³/s）	28 000	22 000	25 000	22 000	25 000
	预报入库/（m³/s）	30 000	25 000	28 000	25 000	28 000

续表

项目		方案 4	方案 6	方案 7	方案 8	方案 9
判别水位	沙市站/m	41.0	40.6	40.6	40.3	40.3
	城陵矶站/m	30.5	30.4	30.4	30.3	30.3
预泄总次数		227	236	232	232	226
浮动至上限水位	可安全预泄次数	188	209	186	198	166
	占比/%	83	89	80	85	73
浮动至下限水位	可安全预泄次数	201	216	192	212	187
	占比/%	89	92	83	91	83

对比各方案来看，考虑 3 天预报误差后，方案 7 和方案 9 较不考虑预报误差的方案安全预泄比例下降明显。因此，从水库预泄保障中下游防洪安全的角度考虑，对进一步上浮至 149.0～150.0 m 的流量分级判别条件，优先推荐方案 6 和方案 8。

（2）不同上浮方案对发电效益的影响分析。

采用 1954～2014 年逐日径流系列，按照前述拟定的三峡水库汛期运行水位上浮空间及相应运用方式，结合《上游水库群联合调度模式下溪洛渡、向家坝、三峡三库洪水资源利用研究》中有关三峡水库汛期末段防洪库容释放与水位控制运用方式进行发电效益计算，并与原调度规程设计调度方式成果进行比较，计算了汛期运行水位进一步上浮至 149 m 和 150 m 上限的各方案发电效益。汛期运行水位进一步上浮至 149.0 m 和 150.0 m 各方案发电效益计算结果见表 4.18。

表 4.18　汛期运行水位进一步上浮至 149.0 m 和 150.0 m 各方案发电效益计算结果

项目	方案 4	方案 6	方案 7	方案 8	方案 9
多年平均年发电量/（亿 kW·h）	891.60	892.44	892.46	892.81	892.95
多年平均 6～9 月发电量/（亿 kW·h）	441.45	442.29	442.30	442.66	442.79
加权平均水头/m	96.58	96.58	96.58	96.58	96.58
6～9 月加权平均水头/m	80.08	80.22	80.30	80.32	80.52
水量利用率/%	93.83	93.80	93.73	93.76	93.59

对比上浮上限 149.0 m 和 150.0 m 的各方案可知，汛期运行水位上浮越高，三峡水库多年平均年发电量和 6～9 月发电量均同步增加，6～9 月加权平均水头也有所增加，但水量利用率有所下降。

对比方案 6 和方案 7 可知，两方案各项指标相差不大，方案 7 的发电效益略优于方案 6；对比方案 8 和方案 9 可知，方案 9 较方案 8 多年平均年发电量增加 0.14 亿 kW·h，增加电量时段为 6～9 月，6～9 月加权平均水头增加 0.20 m，水量利用率下降 0.18%。总的来看，各方案之间发电效益差异较小。

（3）三峡水库汛期运行水位进一步上浮推荐运用方式。

综合考虑三峡水库汛期运行水位上浮后预泄的安全占比、不同流量级间的衔接、水库的发电效益和触发预泄条件的频次等多个方面，初步确定三峡水库汛期运行水位由 148.0 m 进一步上浮的推荐方式——方案 6，结合前期研究成果和流域洪水特性，提出 8 月 1 日以后三峡水库主汛期运行水位进一步上浮 149.0 m 的运用方式。①考虑泄水设施启闭时效、水情预报误差和电站日调节需要，实时调度中库水位可在防洪限制水位以下 0.1～1.0 m 范围内变动；②考虑未来 1～3 天水文气象预报，在保证防洪安全的前提下，在 6 月 11 日～8 月 31 日期间：当实时三峡水库入库流量小于 30 000 m³/s，预报未来 3 天三峡水库入库流量均不大于 32 000 m³/s，且沙市站、城陵矶站水位分别在 41.0 m、30.5 m 以下，预报洞庭湖水系未来 3 天无中等强度以上降雨过程时，库水位的变动上限可在 146.0 m 的基础上增加 0.5 m。当实时三峡水库入库流量小于 28 000 m³/s，预报未来 3 天三峡水库入库流量均不大于 30 000 m³/s，且沙市站、城陵矶站水位分别在 41.0 m、30.5 m 以下，预报洞庭湖水系未来 3 天无中等强度以上降雨过程时，库水位可在 146.5～148.0 m 浮动运行。

8 月 1 日以后，实时三峡水库入库流量小于 22 000 m³/s，预报未来 3 天三峡水库入库流量均不大于 25 000 m³/s，且沙市站、城陵矶站水位分别在 40.6 m、30.4 m 以下，预报洞庭湖水系未来 3 天无中等强度以上降雨过程时，库水位可在 148.0～149.0 m 浮动运行。

当满足以下条件之一时：①实时三峡水库入库流量不小于 22 000 m³/s；②预报未来 3 天三峡水库入库流量将达到 25 000 m³/s；③沙市站水位达到 40.6 m 且预报继续上涨；④城陵矶站水位达到 30.4 m 且预报继续上涨；⑤预报洞庭湖水系未来 3 天将发生中等强度以上降雨过程，若三峡水库水位在 148.0 m 以上，则应根据上下游水情状况，及时将库水位降至 148.0 m 以下运行。

当沙市站、城陵矶站水位分别在 41.0 m、30.5 m 以下，但实时三峡水库入库流量不小于 28 000 m³/s 或预报未来 3 天三峡水库入库流量将达到 30 000 m³/s 时，若三峡水库水位在 146.5 m 以上，应根据上下游水情状况，及时将库水位降至 146.5 m 以下。

当满足以下条件之一时：①沙市站水位达到 41.0 m 且预报继续上涨；②城陵矶水位达到 30.5 m 且预报继续上涨；③三峡水库实时入库流量达到 30 000 m³/s；④预报未来 3 天三峡水库入库流量将达到 32 000 m³/s；⑤预报洞庭湖水系未来 3 天将发生中等强度以上降雨过程，若三峡水库水位在 146.0 m 以上，则应根据上下游水情状况，及时将库水位降至 146.0 m 以下运行。

当预报城陵矶站水位将达到 30.8 m 或预报未来 3 天三峡水库入库流量将达到 35 000 m³/s 时，应根据上下游水情状况，及时将库水位降至防洪限制水位运行。

3）三峡水库汛期末段运行水位控制

汛期末段三峡水库为城陵矶预留防洪库容释放空间：8 月 1 日之后，洞庭湖水系已进入汛末期，来水明显减小，加上洞庭湖水位较低，自身对洪水具有较大调节作用，一般不会因为洞庭湖水系来水而需要三峡水库对城陵矶地区实施防洪补偿调度，此时三峡水库具备释放对城陵矶地区防洪补偿库容可行性。

以城陵矶汛期末段峰高量大、较为恶劣的 1954 年、1958 年、1966 年、1969 年、1988 年、1998 年、2002 年洪水为典型，三峡水库自防洪限制水位 145.0 m 开始起调，逐候计算了 8 月 10 日、8 月 15 日、8 月 20 日、8 月 25 日、9 月 1 日、9 月 5 日城陵矶地区防洪对三峡水库的库容需求（表 4.19）。

表 4.19　溪洛渡、向家坝、三峡水库汛期末段拦洪水量　　　（单位：亿 m³）

典型年份	8月10日		8月15日		8月20日		8月25日		9月1日		9月5日	
	溪向水库	三峡水库	溪向水库	三峡水库	溪向水库	三峡水库	溪向水库	三峡水库	溪向水库	三峡水库	溪向水库	三峡水库
1954	0.00	33.40	0.00	1.10	0.00	1.10	0.00	1.10	0.00	0.00	0.00	0.00
1958	0.00	26.51	0.00	26.51	0.00	26.51	0.00	16.85	0.00	0.00	0.00	0.00
1966	0.00	6.52	0.00	6.52	0.00	6.52	0.00	6.52	0.00	6.52	0.00	5.13
1969	0.00	0.00	0.00	0.00	0.00	0.00	0.00	0.00	0.00	0.00	0.00	0.00
1988	0.00	0.00	0.00	0.00	0.00	0.00	0.00	0.00	0.00	0.00	0.00	0.00
1998	1.71	77.28	0.00	62.47	0.00	6.53	0.00	2.82	0.00	0.00	0.00	0.00
2002	0.00	76.90	0.00	76.90	0.00	43.98	0.00	0.00	0.00	0.00	0.00	0.00
最大拦蓄	1.71	77.28	0.00	76.90	0.00	43.98	0.00	16.85	0.00	6.52	0.00	5.13

由表 4.19 可知，从时间分布特性来看，8 月 20 日起，三峡水库拦蓄洪量迅速减少至 43.98 亿 m³，至 8 月 25 日仅拦蓄洪量 16.85 亿 m³，均少于三峡水库对城陵矶地区防洪补偿调度所需库容。

考虑三峡水库对城陵矶地区预留防洪库容为 145.0～158.0 m 范围，对于 8 月 20 日以后三峡水库对城陵矶地区的防洪库容释放空间可从三峡水库 158.0 m 向下扣除上述所需预留库容，相应水位为 151.2～155.5 m。

按照前述三峡水库汛期末段防洪库容预留方案，分别从 8 月 20 日、25 日起进行洪水调节计算，起调水位按 8 月 20 日三峡水库水位 151.2 m、8 月 25 日水位不超过 155.5 m 控制。

（1）采用 1954～2014 年实测洪水作为输入，8 月 20 日、25 日分别从 151.2 m、155.5 m 起调，预留期内调洪高水位均未超过三峡水库对城陵矶地区防洪补偿调度控制水位 158.0 m，同时下游枝城站流量均未超过 56 700 m³/s、城陵矶站流量不超过 60 000 m³/s。表明三峡水库 8 月 20 日、25 日分别预留 43.98 亿 m³、16.85 亿 m³ 防洪库容可满足长江中下游汛期末段防洪要求，该预留库容方案防洪风险可控。

（2）汛期末段洪水逐步衰减，防洪需求也逐步减少，且主要以对城陵矶地区防洪为主。从 8 月 20 日起调，共 6 年需动用三峡水库拦洪，占长系列的 9.8%；8 月 25 日起调共有 5 年需动用三峡水库拦洪，占长系列的 8.2%，且防洪对象均为城陵矶地区，三峡水库均未启动对荆江河段的防洪调度。

（3）从场次洪水调洪结果来看，8 月 20 日和 8 月 25 日起调最高调洪水位均为 158.0 m，且分别受 2002 年和 1958 年洪水控制，两场洪水分别拦蓄 43.98 亿 m³ 和 16.85 亿 m³ 洪量。

（4）结合前述分析，汛期末段配合三峡水库对中下游防洪的主要目标为城陵矶地区，而上述计算表明，这一时期由于三峡水库拦洪运用未超过 158.0 m，溪洛渡、向家坝水库均未拦蓄洪水，对长江中下游防洪仍然以三峡水库单库为主。因此，考虑汛期末段在三峡水库中预留防洪库容，8 月 20 日、25 日三峡水库水位相应上浮至 151.2 m、155.5 m 不会影响实测洪水防洪安全。

4.4.3　三库联合常遇洪水调度

1）常遇洪水资源利用控制条件

本次洪水资源利用研究的三峡水库对中小洪水滞洪调度的目标是控制中游沿线控制站水位不超过警戒水位。

通过水位-流量关系及近几年实际调度经验分析，当三峡水库下泄流量控制在 40 000～46 000 m³/s 时，下游沙市站水位可以不超过警戒水位，荆南四河可以不超过保证水位，城陵矶地区防洪压力也大大减轻。考虑到中游地区来水组成复杂、水情多变，为稳妥安全起见应在警戒水位以下留有一定的水位空间，参照以往三峡水库拦蓄洪水情况，为控制中游沿线控制站水位不超过警戒水位，洪水资源化利用时三峡水库的控泄流量按 40 000～42 000 m³/s 考虑。

2）常遇洪水分类

考虑到三峡水电站 32 台机组最大过水能力为 30 000 m³/s，结合上述分析：三峡水库下泄流量超过 55 000 m³/s 时进入防洪调度拦蓄洪水，三峡水库下泄流量为 40 000～55 000 m³/s 可控制下游水位不超过警戒水位，三峡水库下泄流量为 30 000～40 000 m³/s 时可在控制下游水位不超过警戒水位的情况下电站满发。因此，探索三峡水库常遇洪水运用方式，拟针对1954～2017 年长系列宜昌站实测洪水中洪峰小于 55 000 m³/s 的常遇洪水进行分析和筛选，提出典型洪水过程。6 月 1 日～9 月 30 日宜昌站平均径流过程如图 4.11 所示，1954～2017年宜昌站长系列洪峰流量频率曲线图 4.12。

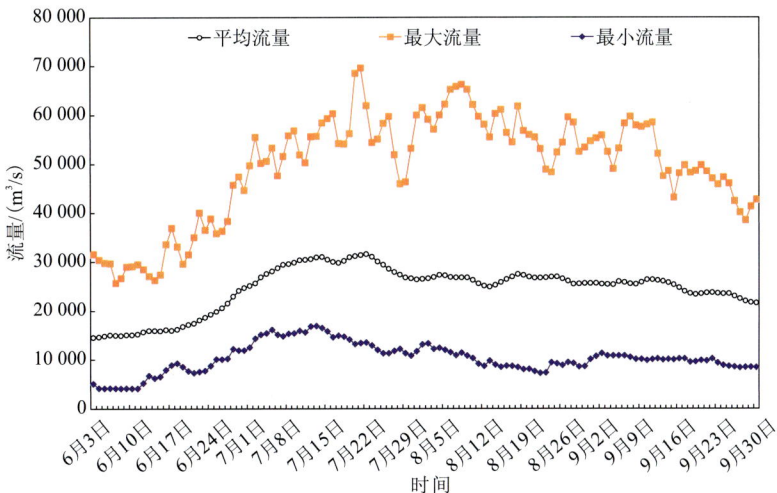

图 4.11　6 月 1 日～9 月 30 日宜昌站平均径流过程

由图 4.12 可知：1954～2017 年共 64 年汛期实测洪水中，洪峰流量超过 55 000 m³/s 的有15 年，占长系列的 23.43%；洪峰流量在 40 000～55 000 m³/s 有 37 年，占长系列的 57.81%；洪峰流量在 30 000～40 000 m³/s 有 10 年，占长系列的 15.63%；洪峰流量小于 30 000 m³/s 的有 2 年，占长系列的 3.13%。可见，在三峡水库未进入防洪调度拦蓄洪水，即入库洪峰流量未超过 55 000 m³/s 时，常遇洪水调度面临的主要对象洪峰流量为 40 000～55 000 m³/s 洪水。

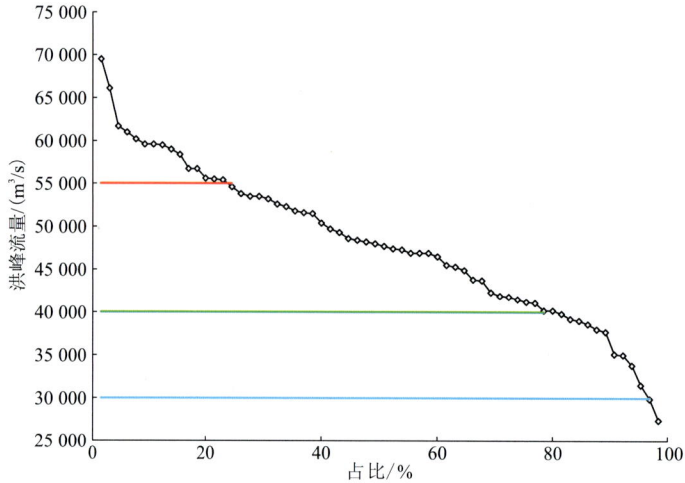

图 4.12　宜昌站长系列洪峰流量频率曲线

3）常遇洪水资源利用空间分析

以长江中游控制站不超过警戒水位作为控制条件，三峡水库按从防洪限制水位 145.0 m 起调，对来量不超过 55 000 m³/s 的三峡坝址长系列实测洪水进行调节计算，控制下泄流量不超过 40 000 m³/s。

根据计算结果，对于三峡水库常遇洪水利用的库容空间，库水位 156.00 m 以下的库容空间，可满足遭遇预报入库不超过 55 000 m³/s 时水库下泄使得中下游不超过警戒水位。考虑到三峡水库兼顾对城陵矶地区防洪调度的库容也是在三峡水库发生一般洪水的情况下对城陵矶地区发挥减灾作用，该部分库容的确定综合协调了不同方面的影响因素，比较安全稳妥。目前三峡水库常遇洪水运用的空间按照对城陵矶地区防洪补偿控制库容控制，即按控制在 158.00 m 水位以下约 76.9 亿 m³ 库容内考虑与兼顾对城陵矶地区防洪调度的水位、库容一致。

溪洛渡、向家坝水库配合三峡水库进行常遇洪水调度时，在汛期上浮空间内实施常遇洪水调度，可不增加川渝河段的防洪压力。溪洛渡、向家坝水库进一步上浮空间及控制条件见表 4.20。

表 4.20　溪洛渡、向家坝水库进一步上浮空间及控制条件

运行工况	预见期	梯级最大上浮/亿 m³	预泄控制流量/（m³/s）		建议上浮水位/m	
			李庄站	高场站	溪洛渡水库	向家坝水库
不考虑下游河道通航要求	2 天	8.13	21 600	26 000	565.8	372.5
	3 天	14.60	21 300	26 000	571.9	372.5
考虑下游河道通航要求	2 天	4.42	15 100	26 000	562.2	372.5
	3 天	8.77	15 700	26 000	566.4	372.5

（1）当不考虑下游河道通航要求时。

2 天预见期：7~8 月溪洛渡、向家坝水库上浮库容不超过 8.13 亿 m³，李庄站预泄控制流量 21 600 m³/s，高场站预泄控制流量 26 000 m³/s，相应溪洛渡水库汛期运行水位上浮至 565.8 m，向家坝水库汛期运行水位上浮至 372.5 m。

3 天预见期：7~8 月溪洛渡、向家坝水库上浮空间不超过 14.6 亿 m³，对应李庄站临界流量 21 300 m³/s，高场站预泄控制流量 26 000 m³/s，相应溪洛渡水库汛期运行水位上浮至 571.9 m，向家坝水库汛期运行水位上浮至 372.5 m。

（2）当考虑下游河道通航要求时。

2 天预见期：7～8 月溪洛渡、向家坝水库上浮库容不超过 4.42 亿 m³，李庄站预泄控制流量 15 100 m³/s，高场站预泄控制流量 26 000 m³/s，相应溪洛渡水库汛期运行水位上浮至 562.2 m，向家坝水库汛期运行水位上浮至 372.5 m；

3 天预见期：7～8 月溪洛渡、向家坝水库上浮空间不超过 8.77 亿 m³，对应李庄站临界流量 15 700 m³/s，高场站预泄控制流量 26 000 m³/s，相应溪洛渡水库汛期运行水位上浮至 566.4 m，向家坝水库汛期运行水位上浮至 372.5 m。

4）常遇洪水调度方案

通过分析洪水资源利用条件及调度原则，拟定三库常遇洪水调度方式为：在溪洛渡、向家坝、三峡水库尚不需要对川渝河段和长江中下游荆江河段或城陵矶地区实施防洪补偿调度，且有充分把握保障防洪安全时，根据实时水雨情和预测预报，三库可以在主汛期和汛期末段相机进行常遇洪水调洪。其中，三峡水库可在沙市站及城陵矶站水位低于警戒水位，且水文预报预见期以内将来水量和水库汛限水位以上的水量在安全泄量以内下泄时，利用对城陵矶地区防洪补偿调度的防洪库容实施常遇洪水调度；溪洛渡、向家坝水库以预见期内李庄站、高场站的预报来水为控制条件，利用汛期运行水位上浮空间配合三峡水库进行常遇洪水调度。

（1）启动时机。

溪洛渡、向家坝水库：从防洪限制水位开始起调，当预见期内李庄站流量、高场站流量小于相应预泄控制流量，且三峡水库水位低于相应控制水位时，溪洛渡、向家坝水库汛期运行水位开始上浮；当来水小于电站满发流量时，水库按照来水进行发电，当来水大于满发流量时，电站按满发流量下泄，控制溪洛渡、向家坝水库水位不超过水库上浮控制水位。按 3 天预见期考虑，溪洛渡水库汛期运行水位分别上浮至 571.9 m，向家坝水库汛期运行水位上浮至 372.5 m。

三峡水库：当三峡水库水位不高于对城陵矶地区补偿调度控制水位，且下游水位不高时，按照如下方式进行控制。预见期内平均流量不超过机组满发流量，如果此时库水位为 145.0 m，按入库流量下泄；如果此时水位高于 145.0 m，可按机组最大过流能力下泄。如果预见期内平均流量大于机组满发流量但不超过判别流量 42 000 m³/s，按机组满发流量下泄。如果预见期内平均流量大于判别流量 42 000 m³/s，按控泄流量 42 000 m³/s 下泄。

（2）预报预泄。

溪洛渡、向家坝水库：①主汛期。当李庄站或高场站预报流量可能达到预泄控制流量时，水库应在预见期内逐步预泄，直至库水位消落至汛限水位。②汛期末段。当李庄站或高场站预报流量可能达到预泄控制流量时，水库应在预见期内逐步预泄，直至 8 月 20 日溪洛渡水库水位消落至 580 m、向家坝水库水位不高于 375 m，预留 29.6 亿 m³ 库容对川渝河段防洪。

三峡水库：①主汛期。当预报遇见期内预报来水、水库汛限水位以上的水量将超过安全泄量时，在安全泄量以内加泄水量将水位降至汛限水位。②汛期末段。当预报遇见期内预报来水、水库汛限水位以上的水量将超过安全泄量时，在安全泄量以内加泄水量，将 8 月 20 日水位降至不超过 151.0 m，8 月 25 日水位降至不超过 155.0 m。

（3）常遇洪水调度的终止。

溪洛渡、向家坝水库：当三峡水库水位高于相应控制水位，或需要对川渝河段和配合三峡水库对长江中下游进行防洪时，停止实施洪水资源利用调度，按照防洪调度方式运行。

三峡水库：当三峡水库水位高于对城陵矶地区补偿调度控制水位或来水大于 55 000 m³/s，或下游水位将超过警戒水位时，停止实施洪水资源利用调度，转入防洪调度。

第5章

溪洛渡、向家坝、三峡水库
联合蓄水调度

　　本章在分析长江流域蓄水期来水特征和用水需求的基础上，提出水库群蓄水期调度的下泄流量及其过程要求；在切实保障水库及上下游地区防洪安全的前提下，提出溪洛渡、向家坝与三峡水库汛末防洪库容有序释放的动态时空裕度；以减少弃水，增加枯水期供水，提升水库群综合利用效益为目标，优化溪洛渡、向家坝与三峡水库的蓄水时机和进程，提出联合协同蓄水方案，并评估上游水库群蓄水对长江干流和洞庭湖、鄱阳湖水文情势的影响。

5.1　水库群蓄水期调度需求与蓄水形势

5.1.1　水库群蓄水期综合利用需求

1）蓄水期防洪需求

防洪是三峡水库的首要任务，也是长江上游其他控制性水库的重要任务。金沙江下游溪洛渡、向家坝与三峡水库承担了川渝河段沿江重要城市和长江中下游的防洪任务，防洪区域分布范围广，且防洪对象呈现多元化特征。近年调度实践表明，金沙江下游梯级蓄水期始于9 月上旬，三峡水库这一时期一般也在承接汛期末段洪水调度的基础上预蓄一部分水量，以减轻后期蓄水压力。过往研究表明，受长江流域秋汛影响，汛期末段直至 9 月上旬，长江上游和中下游仍有可能发生较大洪水，因而，汛末蓄水尤其是提前水库蓄水时机，需要优先处理好与防洪的关系，做到防洪风险可控。

（1）川江河段防洪需求。川江河段防洪对象主要为宜宾、泸州和重庆等沿江重要城市。根据《防洪标准》（GB 50201—2014），宜宾、泸州防洪标准为 50 年一遇；位于上游干流的重庆，根据淹没区非农业人口和损失的大小，结合城市所处地位，确定主城区防洪标准为 100 年一遇以上。

（2）长江中下游防洪需求。长江中下游关注的防洪重点区域为荆江河段和城陵矶地区。荆江河段是长江防洪形势最严峻的河段，三峡水库通过对长江上游洪水进行调控，使荆江河段防洪标准达到 100 年一遇，遇 100 年一遇至 1 000 年一遇洪水，包括 1870 年特大洪水时，控制枝城站流量不大于 80 000 m^3/s，配合蓄滞洪区的运用，保证荆江河段行洪安全，避免两岸干堤漫溃发生毁灭性灾害。城陵矶地区受长江干流和洞庭湖四水洪水的共同影响，是长江中下游流域洪灾最频发的地区，三峡水库联合上游水库，根据城陵矶地区防洪要求，考虑长江上游来水情况和水文气象预报，适度调控洪水，减少城陵矶地区分蓄洪量。

2）蓄水期水资源利用需求

长江上游水库工程的开发任务多以发电为主，兼有航运、灌溉等综合利用要求。随着经济社会发展，保障或改善下游供水和生态环境，成为新时代的新要求。

（1）川江河段水资源利用需求。航运方面，根据《金沙江溪洛渡水电站可行性研究报告》，屏山境内和宜宾境内的金沙江航道流量应满足最小通航流量要求，为满足下游航运需求，溪洛渡、向家坝水电站的最小下泄流量应不小于 1 200 m^3/s。供水方面，根据《金沙江溪洛渡水电站水资源论证报告书》的审查意见，溪洛渡采取最小下泄流量 1 200 m^3/s 的措施并修建向家坝反调节梯级后，可以减轻或消除不利影响，下游不会形成脱水河段，可作为金沙江溪洛渡取水许可审批的技术依据。

（2）长江中下游水资源综合利用需求。航运方面，任务是保障三峡水利枢纽通航设施的正常运用，以及航运安全和畅通，根据航运部门要求，三峡水利枢纽上游最高通航水位 175.0 m，最低通航水位 144.9 m；下游最高通航水位 73.8 m，一般情况下，不低于 63.0 m；葛洲坝航道下游庙嘴站最低通航水位不应低于 39.0 m。发电方面，水库群无法完成蓄水任务，将会影响后续发电计划的执行。水电站汛期由防洪满负荷发电运行转向汛末蓄水时，为保证电力系统的平稳运行，需控制蓄水前后电站出力变化幅度。供水方面，长江下游河道取水主要包括沿岸城市生活取水、水利工程（农业）和工矿企业取水，9～10 月是长江流域汛期向枯水期逐步过渡的时期，天然来量逐步减小，为兼顾下游生产、生活和生态用水需求，用水方面提出 9 月三峡水库蓄水期间最小下泄流量不小于 8 000～10 000 m³/s，10 月一般不小于 8 000 m³/s。生态方面，为避免长江上游水库群集中蓄水导致长江干流河道水位下降、湖区出湖水量增加，减少荆江三口断流时间，避免鄱阳湖滩地提前出露等，两湖地区希望水位下降过程尽可能平稳，模拟水位天然下降过程；根据长江中下游干流水功能区水质保护目标，河道的最小生态流量应大于水体纳污能力（满足一定的保证率要求），以满足中下游河道水体纳污能力发挥和水功能区水质达标要求，并控制水库下泄流量满足一定变幅要求，为部分鱼类自然繁殖创造基本的水文条件；在咸潮高发期，如遇下游来水特枯情况，为避免长江口发生咸潮入侵，应使大通站流量不小于 10 000 m³/s。

5.1.2　水库群蓄水形势

1）蓄水期来水特性与径流演变趋势

（1）蓄水期来水年内年际变化特性。根据金沙江屏山站（1940～2018 年）、宜昌站长系列（1890～2018 年）实测径流资料（其中受上游水库调蓄影响之后的数据经过还原）统计，长江上游 8～10 月径流年际变化较大，屏山站、宜昌站各月极值比分别可达 2.7～4.5、3.9～5.5；各旬径流总体呈现逐渐减小趋势，9～10 月平均减幅分别为 6.9 亿 m³（屏山站）、15.8 亿 m³（宜昌站）。

（2）蓄水期径流演变趋势。从屏山站 9～10 月流量滑动平均过程来看，20 世纪 90 年代中期以来各滑动平均线缓慢抬升且位于多年平均线上方波动，说明金沙江以上来水量总体较丰，但近 10 年来调头向下变化，说明上游来水整体处于偏枯周期。从宜昌站 9～10 月流量滑动平均过程来看，宜昌站 9 月自 20 世纪 90 年代前后开始总体呈减少趋势，近 10 年来出现丰水不丰，枯水则特枯的现象；10 月各窗口长度滑动平均线出现了震荡下行，特别是近 10 年来，各滑动平均线出现加速下滑，宜昌站 10 月出现枯水频次逐渐增多。

2）水库群蓄水时间与待蓄库容

上游水库蓄水调度运用，要服从流域水库群蓄水调度的总体安排，有序逐步蓄水；蓄水期间要兼顾长江中下游对下泄流量的要求和三峡水库蓄水的要求；承担有防洪任务的水库，根据防洪库容分期预留的原则，分段控制蓄水位上升进程；为应对枯水，在确保防洪安全和对泥沙影响不大的前提下，汛末开始蓄水时间可适当提前。

一般来水年景下，金沙江中游梨园、阿海、金安桥、龙开口、鲁地拉水库，雅砻江梯级锦屏一级、二滩水库 8 月 1 日起蓄；嘉陵江亭子口、草街水库，乌江梯级构皮滩、思林、沙沱、彭水水库原则上 9 月 1 日起蓄；金沙江下游溪洛渡、向家坝水库原则上 9 月上中旬起蓄；金沙江中游观音岩水库，岷江（大渡河）紫坪铺、瀑布沟水库，嘉陵江碧口、宝珠寺水库原则上 10 月 1 日起蓄；三峡水库 9 月 10 日起蓄。

按照水库的综合利用任务，将梯级水库的蓄水库容分为死水位到汛限水位之间的蓄水库容（I）和汛限水位到正常蓄水位之间的蓄水库容（II）两部分。本书研究水库群蓄水库容（I）合计 206.15 亿 m³，这部分蓄水量与上一年水库是否消落到死水位有关，为不定值；该部分蓄水量位于防洪限制水位以下，可充分利用汛期来水蓄满，但若来水偏枯，蓄水过程延长，有可能影响蓄水库容（II）的蓄水。蓄水库容（II）达 360.72 亿 m³，因承担有防洪任务，水库汛前一般需消落至防洪限制水位，这部分蓄量一般为定值；开始起蓄的时间根据防洪的要求安排，一般在主汛期以后（9 月中下旬），9 月中下旬蓄水过于集中，会导致此期间的下泄流量偏小，遇来水偏枯年份，上游水库群 9 月蓄水任务不能完成，将增加 10 月三峡水库的蓄水压力。

3）水库群可蓄水量与蓄水形势

在水库的入库流量中，扣除蓄水期发电、供水、生态、航运等综合利用用水要求后，剩余水量是可以充蓄水库的水量，即可蓄水量。

采用 1959～2014 年共 56 年长系列径流资料进行统计，根据溪洛渡、向家坝与三峡水库现行调度规程，溪洛渡、向家坝、三峡水库 7～10 月可蓄水量见表 5.1。由表可知，向家坝、三峡水库防洪限制水位不高于死水位（枯水期消落低水位），7～8 两个月均没有蓄水任务，溪洛渡死水位至防洪限制水位之间的库容为 18.11 亿 m³，即水库 7 月最大蓄水量为 18.11 亿 m³；即使是来水最枯的年份，溪洛渡水库 7 月的可蓄水量也远大于待蓄水量，通过合理的调度，可以保证在汛期蓄满 7 月待蓄水量。从三个水库 9 月的可蓄水量来看，即使在汛期已完成蓄水库容（Ⅰ）的蓄水，遇来水偏枯时，三个水库也分别有 1 年、1 年和 10 年可蓄水量小于 9 月的待蓄水量，要蓄满水库，这些年份水库只能在 10 月继续蓄水，而三峡水库在 10 月至少还有 92.8 亿 m³ 的蓄水任务，若遇 9 月、10 月来水均偏枯的年份，溪洛渡、向家坝和三峡要蓄满水库将非常困难。

表 5.1　溪洛渡、向家坝、三峡水库 7～10 月可蓄水量统计表

项目			待蓄水量/亿 m³	可蓄水量/亿 m³				水量保证率/%
				最大	最小	75%年份	多年平均	
溪洛渡水库	7 月		18.11	305.76	53.43	103.46	150.08	100.0
	8 月		—	388.67	28.27	110.05	158.79	—
	9 月	上旬	46.51	176.18	10.28	35.28	68.17	98.2
		中旬		116.40	15.43	40.26	64.55	
		下旬		121.97	19.19	45.11	60.41	
		月		356.78	44.90	126.63	193.13	
	10 月		—	213.50	50.69	83.10	112.05	
向家坝水库	7 月			315.60	57.51	108.44	155.82	
	8 月		—	400.92	31.89	114.97	164.67	
	9 月	上旬	9.03	133.51	−1.11	5.85	31.39	98.2
		中旬		116.74	−8.07	28.33	57.26	
		下旬		122.95	7.02	45.20	59.94	
		月		313.49	−2.16	81.96	148.60	
	10 月		—	213.03	48.97	81.54	111.32	—
三峡水库	7 月			819.31	188.10	318.40	444.55	
	8 月		—	1 044.48	−29.75	253.82	368.20	
	9 月	上旬	128.70	302.53	−26.15	37.10	90.58	82.1
		中旬		288.19	−40.51	55.25	110.06	
		下旬		256.06	−3.47	66.27	104.44	
		月		642.29	−34.74	173.25	305.09	
	10 月		92.80	467.58	59.21	154.51	223.05	94.6

注：①7 月待蓄水量对应防洪限制水位以下的蓄水库容，8 月、9 月待蓄水量对应月初最高允许蓄水位与月末最高允许蓄水位之间的库容；②可蓄水量为负值表示水库流量小于保证出力对应流量或者小于下游最小流量要求；③水量保证率为可蓄水量大于待蓄水量的年份占 56 年径流系列的百分比；④可蓄水量计算时考虑了上游水库的蓄水影响。

如果按照溪洛渡、向家坝、三峡水库现行调度规程明确的蓄水方式(其中溪洛渡、向家坝、三峡水库分别于 9 月 11 日、9 月 11 日、9 月 10 日起蓄)进行蓄水模拟调度，结果表明：溪洛渡、向家坝水库 9 月底蓄满率分别为 98.21%、94.64%，10 月上旬均可以蓄满；三峡水库 10 月底蓄满率为 85.71%，汛后蓄满率为 92.86%。如果按照今年度汛方案，溪洛渡、向家坝水库分别提前至 9 月 1 日、9 月 5 日，可使各自 9 月蓄满率分别提高到 100.00%、98.21%，同时使三峡水库蓄满率从 92.86%提高到 94.64%。

长江上游将逐步建成乌东德、白鹤滩、两河口、双江口等一批巨型水库，如果不能合理安排水库群蓄水时机和调度方式，水库群蓄水形势仍十分严峻。

5.2　梯级水库群蓄水时机选择与蓄水库容分配

5.2.1　流域水文气象预报水平综合评估

为合理确定水库群蓄水时机，防范相应风险，需借助一定预见期的水文气象预报，并对不同预报预见期的预报水平加以分析，评估预报信息对于支撑水库群蓄水调度可利用性。对于实时蓄水调度过程中遭遇大洪水时的防洪安全，需要考虑 3~5 天的降水和洪水预报；对于合理制定水库群蓄水策略，控制水库蓄水进程而言，需要考虑较长预见期的来水趋势预报。

1）降水预报成果水平

长江流域降水预报目前采用的是短中期降水预报（1~7 天）、延伸期降水预报（8~30天）和长期降水预报（1 月~1 年）相结合的预报方法。

短中期降水预报方面，根据三峡水库试验性蓄水以来主要分区定量降水预报成果评定，短期 1~3 天的定量面雨量预报精度较高，长江上中游 24 h、48 h、72 h 降水预报的平均准确率分别为 74.4%、73.3%、72.0%，平均漏报率分别为 1.1%、1.0%、1.4%，平均空报率分别为 1.9%、2.0%、2.5%；1~3 天预报无雨、小雨的准确率分别达到 97.4%~98.7%、90.1%~91.4%，且漏报率极低，可直接用于水文预报。4~7 天的降雨过程预报较准确，对未来一周的降雨过程的有无基本能 100%在中期预报中体现，可以为水文预报提供更长的预见期。

延伸期降水预报方面，目前,国内水文业务部门以大气季节内振荡(intraseasonal oscillation, ISO)、热带季节内振荡等低频信号为基础，借助于动力模式、统计方法，基于对月尺度集合数值预报模式的释用，开展了延伸期面雨量过程预报试验，对于强降水过程具有一定的参考意义。

长期降水预报方面,国内外科研机构利用不同海洋区域海面温度(sea surface temperature, SST)信号等开展了长期降水预报研究，有效拓展了降水预报可用信息来源，为进行长期来水丰枯情势预判提供了重要参考。

2）水文预报成果水平

长江流域防汛管理机构在汛期，可发布宜昌站及荆江河段未来 3 天的水位或流量过程预报，城陵矶站以下未来 5 天的水位或流量过程预报。目前，短期洪水预报精度与工程的地理位置及流域的特征、降水的过程及落区有关，一般来说对于长江上游 1~3 天、长江中下游 3~5天预见期的预报具有较高的精度，可以用于预报调度，结合降水预报，可以提供一定可靠性的 3~5 天短期洪水预报，为水库调度提供保障服务。如果进一步采取水文与气象相结合，利用中期预报降水过程和降水强度分布，结合洪水预报方案可进行中期来水量过程预报。

以三峡水库为例，入库流量短期 1～3 天预见期预报平均相对误差均小于 9%，预报合格率为 89.35%～90.54%，精度较高；4～5 天预见期预报平均相对误差为 10.52%～12.92%，预报合格率为 79.00%～86.21%，5～10 天的预报平均相对误差基本也在±20% 以内。不少国内科研机构通过对径流资料进行降噪处理，并耦合机器学习等工具建立确定性预报模型，已初步实现了三峡水库的月径流预报。

水库群蓄水期可蓄水量主要取决于来水量。如果能够提前知悉一定预见期内来水量级，可为制定水库群蓄水调度策略争取主动。虽然按照当前的气象水文预报水平，往往难以定量、精确地给出未来较长时段的径流量，但通过短、中预报耦合，并适时结合长期降水预测把握趋势，利用人工校核和滚动校正等方式消纳预报的不确定性，对于定性地判断未来一段时间的来水趋势，如 10 天～1 个月的来水丰枯情势，已有一定把握。

5.2.2　流域枯水预判条件与蓄水时机选择

1）上游来水情况

过往研究通过对长江上游屏山站、高场站、北碚站、武隆站、宜昌站等重要干支流控制站同步径流资料统计表明，枯水年份上游来水不足的情况大多自汛期开始便有所体现。典型枯水年份汛期 7～8 月上游主要支流及干流区间来水中通常有三个分区及以上来水偏枯，甚至所有分区来水均少于正常年份，如 1972 年、1978 年、2006 年、2011 年。同时，从偏枯的程度上看，至少有两个分区及以上来水偏枯接近或超过 2 成，且至少有一个分区偏枯接近或超过 4 成。遭遇上述年份，长江上游干支流水库群汛期为抗旱保供等，水位一般低于汛限水位运行，造成汛期蓄水库容（I）充蓄不足，汛后蓄水库容增加，减少了蓄水期三峡水库的来水。然而，由于长江流域来水地区组成复杂，年内旱涝急转事件时有发生，如 1973 年、1988 年、2001 年等均有半数支流来水偏枯，但 9 月来水明显转丰，因而不能单纯从汛期来水对蓄水期水情进行研判。

上游来水的不足一方面可能反映在上游水库群蓄水的不足，另一方面则集中反映在三峡水库入库径流上。由于溪洛渡、向家坝、三峡水库预留的防洪库容一般要到 9 月上旬才能逐步释放，所以对 9 月来水情势的判断，是金沙江下游和三峡水库蓄水时机选择的重要参考。当前流域中长期预报已有长足进步，可以对蓄水策略的制定提供支撑。对 8～10 月溪洛渡、三峡水库逐旬入库径流量进行分析，结果如表 5.2 和表 5.3 所示。

表 5.2　蓄水期典型枯水年份金沙江逐旬径流统计表（按 9 月上旬径流量排序）（单位：m³/s）

排序	年份	8月			9月			10月		
		上旬	中旬	下旬	上旬	中旬	下旬	上旬	中旬	下旬
1	2011	6 990	6 390	4 730	3 780	4 620	5 270	4 940	3 860	3 340
2	2006	4 400	3 380	4 640	4 670	6 000	5 060	6 680	5 550	3 580
3	1982	8 640	5 530	5 450	5 370	10 600	10 500	7 830	5 500	4 210
4	1959	9 210	11 800	6 600	5 660	5 060	5 570	4 620	4 830	4 880
5	1967	7 460	8 400	6 660	6 040	7 350	7 590	7 120	6 250	4 550
6	1971	7 600	10 500	9 900	6 200	7 440	8 570	6 430	6 200	5 020
7	1992	7 130	4 750	6 530	6 410	4 720	5 980	4 850	4 320	4 860

续表

排序	年份	8月			9月			10月		
		上旬	中旬	下旬	上旬	中旬	下旬	上旬	中旬	下旬
8	1996	11 300	10 800	6 830	6 540	6 990	7 140	6 920	5 230	3 940
9	1973	9 810	8 350	7 020	6 600	10 100	10 000	5 670	4 570	4 260
10	1984	9 120	6 680	7 890	6 630	6 500	7 340	4 700	3 710	3 820
11	1978	11 900	10 800	7 090	6 800	8 540	9 440	7 320	5 720	4 690
12	2002	12 500	17 100	10 900	6 810	6 020	6 240	6 940	5 400	4 120
13	1997	8 560	6 930	6 610	6 840	6 520	10 300	8 890	6 110	4 420
14	1972	13 900	7 660	5 010	6 880	7 080	6 990	5 320	4 580	3 510
最小值		4 400	3 380	4 640	3 780	4 620	5 060	4 620	3 710	3 130
95%分位数		5 950	4 640	4 990	5 590	5 580	5 880	4 920	4 430	3 490
75%分位数		7 570	7 260	7 390	6 970	7 060	7 390	6 210	5 230	4 320

注：①黄色方格为挑选的枯水典型年；②橘色方格代表同期旬来水偏枯年份，来水频率 75%左右及更枯；③红色方格代表同期旬来水特枯年份，来水频率 95%左右及更枯；④白色方格代表同期平或偏丰年份。

表 5.3　蓄水期典型枯水年份三峡水库逐旬径流统计表（按 9 月上旬径流量排序）（单位：m³/s）

排序	年份	8月			9月			10月		
		上旬	中旬	下旬	上旬	中旬	下旬	上旬	中旬	下旬
1	2011	28 000	16 700	14 400	10 400	20 300	19 000	14 800	14 000	9 430
2	1997	20 700	17 900	14 600	11 900	10 500	17 200	17 700	14 800	10 500
3	1959	23 800	37 900	21 700	12 900	13 100	14 900	12 600	11 800	11 600
4	2006	11 000	8 220	9 470	13 900	11 000	12 000	12 400	13 900	12 400
5	1992	22 600	18 400	16 800	14 500	12 300	16 700	21 700	13 500	12 900
6	1972	23 100	16 000	11 600	14 600	19 200	18 200	14 000	15 000	11 600
7	2002	24 300	40 400	33 900	14 600	10 900	11 600	11 700	11 000	10 100
8	1977	26 700	24 500	19 300	17 700	18 300	18 800	17 100	15 300	13 900
9	1970	36 000	28 300	18 200	17 800	14 800	27 400	24 400	19 300	13 100
10	1996	32 900	26 600	19 900	18 300	18 100	16 900	15 300	13 700	9 820
11	1971	15 300	21 600	27 500	18 900	19 200	21 800	24 500	16 400	15 000
12	2013	24 300	20 000	14 500	19 400	25 100	18 600	13 300	10 800	9 140
13	1978	25 200	27 600	18 800	19 500	23 300	18 700	14 900	12 100	12 000
14	2009	38 700	24 600	28 900	19 600	21 000	18 100	13 700	13 000	10 200
最小值		11 000	8 220	9 470	10 400	10 500	11 600	11 700	10 800	9 140
95%分位数		15 300	15 000	13 000	13 600	12 000	15 200	13 100	12 000	10 000
75%分位数		20 800	19 500	19 600	19 700	20 300	18 700	17 100	14 400	12 100

注：同表 5.2。

　　由表 5.2 与表 5.3 可知，典型枯水年份三峡水库 9 月上旬径流均呈现偏枯或特枯状态，同时蓄水期枯水的延续性相对较强，大多数年份枯水均发展至 10 月，造成后续蓄水压力。典型枯水年份金沙江蓄水期来水与三峡水库来水有较好的同步性，这样的枯水同步性为溪洛渡、向家坝水库结合来水情势预判和三峡水库蓄水安排制定自身蓄水策略提供了良好条件。

2）下游来水情势

沙市站、城陵矶站水位是长江中下游防洪需求的重要指标，也是蓄水需要考虑的重要因素。考虑到三峡水库蓄水主要关系到兼顾城陵矶地区防洪库容的释放，对为荆江河段预留的防洪库容占用较少，荆江河段遭遇枯水与否防洪安全均可得到较好保障，且沙市站水位枯水年份与上游宜昌站来水基本一致，重点分析城陵矶站水位对于枯水年份的指示作用。

城陵矶站水位受长江干流和洞庭湖四水来水的共同影响，江湖关系非常复杂。天然状态下，汛期长江干流水位高，湖区水位受长江洪水顶托，可维持较高水位。进入蓄水期，湖区和长江干流来水均减少，湖区水位逐步下降，一般 10 月下旬城陵矶站平均水位降至 25.0 m。因而城陵矶站水位既反映防洪情势，也是枯水期抗旱补水的主要参数。绘制典型枯水年份城陵矶站 8～9 月水位过程如图 5.1 所示。

由图 5.1 分析可知，城陵矶站枯水年份 8～9 月水位变化过程呈现一些共性特点：一方面，进入 8 月中下旬以后水位基本处于低水位平台或呈消退态势，这也与城陵矶地区多年平均来水的年内变化规律一致，其特点在于蓄水期来水量级相较正常年份偏少，故除个别年份（如 1996 年、2002 年、2009 年）由于 8 月上旬以前来水较丰、水位较高以外，其他年份水位较正常年份低，一般 8 月中旬已逐步退至 28 m 以下，旱象初显，同时即便后期 9 月有所回升，也一般不超过 26 m，部分年份继续衰退至 24 m 以下，低于正常年份 10 月城陵矶站平均水位；另一方面，即便前期由于承纳洪水导致底水较高，进入水位衰退期后下降速率较快，日平均降幅可达到 0.15～0.20 m/d，如 1959 年、2002 年水位在 20 天之内降低了超过 6 m，日降幅约 0.30 m/d。综上，根据 8 月中下旬湖区底水基础，从上游汛期来水、水库群蓄水状况结合 9 月上旬径流预报，可对流域枯水形成和水库群蓄水时机选择提供一定的指示作用。

5.2.3　梯级水库汛期末段蓄水库容动态分配

1）汛期末段城陵矶地区防洪库容需求

由宜昌站及洞庭湖四水洪水组成及遭遇分析可知，8 月以后两湖来水开始减少，9 月后宜昌站来水也开始减退，8 月中、下旬以后需要三峡水库实施兼顾对城陵矶地区补偿调度的机会相应减少，这为三峡水库汛期末段有序释放兼顾城陵矶地区防洪库容，实施预报预蓄并承接正式蓄水提供了有利条件。

分别按照城陵矶站水位超 34.0 m、洞庭湖四水总入流超 20 000 m³/s 且持续时间较长、莲花塘站流量超 55 000 m³/s 且持续时间较长和宜昌 9 月上旬实测历史大洪水等 4 类情景，全面地选取了汛期末段峰高量大、较为恶劣的典型洪水：即 1954 年、1958 年、1966 年、1969 年、1988 年、1998 年、2002 年等，通过调洪计算分析梯级水库为城陵矶地区防洪库容预留需求。研究表明：随着时间的推移，汛期末段需要动用溪洛渡、向家坝、三峡水库加以拦蓄的洪量呈现退减趋势，9 月 1 日以后仅三峡水库需要预留 5 亿～6.5 亿 m³ 的防洪库容，用于防御类似 1966 年、1896 年和 1945 年等典型洪水。分析各场次洪水汛期末段不同时段洪量地区组成可知，这些典型虽然城陵矶地区合成流量较高，但洪水主要来自宜昌站以上地区，宜昌站时段来水占比一般高达 95%以上，防洪补偿调度方式以对荆江河段补偿先于城陵矶地区补偿调度方式启动，并不需要对城陵矶地区单独进行补偿。

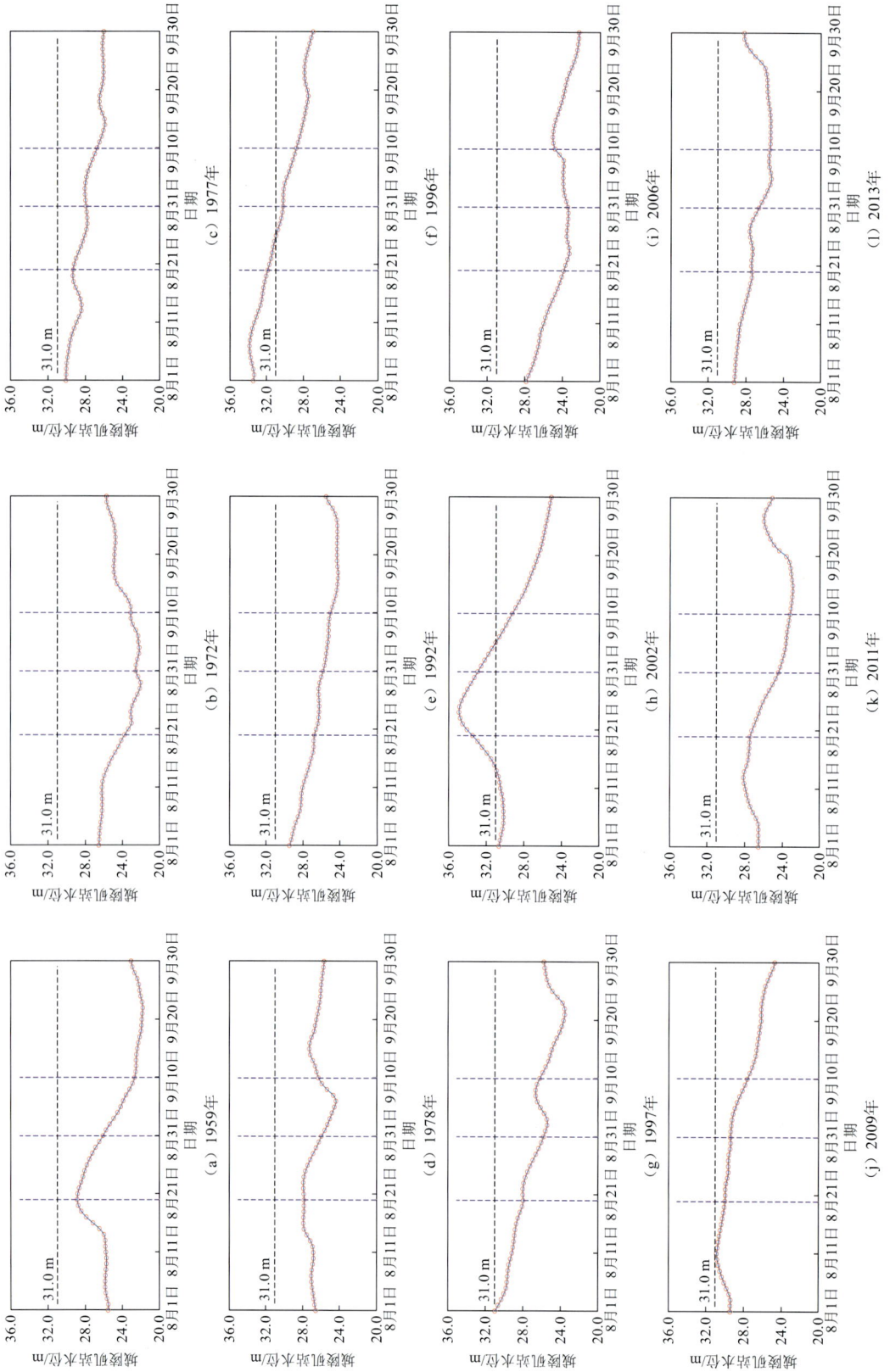

图 5.1　典型枯水年份城陵矶站水位变化过程图

因而，对于城陵矶地区防洪而言，一般情况下，结合洪水类型和水文情势判断，如果：①汛期末段城陵矶站水位较低、宜昌—城陵矶区间无大洪水发生、城陵矶地区没有防洪需求时；②洪水从地区组成上属于上游来水为主，三峡水库可考虑在上游水库群的配合下，有效拦蓄上游洪水，逐步释放三峡水库兼顾城陵矶地区防洪库容，有效利用洪水资源，减轻后期蓄水压力。反之，如果城陵矶河段底水较高、城陵矶地区有防洪需求并且占主导地位时，三峡水库应控制库水位，不宜过早过快占用为城陵矶地区预留的防洪库容。实际调度过程中，可在保证防洪安全的前提下，结合后续预报和上下游水文情势，逐步释放汛期末段三峡水库为城陵矶地区预留防洪库容，9 月 10 日库水位进一步充蓄至 158 m。

2）汛期末段荆江河段防洪库容需求

一般情况下，梯级水库在汛期末段，尤其是 9 月上旬主要考虑对荆江河段实施防洪调度。三峡水库单库运用，其兼顾城陵矶地区补偿水位不超过 155 m，因而 9 月上旬三峡水库预蓄水位一般也不超过这一水位。随着溪洛渡、向家坝水库建成投运，两库在预留 14.6 亿 m³ 专用防洪库容用于宜宾、泸州防洪的基础上，剩余 40.93 亿 m³ 用于配合三峡水库对长江中下游和兼顾重庆地区防洪，保证荆江河段 100 年一遇防洪标准，三峡水库对城陵矶地区补偿控制水位也可由单库运用的 155 m 抬升至联合调度模式下的 158 m，也在一定程度上为三峡水库 9 月上旬预蓄拓展了空间。

溪洛渡、向家坝水库与三峡水库防洪调度补偿关系密切，在汛期末段防洪运用中将三库作为整体考虑。分别采用以枝城站为控制站的不同典型荆江河段年最大 $P=1\%$ 设计洪水和宜昌站近 140 年径流资料中年最大日均流量排名第一和第三的 9 月实测典型大洪水，即"1896.9"和"1945.9"洪水作为可能面临的洪水典型，自三峡水库不同起调水位开始，按照溪洛渡、向家坝水库配合三峡水库对荆江河段防洪补偿调度方式进行调洪计算。使三峡水库水位不超171.0 m 所需要的溪洛渡、向家坝水库配合防洪的最小库容如图 5.2 所示。

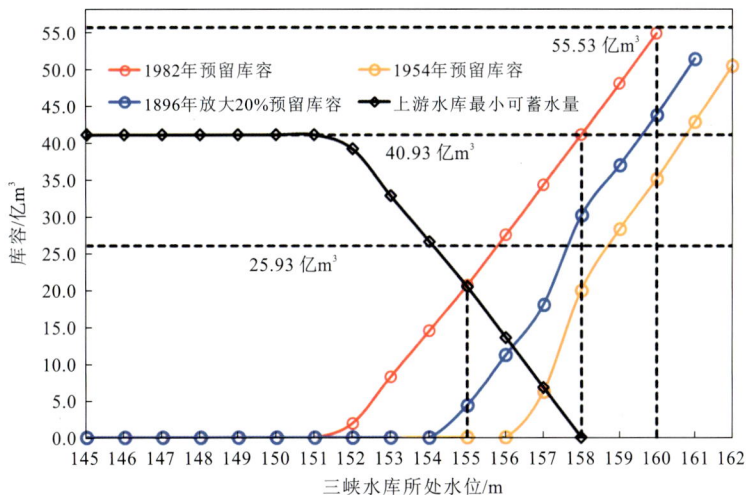

图 5.2　遭遇不同类型大洪水三峡水库水位与溪洛渡、向家坝水库库容使用情况对照图

由图可知，为保证荆江河段防洪安全，溪洛渡、向家坝水库需预留的配合三峡水库对长江中下游防洪的库容随三峡水库变化而处于一种动态平衡之中。采用全年 100 年一遇设计洪水调洪结果分析：从保证荆江河段 100 年一遇防洪标准考虑，当三峡水库位于对城陵矶地区防洪补偿控制水位 155 m 时，溪洛渡、向家坝水库需预留防洪库容约 21 亿 m³；当三峡水库水位抬升至 158 m 时，溪洛渡、向家坝水库需预留防洪库容 40.93 亿 m³。采用汛期末段实测大洪水（考

虑敏感性放大 15%）调洪结果分析：从兼顾汛期末段洪水发生的可能性和量级的合理性，当三峡水库水位低于 158 m 时，汛期末段溪洛渡、向家坝水库配合三峡水库对长江中下游防洪的库容可逐步释放。

5.3 溪洛渡、向家坝与三峡水库协同蓄水方案

5.3.1 蓄水方案设置

三库水库蓄水协调主要在 8 月中下旬～9 月上旬。过往研究指出，溪洛渡水库越早开始蓄水，对三峡水库蓄满越有利；同时溪洛渡水库先于三峡水库蓄水，更有利于提高发电效益，因而本阶段建议三峡水库可不早于溪洛渡水库蓄水。对于溪洛渡、向家坝水库的蓄水次序，考虑向家坝水库蓄水库容相对较小，且其预留的防洪库容对于川渝河段宜宾的防洪具有不可替代作用，且提前溪洛渡水库蓄水时机不仅有利于增加自身发电量，还可以通过联合调度增加向家坝水库发电量，因此，建议向家坝水库不早于溪洛渡水库蓄水。

将三峡水库 9 月 10 日所处的蓄洪水位作为边界条件，设置不同的溪洛渡、向家坝水库起蓄时机和蓄水进程控制比选方案如表 5.4 所示。梯级水库其他蓄水控制节点水位按照相应调度规程规定执行。

表 5.4 溪洛渡、向家坝、三峡水库蓄水调度方式组合表

方案编号	三峡水库 9 月 10 日控蓄水位/m	三峡水库 9 月 30 日控蓄水位/m	蓄水时间-9 月 10 日控蓄水位	
			溪洛渡水库	向家坝水库
1	150	165	9 月 1 日-570 m	9 月 1 日-380 m
2			9 月 1 日-580 m	9 月 1 日-380 m
3			9 月 1 日-590 m	9 月 5 日-375 m
4			8 月 21 日-580 m	9 月 1 日-380 m
5			8 月 21 日-590 m	9 月 1 日-380 m
6	155	165	9 月 1 日-570 m	9 月 11 日-370 m
7			9 月 1 日-570 m	9 月 5 日-375 m
8			9 月 1 日-570 m	9 月 1 日-380 m
9			8 月 21 日-580 m	9 月 1 日-380 m
10			8 月 21 日-590 m	9 月 1 日-380 m
11	158	165	9 月 11 日-560 m	9 月 11 日-370 m
12			9 月 1 日-570 m	9 月 11 日-370 m
13			9 月 1 日-570 m	9 月 5 日-375 m
14			9 月 1 日-580 m	9 月 1 日-380 m
15			8 月 21 日-590 m	9 月 1 日-380 m
16	160	165	9 月 11 日-560 m	9 月 11 日-370 m
17			9 月 1 日-570 m	9 月 11 日-370 m
18			9 月 1 日-570 m	9 月 5 日-375 m
19			9 月 1 日-580 m	9 月 1 日-380 m
20			8 月 21 日-590 m	9 月 1 日-380 m

5.3.2　蓄水指标比较

根据拟定的方案，采用 1959～2014 长系列资料进行径流调节计算，各方案溪洛渡、向家坝和三峡梯级水库主要蓄水指标对比如图 5.3～5.5 所示。

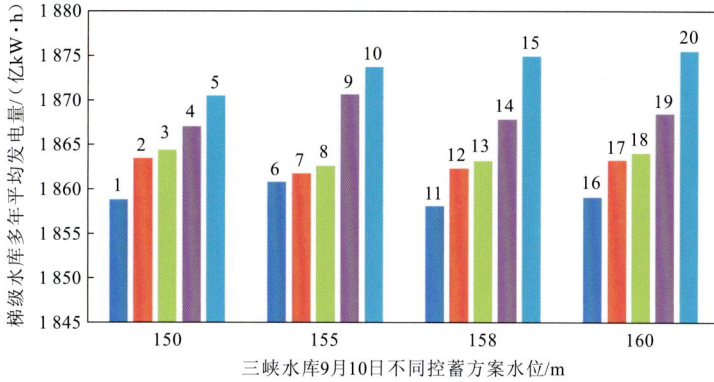

图 5.3　不同蓄水方案梯级水库多年平均发电量对比图

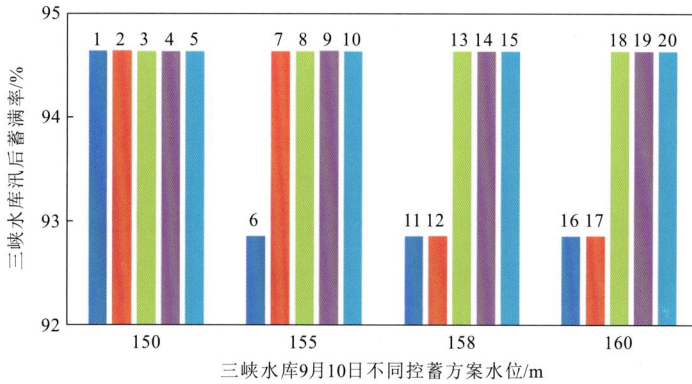

图 5.4　不同蓄水方案三峡水库汛后蓄满率对比图

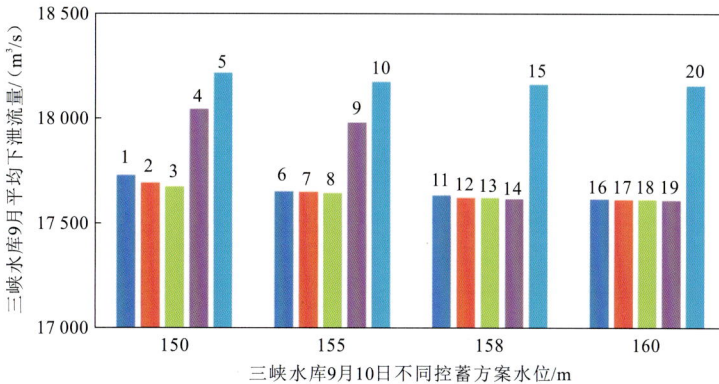

图 5.5　不同蓄水方案三峡水库 9 月平均下泄流量对比图

从主要动能指标来看，一般而言，当三峡水库蓄水控制进程方案相同时，溪洛渡、向家坝水库起蓄时间越早，9 月 10 日控蓄水位越高，梯级水库多年平均发电量越高；同时使得下游梯级三峡水库的水量利用率逐渐提高。同时，梯级水库适当提前蓄水时机，稳步控制蓄水进程，较单纯抬高控蓄水位对梯级整体蓄水效果较好。

从梯级水库蓄满情况来看，各方案溪洛渡、向家坝水库均最晚可在 10 月上旬蓄满，其中溪洛渡水库除原规划设计方案，即 9 月 11 日自 560 m 起蓄以外，其余方案各年份均可在 9 月底蓄满；各方案中，向家坝水库须提前至 9 月 1 日起蓄并且不限制其在 9 月上旬蓄水量（即 9 月 10 日蓄水位可达 380 m），同时上游溪洛渡水库尽量在 9 月 10 日以前多蓄水，水库方可在 9 月底蓄满率达到 100%。对于三峡水库而言，由于在 9 月底的控蓄水位均为 165 m，所以各方案间 10 月底和汛后蓄满率差异不大。从结果分析，若向家坝水库能够早于规划设计的 9 月 11 日开始蓄水，对三峡水库的汛后蓄满率影响较小。

从蓄水期下泄流量来看，三峡水库相同 9 月底控蓄水位条件下，溪洛渡、向家坝水库蓄水方式主要影响三峡水库 9 月下泄流量。分析表明：溪洛渡水库 9 月起蓄的各方案间，三峡水库 9 月平均下泄流量差别不大；反之，若溪洛渡水库进一步前至 8 月下旬蓄水，可使三峡水库 9 月平均下泄流量增加近 300～600 m³/s。溪洛渡、向家坝水库不同蓄水方案对三峡水库 10～11 月平均下泄流量则无太大影响。总体而言，溪洛渡、向家坝水库起蓄时间越早、9 月 10 日控蓄水位越高，则对三峡水库 9～11 月供水越有利。

5.3.3　蓄水风险分析

1）对枢纽和中下游的防洪风险

对于长江中下游和枢纽自身防洪风险，当三峡水库 9 月 10 日控蓄水位越低，溪洛渡、向家坝水库所需预留的配合长江中下游防洪的库容就越小，各方案防洪库容预留保障长江中下游防洪安全的能力如表 5.5 所示。其中：遭遇设计洪水所需预留防洪库容以 1982 年典型控制；遭遇 9 月实际洪水所需预留防洪库容以 1896 年典型并放大 15%控制。

表 5.5　溪洛渡、向家坝水库不同蓄水调度方式防洪库容分析表

方案编号	三峡水库 9 月 10 日控蓄水位/m	溪洛渡、向家坝梯级水库应预留总防洪库容（设计洪水/实际洪水，亿 m³）	预留防洪库容/亿 m³			防洪库容分析
			溪洛渡水库	向家坝水库	总预留库容	
1	150	14.60/14.60	36.21	0.00	36.21	满足设计洪水防洪要求
2			24.98	0.00	24.98	
3			12.92	4.65	17.57	
4			24.98	0.00	24.98	
5			12.92	0.00	12.92	满足枯水年份防洪要求
6	155	35.20/14.60	36.21	9.03	45.24	满足设计洪水防洪要求
7			36.21	4.65	40.86	
8			36.21	0.00	36.21	
9			24.98	0.00	24.98	满足汛期末段最大实际洪水防洪要求
10			12.92	0.00	12.92	满足枯水年份防洪要求
11	158	55.53/14.60	46.50	9.03	55.53	满足设计洪水防洪要求
12			36.21	9.03	45.24	
13			36.21	4.65	40.86	满足汛期末段最大实际洪水防洪要求
14			24.98	0.00	24.98	
15			12.92	0.00	12.92	满足枯水年份防洪要求
16	160	超 55.53/27.10	46.50	9.03	55.53	满足汛期末段最大实际洪水防洪要求
17			36.21	9.03	45.24	
18			36.21	4.65	40.86	
19			24.98	0.00	24.98	满足枯水年份防洪要求
20			12.92	0.00	12.92	

从表 5.5 可知，当三峡水库 9 月 10 日控蓄水位为 150 m 时，溪洛渡、向家坝水库配合长江中下游防洪的库容具备完全释放的条件，仅需为川渝河段宜宾、泸州预留专用库容 14.60 亿 m³，即可满足流域防洪安全需求，因而除方案 5 以外，其他方案均仅依靠三峡水库单库运用即可防御 100 年一遇年最大设计洪水。当三峡水库 9 月 10 日控蓄水位达到 155 m 时，以遭遇 100 年一遇年最大设计洪水三峡水库不超 171 m 反推的溪洛渡、向家坝水库配合防洪库容为 20.60 亿 m³ 左右，方案 6～8 预留库容均可满足保证荆江河段和川渝河段防洪安全的要求；此时溪洛渡、向家坝水库开展提前蓄水和蓄水进程优化的灵活度较大。当三峡水库 9 月 10 日控蓄水位达到 158 m 时，为保证遭遇 100 年一遇设计洪水防洪安全，溪洛渡、向家坝水库 9 月 10 日前须预留全部防洪库容，9 月 11 日方可蓄水。

如果以遭遇汛期末段最大实测大洪水（并考虑一定放大系数）三峡水库不超 171 m 作为控制目标，那么三峡水库 9 月上旬控蓄水位可以进一步抬升。三峡水库 9 月 10 日控蓄水位为 158 m 时，溪洛渡水库 9 月 10 日水位不超过 580 m，仍能满足防洪要求。三峡水库 9 月 10 日控蓄水位为 160 m 时，当溪洛渡水库 9 月 10 日水位不超过 570 m，仍能满足防洪要求。考虑到溪洛渡、向家坝水库对于川渝河段防洪和配合三峡水库对长江中下游地区防洪的不可替代性，为增加溪洛渡、向家坝水库汛期调度的灵活性，建议一般情况下，三峡水库 9 月 10 日控蓄水位不高于 158 m。

同时，当流域面临枯水年份时，考虑川渝河段和长江中下游不发生恶劣遭遇，即便三峡水库 9 月 10 日控蓄水位达到 160 m，溪洛渡、向家坝两库预留库容达到 12.50 亿 m³ 左右时，也基本可保证流域防洪安全。

三峡工程的防洪保护范围为长江中下游广大地区，洪水组成复杂多变，为确保长江中下游防洪安全，在提前蓄水期间要密切关注长江下游主要控制站沙市站、城陵矶站水位变化的情况。9 月中下旬虽处在洪水退水阶段，但若沙市站、城陵矶站水位处在警戒水位时，长江下游防汛工作将仍处在备战状态。同时，为稳妥起见，当预报三峡水库上游将发生较大洪水，水库应暂停兴利蓄水，进行防洪调度。实际调度过程中，当三峡水库水位较高时，为保障荆江河段防洪安全，可能占用溪洛渡、向家坝水库为川渝河段预留的防洪库容。

2）对库区的防洪风险

对于库区淹没风险，考虑在蓄水期若预报入库流量较大时，库区回水线可能会淹没部分土地线。溪洛渡、向家坝水库设计阶段回水计算选用的起调水位均高于汛限水位，坝前平水段也都考虑了风浪安全超高，考虑到汛期末段长江上游来水逐步衰退，达到 5 年一遇及以上洪峰流量概率十分有限，结合水文预报适当控制蓄水位，一般不会增加对库区淹没。对于三峡水库，可根据蓄水期土地线淹没的临界水位指标，推求蓄水期临界库水位对应的预报入库流量，如图 5.6 所示。当预报某一入库流量时库水位处于临界线以下时，水库蓄水不会淹没土地线，当处于临界线以上时，则蓄水存在库区淹没风险，需适当控制蓄水进程或降低水位。

5.3.4　三库协调蓄水方式

当三峡水库 9 月 10 日控制水位在 150 m 以下时，溪洛渡、向家坝水库配合长江中下游防洪库容可全部释放，一般情况下，溪洛渡、向家坝水库可自 9 月 1 日起蓄，9 月 10 日控蓄水位可按不超过 580 m、380 m 控制；8 月中下旬结合前期上、下游实时水情和延伸期丰枯情

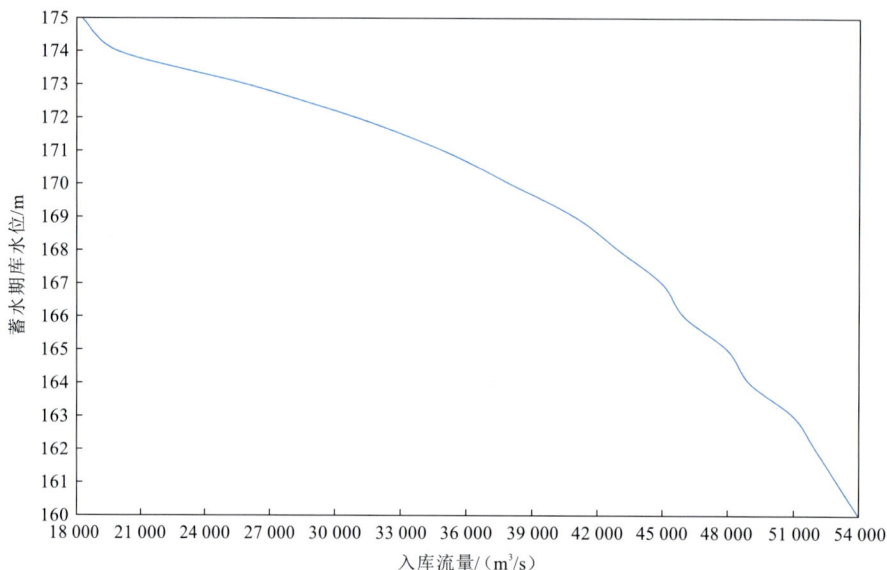

图 5.6　三峡水库库区淹没临界库水位与预报入库流量的对应关系图

势预判，在有充分把握川江河段和上游其他支流洪水不发生恶劣遭遇的情况下，考虑将溪洛渡水库蓄水时机提前至 8 月 21 日,溪洛渡水库 9 月 10 日控蓄水位进一步抬升至 580～590 m,以协调与三峡水库 9 月蓄水矛盾。

　　当三峡水库 9 月 10 日控制水位在 150～155 m 时，一般情况下，溪洛渡、向家坝水库自 9 月 1 日起蓄，9 月 10 日控蓄水位分别按不超过 570 m、380 m 控制；结合前期上、下游实时水情和延伸期丰枯情势预判，在有充分把握川江河段和上游其他支流洪水不发生恶劣遭遇的情况下，可进一步将溪洛渡水库蓄水时机提前至 8 月 21 日、9 月 10 日控蓄水位抬高至不超过 580 m。

　　当三峡水库 9 月 10 日控制水位在 155～158 m 时，此时理论上溪洛渡、向家坝水库应尽量按规划设计方案进行蓄水，预留足够库容，并应密切关注城陵矶地区防洪形势，判断兼顾城陵矶地区防洪库容可否有序释放；在有充分把握川江河段和上游其他支流洪水不发生恶劣遭遇的情况下，在参考近年实际蓄水计划方案的基础上，溪洛渡、向家坝水库自 9 月 1 日、9 月 5 日起蓄，9 月 10 日控蓄水位分别按不超过 570 m、375 m 控制。

　　当结合中长期水文预报及延伸期趋势预判，如果判断流域 9 月，特别是 9 月上旬来水偏枯时，溪洛渡、向家坝水库应相机提前开始蓄水，并在防洪风险可控的前提下，尽可能抬高溪洛渡水库 9 月 10 日的控蓄水位,以避免在上游来水偏枯的情况下，仍与三峡水库集中蓄水,不利于三峡水库供水期综合利用效益的发挥。

5.4　梯级水库蓄水对长江中下游水文情势影响

5.4.1　长江干流水位对蓄水期上游水库群调度的响应规律

1）长江宜昌—大通的一维水动力学模型构建与应用

　　采用 DHI Mike11 软件 HD 模块，将长江宜昌—大通河段的主要干支流水系概化为一维河网，利用 2003～2015 干支流河道断面、区域实测雨量、潜在蒸散发等数据及主要控制站宜昌站、枝城站、沙市站、螺山站、汉口站、大通站等实测水位、流量资料，耦合降雨径流模块中的降雨径流模型（nedbør-afstrømnings-model，NAM，丹麦语）模拟未控区间旁侧入流过程，建立长江中下游宜昌—大通的一维水动力学流量演算模型。

选取 2003～2007 年作为模型参数率定期，2008～2015 年作为模型参数的验证期。采用 NSE、相对误差（relative error，RE）两个指标评价流量过程模拟精度，结果表明各站 NSE 均在 0.91 以上，各个站点 RE 均在 0.1%之内，拟合程度良好，为进一步开展水库群蓄水对长江中下游水文情势影响分析工作提供了工具。

2）基于流量还原的三峡水库蓄水对长江干流水文情势的影响

根据三峡水库 2003 年 1 月 1 日～2015 年 12 月 31 日的实际调度运行资料，利用三峡水库坝前水位、水库库容曲线以及出库流量，采用水量平衡法还原入库流量。将宜昌站 2008～2015 年的实测流量过程以及还原后的天然流量过程作为上游边界条件，分别模拟干流枝城站、沙市站、螺山站、汉口站、九江站、大通站等站以及洞庭湖、鄱阳湖各控制站水位过程，如图 5.7 所示。统计三峡水库蓄水期（9～11 月）还原前后的各站点的旬平均流量、旬平均水位的特征值，分析三峡水库实际调度实践对长江中下游干流及两湖控制站水文情势的影响。

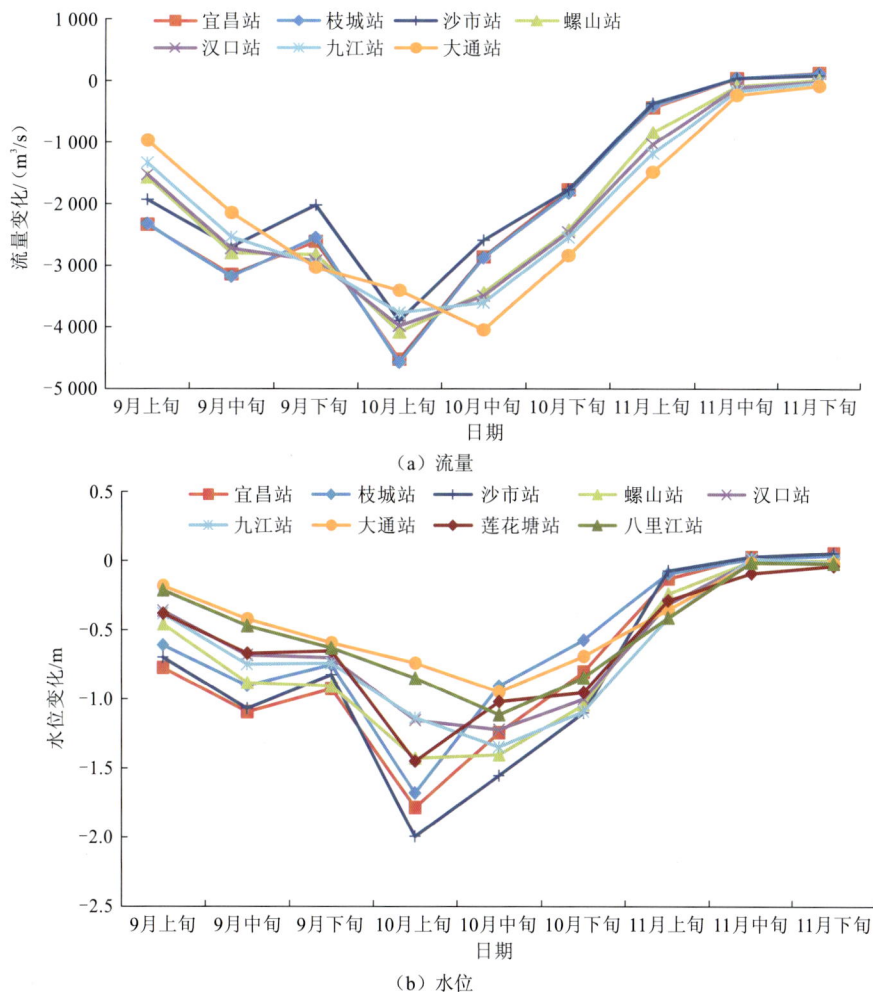

（a）流量

（b）水位

图 5.7　蓄水期长江干流各站旬平均流量、水位变化过程图

由图 5.7 分析可知，蓄水期长江中下游干流各站旬平均流量和水位受到三峡工程调蓄影响，均有一定的减少，9 月和 10 月各站流量和水位变化幅度较 11 月要大。除大通站外各站 10 月上旬流量变化幅度最大，多年旬平均流量减少幅度在 3 780～4 580 m³/s；大通站 10 月中旬流量变化幅度最大，多年旬平均流量减少 4 050 m³/s。大通站、九江站、八里江站 10 月中旬水位变化幅度最大，多年旬平均水位下降幅度在 0.95～1.35 m；其余各站 10 月上旬水位变化幅度最大，多年旬平均水位下降幅度在 1.15～1.78 m。

3）长江中下游水位对水库（群）不同蓄水方案的响应规律

（1）三峡水库不同蓄水方案对长江中下游干流水位的影响。

根据宜昌站 2008～2015 年天然流量过程，分别按照《三峡水库初设调度方案》（以下简称《初设调度方案》）、《三峡水库优化调度方案》（以下简称《优化调度方案》）及《三峡（正常运行期）—葛洲坝水利枢纽梯级调度规程》（以下简称《规程调度方案》）三种方式，对三峡水库进行蓄水模拟调度，得到不同方案下的宜昌站流量过程。分别作为一维水动力学演算模型的上边界条件输入，固化其他边界条件，分别模拟长江干流各主要控制站的水位过程，并与干流实测水文过程（实际调度实践）对比。三峡水库不同调度方案对长江干流各站蓄水期旬平均水位影响见图 5.8。

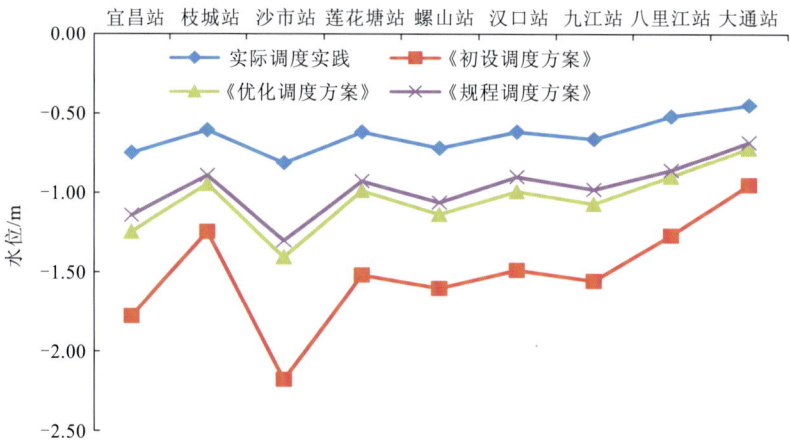

图 5.8　三峡水库不同调度方案对长江干流各站蓄水期旬平均水位影响图

由图 5.8 可以看出，实际调度实践对水位影响要小于其他几种调度方案，使长江干流各站蓄水期旬平均水位下降 0.45～0.75 m，《规程调度方案》、《优化调度方案》和《初设调度方案》分别使干流各站蓄水期旬平均水位下降 0.68～1.30 m、0.72～1.41 m 和 0.95～2.18 m。

（2）溪洛渡、向家坝、三峡水库联合蓄水对长江中下游干流水位的影响。

选取溪洛渡、向家坝水库正常蓄水时期（2014～2015 年）作为分析时段，采用如图 5.9 所示步骤，综合分析溪洛渡、向家坝、三峡三库联合蓄水对长江中下游水位（流量）的影响。考虑到 9 月为溪洛渡、向家坝水库集中蓄水时段，以 2014 年为例，绘制 9 月各旬水库群蓄水对长江中下游干流水位的影响沿程变化见图 5.10。

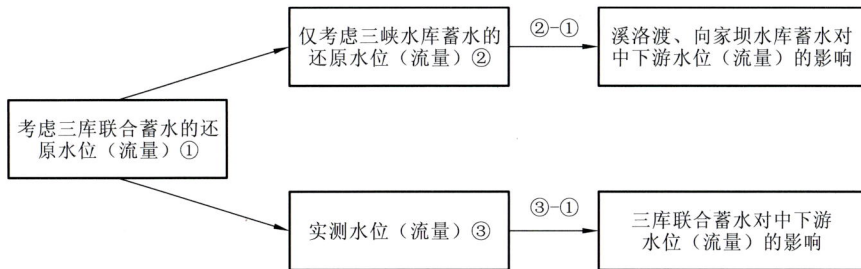

图 5.9　联合蓄水影响分析步骤图

2014 年 9 月上、中、下旬，溪洛渡、向家坝水库蓄水使长江中下游干流各站水位下降的幅度分别在 0～0.35 m、0.01～0.38 m、0.04～0.35 m；三峡水库蓄水使长江中下游干流各站水位下降幅度分别在 0.25～0.74 m、0.05～0.26 m、0.23～0.41 m。9 月中旬，长江中下游干流各站水位变化受到溪洛渡、向家坝水库蓄水的显著影响。

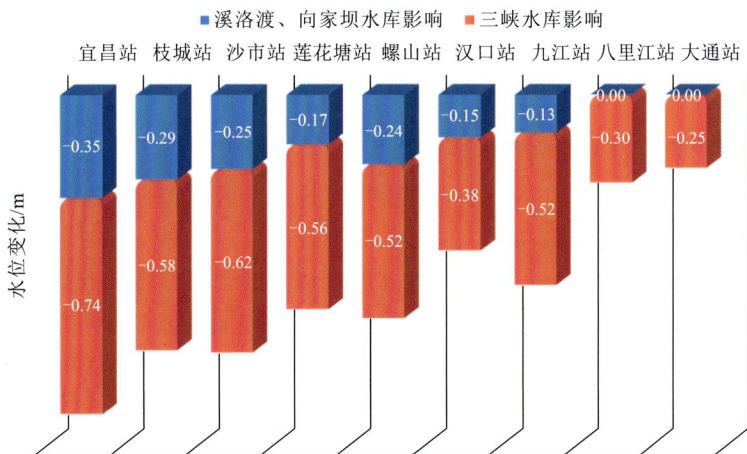

（a）上旬

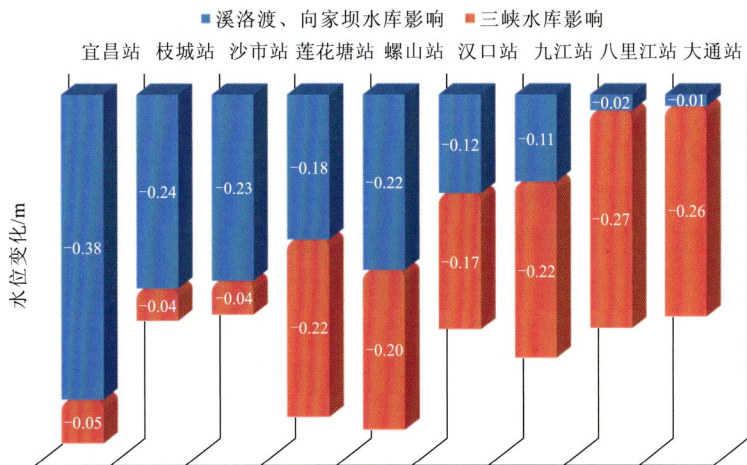

（b）中旬

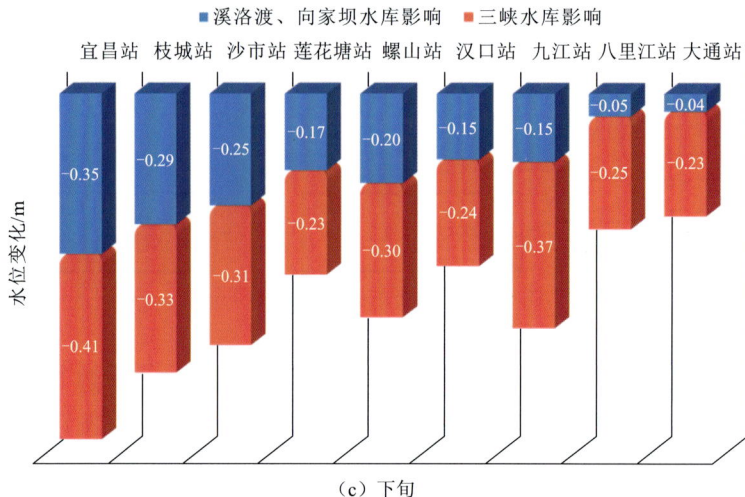

图 5.10 　2014 年三库蓄水对长江中下游干流各站 9 月各旬平均水位影响图

5.4.2 　水库蓄水对两湖地区水文情势的影响

1）水库蓄水对洞庭湖水文情势的影响

（1）长江与洞庭湖一、二维耦合水动力学模型构建与应用。

为分析三峡水库蓄水后洞庭湖水文情势的响应变化，需要对一维河道和二维湖区水流进行演进分析计算。基于 Mike Flood 软件平台，通过耦合嵌套模型连接方式将一维模型和二维模型耦合，既可以发挥出一维模型快速方便的特点，同时又能用二维模型提高局部范围的模拟精度，解决两种模型分别使用时经常遇到的空间分辨率和计算精度等问题。

建模过程中，长江干流、荆江三口河道及洞庭湖四水尾闾的水流模拟采用一维水动力学模型进行计算，洞庭湖湖区水流模拟采用二维水动力学模型计算，模型地形采用 2012 年长江干流河道和洞庭湖区地形资料。长江与洞庭湖一、二维耦合水动力学模型中，模型上边界为宜昌站的流量，下边界为螺山站的水位-流量关系，洞庭湖四水、汨罗江及清江主要控制站的流量作为点源汇入模型；二维模型的上游边界条件由一维模型给出，而一维模型的下游边界则由二维模型提供，两个模型的数值求解过程交替进行，在耦合边界上传递计算结果，实现耦合。将一维模型和二维模型相耦合后，模型系统可以自动分析江湖水量交换对河道水位的影响以及河道水量变化对湖区水文要素的影响，提高模拟精度和可靠性。

采用 NSE 和 RE 两个指标评价流量过程模拟精度。选择 2008～2017 年作为模型的验证期，模拟长江干流、洞庭湖湖区及出口各个站点的逐年流量过程，并与实测流量进行对比，结果表明，各个站点模拟流量过程与实测过程拟合程度较好，NSE 基本在 0.93 以上，RE 范围为-6.68%～11.08%，满足模型模拟精度要求。

（2）三峡水库蓄水对洞庭湖水文情势的影响。

三峡水库蓄水对洞庭湖水文情势的影响主要体现在两个方面：一是水库蓄水从源头上减少了荆江三口进入洞庭湖的水量；二是水库蓄水使得长江干流水位降低进而加速湖泊水体流入长江。荆江三口来流量的减少一定程度上会减少城陵矶站的流量，而洞庭湖水体加速出流一定程度上会增加城陵矶站的流量,城陵矶站流量的变化是以上两个方面共同叠加作用的结果。

基于构建的长江与洞庭湖一、二维耦合水动力学模型,将宜昌站 2008~2017 年的实测流量过程以及还原后的天然流量过程作为模型上游边界条件,在固化其他边界条件的情况下,分析了三峡水库实际调度实践、《初设调度方案》、《优化调度方案》和《规程调度方案》下洞庭湖湖区典型站点水位以及出湖站点流量过程,并计算相应湖区面积。

湖区水位变化。对不同调度方案下湖区鹿角站、小河咀站和南咀站蓄水期各旬平均水位变化统计表明,实际调度实践对湖区各站水位影响要小于其他几种调度方案,《规程调度方案》、《初设调度方案》的影响最大,蓄水期各旬多年平均水位变化如图 5.11 所示。实际调度实践使洞庭湖区各站蓄水期旬平均水位下降 0.25~0.79 m,《规程调度方案》、《优化调度方案》、《初设调度方案》下,洞庭湖区各站蓄水期旬平均水位较天然下降 0.33~1.02 m、0.35~1.06 m、0.36~1.29 m。就湖区不同位置水位变化幅度来看,处于东洞庭湖的鹿角站变化幅度最大,处于西洞庭湖站的南咀站居中,处于南洞庭湖的小河咀站最小。

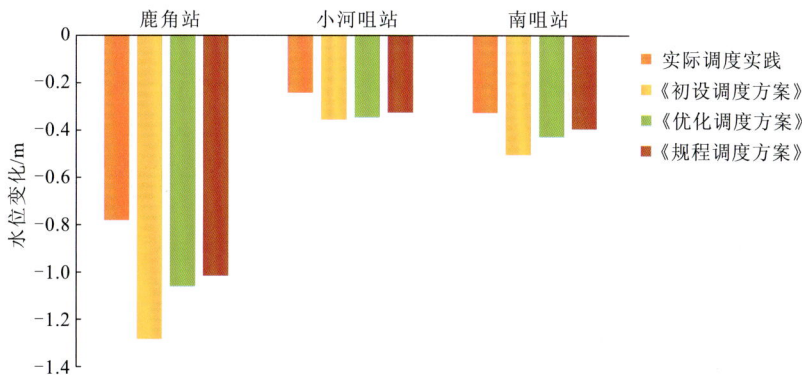

图 5.11 不同调度方案对洞庭湖区各站 2008~2017 年蓄水期旬平均水位影响图

湖区面积变化。对洞庭湖区蓄水期不同调度情景下的旬平均面积变化统计表明,实际调度实践对面积影响要小于其他几种调度方案,多年旬平均面积减少 215 km²,《初设调度方案》、《优化调度方案》、《规程调度方案》多年旬平均面积分别减少 343 km²、302 km²、294 km²。

出湖水量变化。分析三峡水库不同蓄水方案对城陵矶(七里山)站 2008~2017 年蓄水期各旬平均流量影响过程可知,实际调度实践对流量影响要小于其他几种调度方案。各个调度方案在蓄水初期时流量与还原的情况相比有所增加。这主要是由于在蓄水初期,长江干流水位下降较快,导致城陵矶站水位迅速下降,而洞庭湖湖区水位变化幅度没有城陵矶站水位变化幅度大,从而导致湖区—城陵矶段的水位差(比降)较天然情况增加,加大了湖区出流。

2)水库蓄水对鄱阳湖水文情势的影响

(1)长江与鄱阳湖一、二维耦合水动力学模型构建与应用。

以 DHI Mike 21 为基础,构建长江与鄱阳湖一、二维耦合水动力学模型。根据长江及鄱阳湖湖区最新地形资料,以五河(赣江、抚河、信江、饶河、修水)七口入湖流量、湖口站实测水位、九江站流量、八里江站水位过程等为外边界条件,模型计算范围包含长江干流九江—八里江河段、鄱阳湖湖区和五河尾闾段三部分。建模过程中,模型上边界为九江站的流量,由前述宜昌—大通一维水动力学模型计算得到,下边界为八里江站的水位-流量关系,鄱阳湖五河主要控制站的流量作为点源汇入。

采用 NSE 和 RE 两个指标评价流量过程模拟精度。选择 2008～2017 年作为模型参数的验证期。模拟 2008～2017 年鄱阳湖湖区湖口站的逐年流量过程，并与实测流量进行对比，结果表明：湖口站模拟流量过程与实测流量过程拟合程度较好，NSE 达到 0.97，RE 仅 6.41%。

（2）三峡水库不同调度方案对鄱阳湖水文情势的影响。

三峡水库蓄水对鄱阳湖湖水情的影响主要表现在长江干流水位降低加速湖泊水体流入长江；同时，湖泊水体及加速出流一定程度上会增加湖口站的流量。

基于构建的长江与鄱阳湖一、二维水动力学模型，将九江站 2008～2017 年的实测流量过程以及还原后的天然流量过程作为模型上游边界条件，在固化其他边界条件的情况下，从湖区水位、湖区面积以及出湖水量等方面分析了三峡实际调度实践、《初设调度方案》《优化调度方案》及《规程调度方案》等蓄水期不同调度方案对鄱阳湖水文情势的影响。

湖区水位变化。不同调度方案对鄱阳湖湖区各站蓄水期各旬多年平均水位影响见图 5.12。由图可知，对都昌站和星子站而言，实际调度实践对水位影响要小于其他几种调度方案。实际调度实践、《规程调度方案》、《优化调度方案》和《初设调度方案》，分别使鄱阳湖区都昌站和星子站蓄水期旬平均水位下降 0.55～0.60 m、0.77～0.79 m、0.79～0.81 m 和 1.02～1.06 m。对康山站来说，其位置距离出湖段较远，受水库影响蓄水较小，各个调度方案下水位变化不是很明显，蓄水期旬平均水位下降不超过 0.3 m。

湖区面积变化。对鄱阳湖区蓄水期不同调度情景下的旬平均面积变化统计表明，实际调度实践对面积影响要小于其他几种调度方案，多年旬平均面积减少 201 km²，《初设调度方案》《优化调度方案》《规程调度方案》多年旬平均面积分别减少 437 km²、286 km²、268 km²。

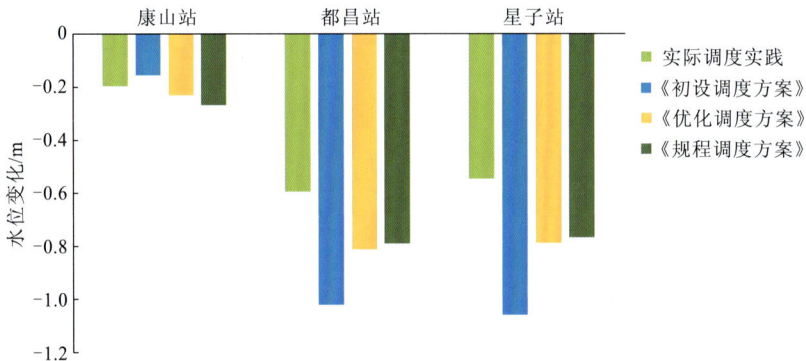

图 5.12 不同调度方案对鄱阳湖区各站 2008～2017 年蓄水期旬平均水位影响图

出湖水量变化。分析三峡水库不同蓄水方案对湖口站 2008～2017 年蓄水期各旬平均流量影响过程可知，各个调度方案对鄱阳湖湖口站旬平均流量影响较小。各个调度方案在蓄水初期时，各调度方案下的流量与还原的情况相比有所增加。主要原因是在蓄水初期，长江干流水位下降较快，导致湖口站水位迅速下降，而鄱阳湖湖区水位变化幅度没有湖口站水位变化幅度大，从而导致湖区至湖口段的水位差（比降）较天然情况增加，加大了湖区出流。

第6章

溪洛渡、向家坝、三峡水库
联合消落与应急补水调度

　　本章结合现有相关研究成果，对重要控制断面、大型取水口设施以及部分河道下切的信息进行深入调研，在探究沿岸各省取用水情况和河口压咸用水的变化程度和趋势的基础上，识别长江中下游已经产生的影响，并寻求表征该影响的特征参数，尝试得到流域调度能够识别的各项约束条件。在上述基础上，建立考虑多种因素的长江中下游枯水期应急补水调度的目标体系，研究提出不影响长江中下游防洪安全的汛前消落期三峡水库出库流量控制条件，优化溪洛渡、向家坝、三峡水库消落期水量分配过程，为开展水库枯水期科学调度研究提供依据。

6.1　长江中下游应急补水需求

长江自宜昌以下进入中下游冲积平原，干流流经湖北、湖南、江西、安徽、江苏、上海等省（直辖市），于上海崇明岛以东注入东海，根据长江流域水资源综合规划水资源分区成果，长江中下游共有 6 个二级水资源区划，分别是洞庭湖水系、汉江、鄱阳湖水系、宜昌—湖口、湖口以下干流和太湖水系。

根据长江流域水资源调查评价成果，长江中下游沿江地区多年平均水资源总量 5 443.8 亿 m^3，其中，洞庭湖水系、汉江、鄱阳湖水系、宜昌—湖口、湖口以下干流和太湖水系多年平均水资源总量分别为 2 086 亿 m^3、573.2 亿 m^3、1 532.5 亿 m^3、590 亿 m^3、484.7 亿 m^3 和 177.4 亿 m^3。地表水资源可利用量为 1 439.6 亿 m^3，地表水资源可利用率为 26.4%，其中洞庭湖水系为 26.1%、汉江为 33.0%、鄱阳湖水系为 24.7%、宜昌—湖口为 21.2%、湖口以下干流为 33.6%、太湖水系为 40%。

根据 2016 年《长江流域及西南诸河水资源公报》，长江中下游地区所涉及的 6 个二级水资源区划总供水量 1 583.65 亿 m^3，其中地表水源供水量 1 523.26 亿 m^3，占总供水量的 96.2%。洞庭湖水系供水量 369.44 亿 m^3，地表水源供水量占 95.5%；汉江供水量 141.83 亿 m^3，地表水源供水量占 86.3%，鄱阳湖水系供水量 229.50 亿 m^3，地表水源供水量占 96.0%；宜昌—湖口供水量 175.57 亿 m^3，地表水源供水量占 97.0%；湖口以下干流供水量 331.51 亿 m^3，地表水源供水量占 98.8%；太湖水系供水量 335.80 亿 m^3，地表水源供水量占 98.2%。

2016 年，长江中下游总用水量 1 583.65 亿 m^3，其中生产用水 1 349.25 亿 m^3，生活用水 220.47 亿 m^3，生态用水 13.93 亿 m^3，各行业用水占总用水量的比例分别为 85.2%、13.9%、0.9%。

长江中下游干流沿线有宜昌、荆州、岳阳、武汉、咸宁、鄂州、黄冈、黄石、九江、安庆、池州、马鞍山、铜陵、芜湖、南京、扬州、泰州、常州、镇江、无锡、苏州、南通等 22 个地级市和上海 1 个直辖市，用水均以地表水为主，沿长江建有取水的自来水厂、工业自备水厂和灌溉泵站等取水设施。取水用途一般分为生产用水、生活用水和生态用水。

6.1.1　涉及断面情况

随着水位的升高，宜昌站 2003～2016 年断面年际之间变化逐渐变小，总体而言，各级水位对应断面面积没有发生趋势性的变化；枝城站大断面总体呈逐年冲刷，各级水位对应断面面积逐渐增大，2016 年大断面略有回淤变化；沙市站断面年际间变化冲淤互现，断面的深槽继续呈现冲刷，水位 23～26 m 右岸水下边滩出现淤积；螺山站断面年际间变化不大，基本保持稳定；汉口站断面变化表现为冲槽淤滩和冲滩淤槽两种形式相互交错出现，一般发生在主槽及左岸的滩地，但总体断面面积逐渐增大。

2003～2016 年三峡水库蓄水以来，长江中下游主要控制站（除大通站）低水水位-流量关系发生了一定变化，低水部分与历年线相比点据略向右侧偏。当流量为 6 000 m^3/s 时，宜昌站 2016 年水位较 2003 年累积降低 0.74 m；当流量为 7 000 m^3/s 时，枝城站 2016 年水位较 2003 年累积降低 0.59 m 左右；当流量为 6 000 m^3/s 时，沙市站 2016 年水位较 2003 年累积降低 1.74 m 左右；当流量为 10 000 m^3/s 时，螺山站 2016 年水位较 2003 年累积降低 0.91 m 左右；当流量为 10 000 m³/s 时，汉口站 2016 年水位较 2003 年累积降低约 1.10 m；大通站断面冲淤变化较小，低水位-流量关系变化较稳定，目前尚无明显变化。

长江中下游干流由微弯单一型、蜿蜒型、分汊型三种基本河型的河道组成，以分汊型河道为主，其长度约占总长度的 60%。微弯单一型河道与分汊型河道相间分布。分汊型河道越往下游越多。蜿蜒型河道主要集中在下荆江河段。近 50 年来，长江中下游河道演变受自然因素和人为因素的双重影响，而且人为因素的影响日益增强，长江中下游河道总体河势基本稳定，局部河势变化较大。河道总体冲淤相对平衡，部分河段冲淤幅度较大，荆江河段和洞庭湖关系的调整幅度加大。人为因素未改变河道演变基本规律，但对长江口河道演变的影响增加。

三峡水库蓄水运用后，由于一系列河势控制工程、护岸工程的控制作用，长江中游各河段河道仍保持原有的演变规律，但由于三峡水库蓄水运用后坝下游水流明显变清，河床冲刷加剧，局部河段河势有所调整，个别河段河势变化仍较为剧烈，河道演变的强度和速度发生变化。

（1）距离三峡大坝较近的宜昌—枝城河段河床纵向冲刷明显，洲滩面积萎缩，床沙粗化。宜昌—枝城河段由于河岸组成抗冲性较强且其护岸工程较为稳定，河道横向变形受到抑制，河势较为稳定，河床变形以纵向冲刷为主，同时，洲滩面积萎缩、深槽冲刷发展、床沙明显粗化。

（2）荆江河段河床冲刷下切，河床形态逐渐向窄深形式发展，局部河段河势继续调整。2002 年 10 月～2008 年 10 月，上荆江陈家湾附近最大冲深 6.6 m，下荆江荆江门附近最大冲深达 21 m，河床冲刷主要集中在基本河槽，其河宽、断面过水面积增大，断面宽深比减小，河床形态向窄深形式发展。在河床冲深的同时，局部河段河势继续调整，特别是在一些稳定性较差的分汊段如上荆江的沙市河段太平口心滩、三八滩和金城洲段，弯道段如下荆江的石首河弯、监利河弯和江湖汇流段，以及在一些过长或过短的顺直过渡段，河势也仍处于调整变化之中。

（3）城陵矶—湖口段河势则无明显变化。三峡工程蓄水运用后，城陵矶—湖口河段总体河势稳定，汊道尚未出现"塞支强干"现象，但部分弯道段如簰洲湾弯道，主泓横向摆动大，凹岸河岸崩塌；分汊段河床冲淤变化较大，主要表现为主泓摆动不定，深槽上提、下移，洲滩分割、合并，滩槽冲淤交替等，具有一定的周期性。特别是鹅头型汊道如陆溪口、团风和龙坪汊道内洲滩兼并或切滩、江心洲并岸等变化剧烈，各汊分流分沙比变化较大，主流摆动频繁。

（4）湖口—江阴河段岸线较为稳定，但弯道段、分汊段河床变化较大；河口段不但受江流作用影响，还受潮流与波浪等共同影响，河床演变迅速，主要表现为汊道主泓迁移摆动。

6.1.2　各类型应急补水需求

1）城乡供水

目前，长江中下游干流的城乡供水保障能力较好，南京以上地区的自身应急措施较完善，通过加长引水管、启用趸船、加大功率等方式，基本能够应对一般的低水位取水问题；南京及以下地区生活工业取水多为深井式，对水位不敏感，取水基本不受水位波动影响。

2）灌溉用水

灌溉用水困难的河段主要为荆江河段，且受河道冲刷下切影响更甚。灌溉闸泵设施进行改造（新建）升级后，灌区枯水期（尤其是春灌）取水困难的局面有了明显改善，但是取水成本有所提高；另外，由于河势改变引起局部泥沙淤积，部分取水口需要进行开挖、清淤等措施加以维护。对此，在蓄水情况较好的情况下，长江上游水库尤其是三峡水库可以结合集中消落期的调度，在每年的 4、5 月份，安排数次 3～7 日集中消落、加大下泄流量至 10 000 m³/s 以上，可显著改善荆江河段干流取水的情况，增加自流取水工况，降低取水成本，此调度方式可逐步纳入到正常调度范畴。

3）三峡坝下航运应急

结合宜昌—武汉航道现状，以及航运部门关于枯水期航运应急调度的函件，可以看出，应急调度可能面临的情况除了需要加大下泄，增加通航能力外，也有降低下泄从而降低水上援救难度（例如"东方之星"号客轮翻沉事件）。实际航运应急调度中，一般采取逐步加大或减小下泄的方式对下游河道的水位进行调整，从而达到应急效果，且主要针对船舶积压情况。但是，三峡水库及上游水库在枯水期的水量补偿能力有限，需要航运部门结合下游河道的具体情况，考虑发生应急事件的时间、程度、规模等因素，明确提出应急调度需求；三峡水库应依据水库存量及来水情况制定调度方案，合理满足航运应急需求。

4）洞庭湖四口水系

洞庭湖四口水系地区供水灌溉体系主要包括：本地水库塘坝、内湖哑河，松滋河、虎渡河及藕池河三口（以下简称"洞庭湖三口"）水系等外部来水，泵站、涵闸等引水提水工程。目前存在以下问题：①当地水资源量偏少，且时空分布不均，当地调蓄能力不足，对供水灌溉需水的保障程度低，洞庭湖四口水系地区降水主要集中在 4～9 月，占年降水量的 70%左右，遇气象干旱作物生长需水最多的春灌期（4 月）和秋灌期（9、10 月）缺水严重；②洞庭湖四口过境水资源量分布极端不均，资源型缺水形势更趋严峻，洞庭湖四口水系主要控制站汛期 5～10 月来水占全年的 96%，且枯水期径流量主要集中在松滋河水系，其他四站枯水期基本断流；③工程性缺水表现突出，垸内输水、配水设施不配套，"最后一公里"问题突出，分流减少，低水位时间延长，4 月中旬～6 月上旬大部分沿河灌溉涵闸不能正常引水，甚至出现一些河段（如藕池西支）由于断流甚至无水可用的现象；④由于洞庭湖四口分流量的减少及断流时间延长，水体自净能力下降，水质变差，常发生水华，水质性缺水情况日趋严重，湖泊水质大多在 IV 类和劣 V 类之间，水资源难以利用。

项目工作范围主要集中在长江干流，通过调研得知，洞庭湖三口每年都受泥沙淤积的影响，加之长江干流河道冲刷，使得干流水资源在枯水期难以大量进入洞庭湖三口河道。洞庭湖三口泥沙淤积情况每年不尽相同，当地政府每隔若干年就会进行清理，但清理对洞庭湖三口流通的改善程度并没有进行较为精确的研究，且相关记录和数据较少，因此，干流流量与洞庭湖三口是否"断流"间的关系尚不明确，需要进一步研究。当洞庭湖三口出现断流时候，可根据上游水库的实际情况，通过 3～5 天集中消落，尝试保持洞庭湖三口短时间内不断流，三峡水库可考虑按 8 000～10 000 m³/s 流量下泄。

5）长江口压咸

上海地区通过修建青草沙水库、完善整体管网连通、建设备用水源地等措施，已经具备较强的咸潮应对能力，但受到咸潮入侵后消退困难、取水量大、工程设施长期不间断运行及降低运行成本要求等方面的制约，对于叠加咸潮的应对还存在一定风险。应继续加强当地工程建设（例如原水水库间的连通工程）、进一步增强咸潮应对能力；通过加强上下游信息共享、推动气象-水文-咸潮方面的合作，有望预判咸潮是否衔接形成叠加咸潮，进而通过上游水库提前加大下泄，打断咸潮的衔接，化解叠加咸潮。从重要性和可行性看，长江口压咸可以作为长江上游水库群水量应急调度的目标之一,但由于三峡水库到长江口的径流传播时间为 11 天左右,还需要对咸潮预报进行更深入的研究,才能最大程度发挥上游水库应急补水效果。

6.2　长江口咸潮入侵影响因素与基本特征

6.2.1　长江口咸潮入侵影响因素

咸潮通常发生在河流和海洋的交汇处,当河口处的海水水位比河流水位高时,海水就会向河流倒灌,咸潮就会沿着河流从河口不断向上游扩展。河口咸潮入侵主要是自然因素所致,但也有人为因素。河口咸潮入侵问题是当前乃至未来影响长江口水源地建设的主要问题。长江口咸潮入侵影响因素主要有以下几个方面。

(1)潮汐和潮流。潮汐和潮流分别是天体引潮力引起的海面垂直方向的涨落和海水水平方向的流动,是咸淡水混合的“动力源”,对咸潮入侵的影响是至关重要的。潮汐、潮流对咸潮入侵的影响包括:潮流对咸潮的对流输运、潮汐引起的紊动混合、潮汐与地形共同作用引起的“潮汐捕集”和“潮汐输送”。潮汐对长江口咸潮入侵的影响呈中小时间尺度的周期性特征。长江口水域潮汐受天文潮影响显著,既呈现半日非规则潮汐特征,也呈现朔望潮汐等长周期特征。研究表明,长江口咸潮入侵与潮汐规律相对应,也存在朔望变化规律,即半月中出现大潮和小潮各 1 次,日平均氯化物质量浓度也会出现一个高值区和一个低值区;同时,随着半日潮涨潮落的日潮周变化,长江口氯化物质量浓度也会出现与潮汐关系密切的涨憩落憩氯化物质量浓度峰谷值。

(2)风。风对咸潮入侵具有较大影响,风速、风向不同,河口地区涨、落潮流的强度就不同,对河口地区的咸潮入侵影响也就会有差异。不同的风速和风向作用下,河口地区可以产生不同的水平环流,所产生的水平环流,可能对河口地区的咸潮入侵产生一定作用。

(3)枯水期上游径流量减少。咸潮倒灌多发生在上游来水较少的枯水年份的枯水期。研究表明,长江口氯化物质量浓度的大小与长江大通站的流量丰枯呈明显的负相关。枯水期流量为平水或枯水的年份,外海咸潮倒灌可达吴淞口、堡镇或以上河段。

(4)河口及河道地形变化。随着河道挖沙、航道疏浚等人类活动不断加剧,大量采挖泥沙以及大规模的航道整治,使得河口地区的河道河床普遍下切,主要潮汐通道的深槽加深。长江口北支是涨潮占优的河道,造成北支咸潮倒灌进入南支一个重要因素是北支中下段地形呈喇叭口状,易形成涌潮且潮差较大。随着北支涨潮流增强,北支高潮位高于南支,涨潮流开始倒灌南支,这种情况易出现在径流量偏小的枯水期大潮。

(5)流域内上游地区供水量逐年增加。伴随着经济和人口的增长,全流域用水量也不断增长,长江流域总用水量从 1949 年的 314 亿 m³ 到 1980 年的 1 325 亿 m³,2003 年总用水量为 1 702.6 亿 m³,2030 年用水量将达到 2 219 亿 m³,考虑到南水北调 413 亿 m³,总用水量将达到 2 632 亿 m³。流域上游地区耗用水量增加,导致三角洲地区来水减少,加剧了三角洲河口区域的咸潮倒灌。

(6)河道分流比的变化。随着河道河势的自然演化,加上河道采砂、航道整治等人类活动的影响,三角洲地区河道分流比发生了变化。长江口北支径流分流比也逐年减少,1915 年北支分流量占南北支总量的25%，1923年降为23%，1958年减至7.6%，自1959年起开始出现水沙倒灌南支现象，其分流比长期处于5%以下，1998年后径流分流比下降到1.3%。由于径流量的减少，潮流作用相对增强，近年来北支的涌潮出现加剧的趋势，咸潮倒灌强度也显著增大。

（7）海平面上升。过去100年来，全球平均海平面以0.18 cm/a的速率上升。随着全球气候进一步变暖，21世纪海平面将加速上升。2000年，我国沿海海平面以每年0.25 cm的速率上升，到2030年长江口相对海平面上升区间为0.23～0.42 m，在21世纪内将上升近1 m，这将加重枯水期咸潮倒灌。

6.2.2　长江口咸潮入侵基本特征

河口受潮汐、斜压效应和混合作用，产生从外海向内陆的咸潮入侵，这是河口共有的现象。但长江口除了有来自下游外海的咸潮入侵，南支还受北支咸潮倒灌的影响，这是长江口咸潮入侵最为显著的特征，长江口咸潮入侵方式以及水源地水库分布见图6.1。北支咸潮倒灌进入南支是由北支特殊的地形造成的，中下段的喇叭口形状导致涨潮期间大量潮水在向上游运输过程中水位大幅上升，甚至在上端青龙港河道出现涌潮，淹没大片潮滩，咸潮随涨潮流进入南支。在落潮期间，水位下降，北支上段大量潮滩出露，已进入南支的咸潮难以随落潮流返回北支，绝大部分随落潮流往南支下游，影响下游的水源地。北支上段水浅，且与南支几乎成直角，能进入北支的径流量很少，枯水期约占总径流量的2%～3%。低径流量是北支咸潮入侵和倒灌严重的重要原因。

6.2.3　长江口咸潮入侵时间演变规律

长江口咸潮入侵在时间尺度上具有半日、半月、季节和年际变化，主要受制于潮汐和径流量。根据长江口地区的控制站和气象站（如图6.2）观测数据，对不同时间尺度的咸潮入侵变化规律进行分析。

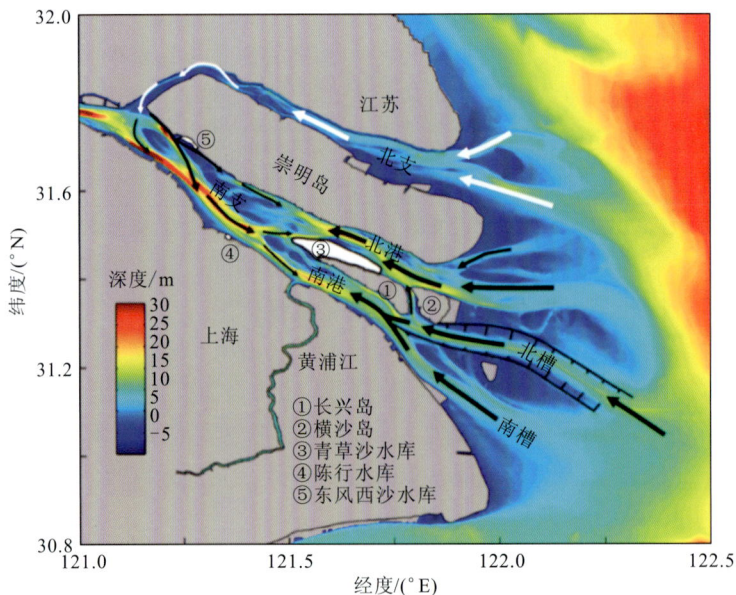

图6.1　长江口咸潮入侵和水源地水库分布示意图

　　图 6.3 为 2009 年 9 月和 12 月横沙、马家港、堡镇和永隆沙站实测水位随时间变化过程图。由图可以看出，长江口观测的四个站点水位具有显著的半日、半月的变化，1 天内出现 2 次高潮位和 2 次低潮位，半日潮性质明显，具有潮日不等现象。在 15 天内，出现水位的最大值和最小值，半月的大小潮变化显著。另外，对比 9 月和 12 月的观测数据，潮汐还有季节变化，9 月潮差大于 12 月潮差。咸潮入侵与潮汐变化密切相关，潮汐的半日和半月变化，是咸潮入侵的半日和半月变化的根本原因。

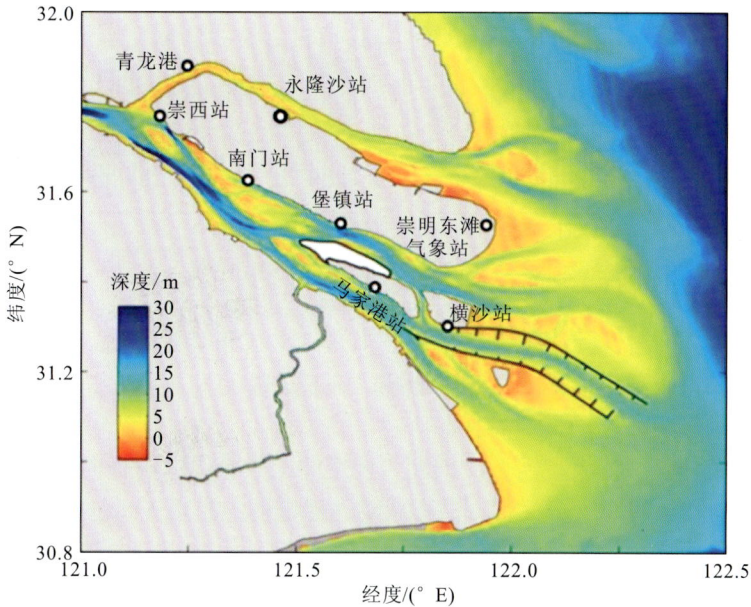

图 6.2　长江口水文和气象站分布位置图

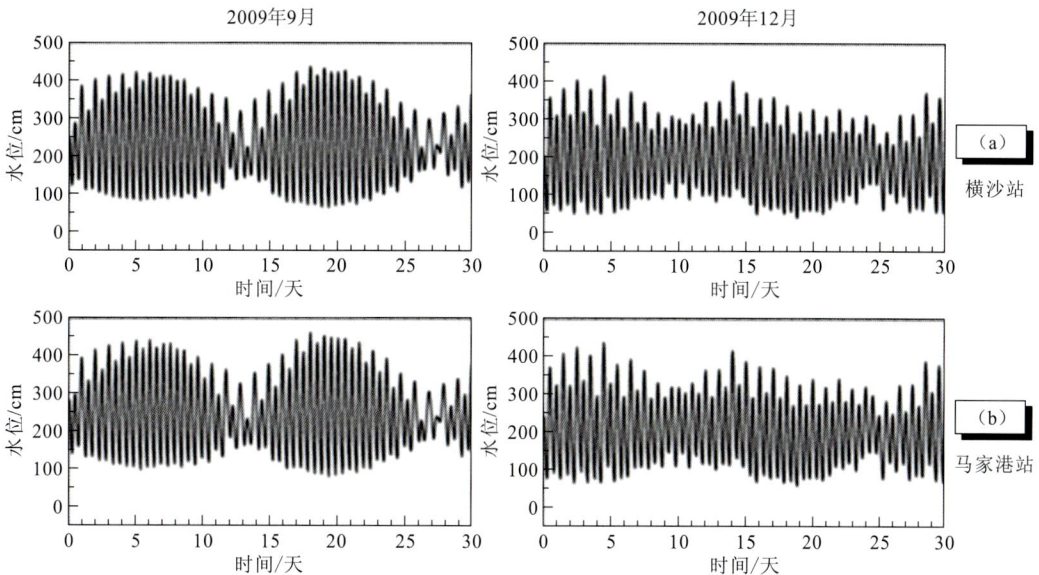

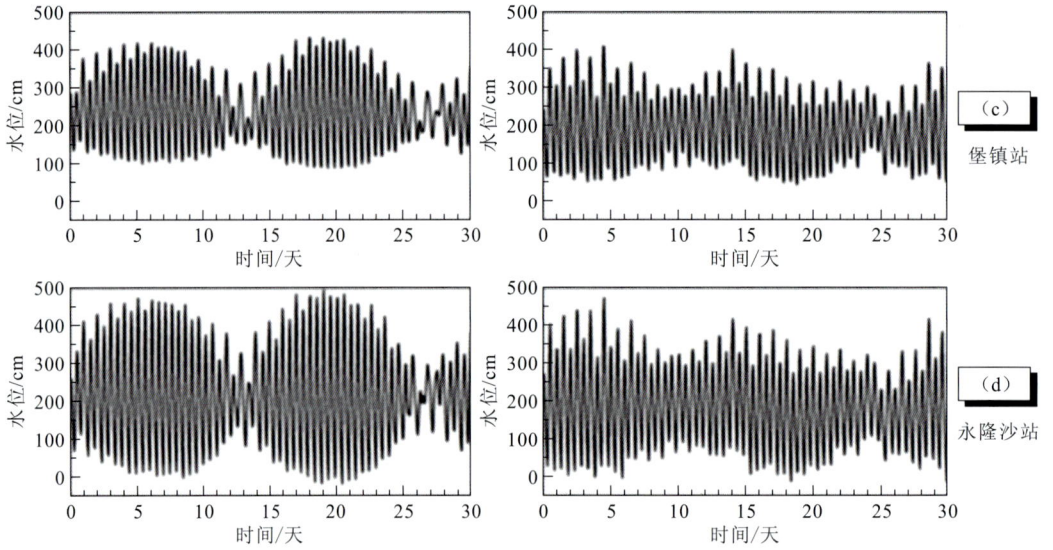

图 6.3 2009 年 9 月和 12 月各站点实测水位变化图

长江口咸潮入侵在时间尺度上具有半日、半月、季节和年际变化。在较短的半日和半月时间尺度上，长江口咸潮入侵主要受潮汐影响。在长的季节和年际时间尺度上，长江口咸潮入侵主要受径流量影响。

长江口为三级分汊的特大型河口，咸潮入侵空间上具有纵向、横向和垂向变化。在纵向上，北支从口门向陆至南北支分叉口，沿程咸潮入侵减弱；在南支（包括北港、南港），大潮期间咸潮入侵呈现两头高、中间低的特点，上段高咸潮是由北支倒灌带来的，下段高咸潮是由外海咸潮直接入侵带来的；小潮期间北支倒灌现象消失，从口门向陆沿程咸潮入侵减弱。在横向上，对各个汊道在口门拦门沙区域咸潮入侵强弱次序为北支、南槽、北港和北槽；在同一汊道，因涨潮流带来的高咸潮受科氏力作用右偏，北支、北港、北槽和南槽北侧的咸潮入侵强于南侧；在南支上段，北支倒灌咸潮受径流作用，在下移过程中受科氏力作用右偏，南侧的咸潮入侵强于北侧。在垂向上，因北支为超浅的河道，大潮和小潮期间盐度垂向混合均匀，咸潮入侵在垂向几乎没有变化；在北港、北槽和南槽拦门沙区域盐度垂向分层明显，尤其在小潮期间因弱的潮混合出现了强烈的咸潮楔现象；在北港、南港上段、南支下段，咸潮入侵垂向变化微小；在南支上段，大潮期间倒灌进入南支的咸潮团出现垂向盐度分层的现象，底层的咸潮入侵比表层强。

6.3 上游水库群运行对长江口水资源量影响

6.3.1 三峡水库水资源调度

由于三峡水库综合利用任务较多，且是长江上游控制性水库的最后一级，其水资源调度方式较其他水库更复杂。经过不断地优化调度研究，并结合近几年的调度实践，三峡水库已基本形成了一套较为完善的水资源（水量）调度方式，根据《三峡（正常运行期）—葛洲坝水利枢纽梯级调度规程》（2015 年 9 月水利部批复），三峡水库水资源调度主要内容归纳如下：

在不影响防洪的前提下，水库蓄水时间为 9 月 10 日，起蓄水位为 146 m，实时调度中库水位可在防洪限制水位 145.0 m 以下 0.1 m 至以上 1.0 m 范围内变动。提前蓄水期间，一般情况下控制水库下泄流量不小于 8 000～10 000 m³/s。当水库来水流量大于 8 000 m³/s 但小于 10 000 m³/s 时，按来水流量下泄，水库暂停蓄水；当来水流量小于 8 000 m³/s 时，若水库已蓄水，可根据来水情况适当补水至 8 000 m³/s 下泄。10 月蓄水期间，一般情况下水库的下泄流量按不小于 8 000 m³/s 控制，当水库来水流量小于以上流量时，可按来水流量下泄。11 月蓄水期间，水库最小下泄流量按不小于保证葛洲坝下游水位不低于 39.0 m 和三峡电站保证出力对应的流量控制。水库 9 月底控制蓄水位可调整至 162.0 m，10 月底可蓄至 175 m。

6.3.2　其他水库水资源调度

按长江流域综合规划意见，长江干支流控制性水库应根据我国经济社会的发展逐步实施，长江干支流梯级水库群形成后，将在长江流域防洪、发电、航运、流域水资源配置、水生态与水环境等方面产生巨大的作用。

长江上游控制性水库均有综合利用要求，大多数水库的开发任务以发电为主并承担有防洪任务，少部分以防洪或供水为主。基于我国水利水电建设管理体制，水库的调度运行管理，除汛期由防洪主管部门对所设置的防洪库容进行统一调度外，其他时间主要由各发电企业按满足本枢纽综合利用任务要求和电力系统的要求进行调度，多以满足电力系统要求和实现本枢纽的发电效益最大为主要目标，在配合三峡水库对长江中下游防洪、水资源优化配置和上下游水库蓄放水等方面存在一定的问题。有关单位就此开展了长江上游控制性水库联合调度的研究工作，并取得了初步成果。

防洪问题的重要性，必然导致长江上游控制性水库的水资源（水量）调度与防洪任务密切相关，蓄水问题是关键。根据长江流域综合规划以及各水库设计成果，长江上游干支流控制性水库调度运行的总体安排为：水库汛期按防洪要求运行，汛后在确保防洪安全的前提下蓄水，消落期除了满足最小下泄流量要求外，基本按发电需要调度运行。联合调度研究表明，长江上游水库群蓄水应统筹安排，有序逐步蓄水，原则上长江上游水库先于三峡水库蓄水，并尽可能在 10 月前完成蓄水任务；水库群蓄水应兼顾防洪、水资源综合利用、水生态与水环境等要求；承担有防洪任务的水库，根据防洪要求，控制蓄水进程；在确保防洪安全和泥沙淤积影响不大的前提下，汛末开始蓄水时间可在设计方式的基础上适当提前。

6.3.3　径流组成分析

大通站是长江下游干流一个重要的控制站，也是长江口的潮区界。大通站以上流域面积 170.5 万 km²。在大通站径流来源地中，宜昌站以上地区集水面积占大通站的 59%，多年平均年径流量占大通的 48.2%；汉口站以上地区集水面积占大通站的 87.3%，多年平均年径流量约占大通站的 79.2%；位于湘西北暴雨区的洞庭湖四水和位于江西暴雨区的鄱阳湖水系，集水面积分别占大通站的 12.2% 和 9.5%，多年平均年径流量却占大通站的 18.8% 和 16.8%，均大于其集水面积比，是大通站径流的重要来源。长江干流大通站多年平均年径流地区组成见表 6.1。

表 6.1　长江干流大通站以上年径流地区组成表

河名、区间、站名		集水面积		年径流量	
		面积/km²	占大通/%	径流量/亿 m³	占大通/%
长江	汉口站	1 488 036	87.3	7 121	79.2
鄱阳湖	湖口站	162 225	9.5	1 508	16.8
汉口—大通区间		55 122	3.2	363	4.0
长江	大通站	1 705 383	100.0	8 992	100.0

根据大通站 1960~2015 年径流资料（表 6.2），大通站多年平均流量 28 000 m³/s。较 1960~2002 年系列，大通站 2003~2015 年平均流量减少了 1 400 m³/s，减少幅度为 4.93%。对于 12~次年 3 月，大通站 2003~2015 年平均流量为 15 200 m³/s，较 1960~2002 年增加了 2 000 m³/s，增加幅度为 15.15%，其中 3 月增加的幅度最为显著，月平均流量增加 3 200 m³/s，增加幅度为 20.13%；12 月增加的幅度最小，月平均流量增加 700 m³/s，增加幅度为 4.86%。

表 6.2　大通站不同时段平均流量及其变化表

类别		流量及其变化量（m³/s）					
		年	12 月	1 月	2 月	3 月	12 月~次年 3 月
1960~2015		28 000	14 500	11 400	12 000	16 600	13 600
①1956~2002		28 400	14 400	11 000	11 500	15 900	13 200
②2003~2015		27 000	15 100	12 900	13 600	19 100	15 200
②与①比	流量/（m³/s）	-1 400	700	1 900	2 100	3 200	2 000
	百分比/%	-4.93	4.86	17.27	18.26	20.13	15.15

三峡工程运行前的 1950 年 1 月~2003 年 5 月，大通站日平均流量小于 10 000 m³/s 的天数为 1 905 天，占时段总天数的 10%；2003 年 6 月~2008 年 9 月，三峡工程开始发挥蓄丰调枯功能，大通站日平均流量小于 10 000 m³/s 的天数为 44 天，仅占时段总天数的 2%；2008 年 10 月三峡工程进入试验性蓄水期，对下游的枯水期径流补偿功能更强，至 2016 年 12 月 31 日，大通站实测最小日平均流量为 10 400 m³/s（2014 年 2 月 3 日、2014 年 2 月 13 日），未出现日平均流量小于 10 000 m³/s 情形。具体见表 6.3。

表 6.3　大通站不同时段日平均流量小于 10 000 m³/s 天数统计表

时段	小于 10 000 m³/s 天数/天	总天数/天	占比/%
1950 年 1 月~2003 年 5 月	1905	19 509	10
2003 年 6 月~2008 年 9 月	44	1 949	2
2008 年 10 月~2016 年 12 月	0	2 014	0

长江上游梯级水库运行后，枯水期下泄补水对大通站枯水期流量有一定的影响，规划水平年下，大通站月平均流量小于 10 000 m³/s 次数较实际情况有了明显的减少，其中 1 月和 2 月减少得较为显著，分别减少了 8 次和 7 次。长江上游梯级水库运行调度，一定程度上增加了大通站的枯水期平均流量，进而一定程度上有利于减缓长江口地区咸潮入侵。

6.4　控制断面目标参数研究与分析

根据相关法律法规，依据实际情况需要，对长江中下游干流采取应对城市抗旱、农业抗旱、生态抗旱进行应急补水调度方案研究，分别对应保障极端枯水期干流沿岸城乡供水集中取水口取用水安全、农业灌溉集中取水口取用水安全，以及河段生态环境用水安全。

长江中下游干流沿线灌区以水稻种植为主，根据不同生长期水稻分为早、中、晚稻，其中，早稻育秧播种时间为 3 月下旬～4 月上旬，中稻育秧播种时间为 4～5 月，晚稻育秧播种时间在 6 月。分析早稻春耕期干旱预警参数及应对措施，适用于早稻、中稻春耕期（3～5 月）干旱应对。

6.4.1　宜昌—城陵矶河段

根据实际监测数据，宜昌—城陵矶河段为三峡运行以来冲刷最突出、水位-流量关系变化显著的河段。河段枯水期径流量主要由三峡水库下泄流量主导。水库蓄水期间，下泄流量应平稳变化，尽量减少对下游地区供水、航运、水生态与环境等方面的影响。水库供水期，根据下游地区供水、航运、水生态与环境以及发电等方面要求调节下泄流量。8 月，除实施防洪或应急调度外，三峡水库日均出库流量尽量不小于 18 000 m³/s；当来水流量小于等于 18 000 m³/s，按来水流量下泄。9 月蓄水期间，当来水流量大于等于 10 000 m³/s 时，按不小于 10 000 m³/s 下泄；当来水流量大于等于 8 000 m³/s 但小于 10 000 m³/s 时，按来水流量下泄，水库暂停蓄水；当来水流量小于 8 000 m³/s 时，若水库已蓄水，可根据来水情况适当补水至 8 000 m³/s 下泄。10 月蓄水期间，一般情况下水库下泄流量按不小于 8 000 m³/s 控制，当来水流量小于 8 000 m³/s 时，可按来水流量下泄。11 月和 12 月，水库最小下泄流量按葛洲坝下游庙嘴站水位不低于 39.0 m 且三峡电站发电出力不小于保证出力对应流量控制。蓄满年份，1～2 月水库下泄流量按 6 000 m³/s 控制，3～5 月水库下泄流量应满足葛洲坝下游庙嘴站水位不低于 39.0 m。未蓄满年份，根据水库蓄水和来水情况合理调配下泄流量。如遇枯水年份，实施水资源应急调度时，可不受以上流量限制，库水位也可降至 155.0 m 以下进行补偿调度。

1）城市抗旱目标参数

根据统计数据，本河段含洞庭湖四口区分流河道，自干流河道取水城乡供水集中取水口约 58 处，供水人口约 337.74 万人。河段内分布主要为宜昌、荆州、岳阳 3 座地级城市，以及宜都、枝江、公安、江陵、石首、监利、松滋等 7 座县级市（县），另有众多乡镇集镇沿线聚集。

宜昌主城区供水水源为长江二级支流官庄河（柏临河支流）上官庄水库，应急水源地为原旧有水源地东山运河（长江支流黄柏河内），仅有约 14%的人口自长江干流取用水，其中最大集中取水口布置在葛洲坝二江库区桥下。宜昌主城区城市用水对干流依赖程度较低，且干流主要集中取水口布置于葛洲坝下，保障程度极高，城市用水基本不存在上游水库群应急补水需要。

荆州主城区三个取水口工程（南湖水厂、郢都水城、柳林水厂）经三峡水库后续规划措施实施改造后，三个核心水厂集中取水口采用船式取水方式，取水口仅需水深 1.5～2.0 m 即可保障取用水。该河段为航运黄金水道部分，三峡工程的航运开发任务能够保障该河段水深不低于 3.5 m，因此，改造后荆州主城区三个城市用水集中取水口工程，对河段流量、水位已基本无特别要求。

岳阳主城区供水水源为洞庭湖支流北港河金凤水库，仅君山区、云溪区有少量用水自干流取用，城市应急水源地为洞庭湖，因此岳阳城市用水基本不依赖长江干流。

宜都、枝江、公安、江陵、石首、监利、松滋以及沿岸各集镇有改造后集中取水口和原有集中取水口。2019 年 11 月，湖北省水利厅请求加大三峡水库下泄流量；2019 年 11 月 29 日 14 时，石首北门口河段水位持续下降至 26.28 m，水位低于石首周家剅水厂、城区二水厂的两艘取水船设计取水水位，船体已搁浅倾斜，取水出现困难，且船底板有被护岸抛石顶穿的危险，江陵普济中心水厂已无法取水。

2）农业抗旱目标参数分析与初拟

本河段含洞庭湖四口分流河道，灌区集中取水口约 660 处，灌溉面积 442.82 万亩，附加供水人口约 2.49 万人。

河段内大型灌区基本采取自流式、提灌式两种取水方式，如表 6.4 所示，以自流式为主，提灌式应对来水量偏枯情形。报告研究河段内 10 万亩以上典型代表灌区集中取水口提灌取水方式取用水保障需要，暂不考虑自流式取水保障，分析本河段的灌溉用水方面应急补水需要，可以满足河段内灌溉应急保障主要需求。

表 6.4　宜昌—城陵矶河段代表灌区提灌集中取水口统计表

代表灌区	设计运行水位/m	最低运行水位/m	设计取水流量/（m³/s）	灌溉面积/万亩
杨家垴	32.50	32.20	10.0	13.00
竹林子	31.82	29.07	4.8	15.98
荆南码头	31.32	28.45	8.7	12.39
黄水套	27.63	23.64	9.2	13.20
观音寺	30.10	26.88	30.0	69.12
颜家台	28.53	26.90	25.0	40.80
双石碑	29.73	26.48	10.0	14.28
西门渊	23.19	21.50	16.8	36.60

上述灌区取水口已经开展了改造，考虑了河道冲刷预测，按三峡调度运行水情，满足规程规范灌溉保障率设计。

由于河段内主要灌区取水口改造同期设计，设计标准相同，区间没有大的支流水系汇入，水情相同（采用三峡调度运行后的水情），因此，本河段水情相同、标准相同、设计水文系列和边界条件相同的各灌区取水口对应急保障要求是相同，分析其中一个灌区取水口应急补水保障需要，即可满足同河段其他灌区应急补水保障需要。典型代表灌区中，荆南码头灌区位于沙市站对岸，分析荆南码头涵闸泵站灌区春耕期应急补水保障需要代表本河段农业灌溉应急补水保障需要。

荆南码头涵闸泵站提灌泵站设计运行水位 31.32 m，对应现状沙市站流量 $Q = 8\,550$ m³/s；泵站设计最低运行水位 28.45 m，目前河段最小流量即可满足。$Q = 8\,550$ m³/s 与已建工程还现径流 4 月、5 月 $P = 74\%$ 流量基本相当，与已、在建工程还现径流 4 月、5 月 $P = 87\%$ 流量基本相当。推荐现阶段沙市站农业抗旱预警水位 31.32 m，（相应预期流量 $Q=8\,550\ \mathrm{m^3/s}$），取 $Z=31.3\ \mathrm{m}$ 作为现阶段预警水位，为春耕期 4 月、5 月灌溉期目标参数。现阶段本河段农业抗旱应急补水调度目标参数不低于该值，调度时长为灌溉期 10～15 天左右。

3）生态抗旱目标参数分析

对于本河段生态流量，一般以宜昌站为控制节点。宜昌—沙市河段长 147 km，两站区间既有清江、沮漳河汇入，也有松滋口、太平口分流。由于没有开展过沙市站生态流量研究，为简化起见，沙市站生态流量暂按宜昌站生态流量进行分析。本河段河道内自然保护区包括葛洲坝—芦家河约 80 km 湖北宜昌中华鲟省级自然保护区、湖北长江天鹅洲白鱀豚国家级自然保护区、长江新螺段白鱀豚自然保护区、长江监利段四大家鱼国家级水产种质资源保护区，目前河道内自然保护区尚未提出流量要求。

三峡水库巨大调节库容和大的泄流能力使其具备较强的控泄能力。水库调度方式为"11～12 月下泄流量按葛洲坝下游庙嘴站水位不低于 39 m（资用吴淞高程，下同）和三峡电站保证出力对应的流量控制；蓄满年份，1～2 月水库下泄流量按 6 000 m³/s 控制，3～5 月的最小下泄流量应满足葛洲坝下游庙嘴站水位不低于 39 m。"即 11 月～次年 5 月，三峡水库下泄流量按庙嘴站水位不低于 39 m、三峡电站保证出力对应的流量（水库蓄满年份的次年 1～2 月下泄流量不小于 6 000 m³/s 控制）。因此，不单独提出沙市站生态预警流量，但原则上不应小于宜昌站生态基流 5 500 m³/s。

6.4.2　城陵矶—大通河段

城陵矶—大通河段干流河段长约 744.8 km，沿线依次分布武汉、黄冈、鄂州、黄石、九江、安庆、池州 7 处地级城市，以及洪湖、嘉鱼、团风、武穴、湖口、彭泽、九江、望江、枞阳 9 处县城等，还有沿岸密集小集镇，干流集中取水口供水人口约 1 012.6 万人，设计年取用水量约 27.5 亿 m³。

1）城市抗旱目标参数分析与初拟

武汉中心城区 8 大核心水厂中，白沙洲、平湖门、余家头、堤角、武钢港等 5 座水厂自长江干流取水，琴断口、白鹤嘴、宗关等 3 座水厂自汉江干流取水。根据 2011 年第一次水利普查集中取水口统计数据，武汉约 36%人口（分布于汉阳区、硚口区、东西湖区、蔡甸区的约 360 万人）自汉江干流取用水，其他临近水库、湖泊就近取用水人口约 54 万人。中心城区约 500 万人依赖长江干流来水，自长江干流取水水厂取水方式均为浮船式，对水位-流量变化适应性较好，目前尚未出现取用水困难事件。

黄冈中心城区主要由禹王街道二水厂、东湖街道三水厂等两座水厂自长江干流取水供给城市用水，取水条件较好，目前尚未出现取用水困难事件。

鄂州中心城区主要由凤凰街道凤凰台水厂、西山街道雨台山水厂等两座水厂自长江干流取水供给城市用水，取水条件较好，目前尚未出现取用水困难事件。

黄石中心城区主要由位于沈家营街道黄石市自来水厂凉亭山取水口自长江干流取水供给城市用水，取水条件较好，目前尚未出现取用水困难事件。

九江中心城区主要由甘棠街道第三水厂、滨兴街道河西水厂、白水湖街道河东水厂等三座水厂自长江干流取水供给城市用水，取水条件较好，目前尚未出现取用水困难事件。

安庆中心城区主要由位于人民路街道的市供水集团水厂龙山路取水口自长江干流取水供给城市用水，取水条件较好，目前尚未出现取用水困难事件。

池州中心城区主要由位于秋江街道市供排水公司水厂自长江干流取水供给城市用水，取水条件较好，目前尚未出现取用水困难事件。

洪湖、嘉鱼、团风、武穴、湖口、彭泽、九江、望江、枞阳9处县城及沿江集镇取水条件较好，目前尚未出现取用水困难事件。

武汉、黄冈、鄂州、黄石、九江处于汉口—湖口河段，水情相近，可包络取大值设置汉口站城市抗旱目标参数，另外增加螺山站、九江站为河段节点分析补水调度方案、验证调度效果。安庆、池州位于湖口下游，水情与大通站相近，其城市抗旱目标参数由下游大通站反映。

按汉口站已建工程还现径流考虑，$P=90\%$ 流量 $Q=9\,700\ \mathrm{m^3/s}$、$P=95\%$ 流量 $Q=9\,060\ \mathrm{m^3/s}$、$P=97\%$ 流量 $Q=8\,700\ \mathrm{m^3/s}$，相应水位分别约为 13.45 m、13.13 m、12.95 m，相较 2003 年相应频率水位水平分别下降约 0.78 m、0.62 m、0.52 m。目前三峡调在供水调度时，通过三峡及以上水库群联合调度，控制宜昌站、汉口站、大通站流量分别不小于 6\,000 $\mathrm{m^3/s}$、8\,640 $\mathrm{m^3/s}$、10\,000 $\mathrm{m^3/s}$。汉口站 $Q=8\,640\ \mathrm{m^3/s}$ 与已建工程还现径流 $P=97\%$ 流量 $Q=8\,700\ \mathrm{m^3/s}$ 基本相当。

因此，推荐 $Q=8\,640\ \mathrm{m^3/s}$ 为现阶段汉口站城市抗旱预警流量，为全年目标参数；从保证频率看，现阶段本河段城市抗旱应急补水调度目标参数不低于该值。另外可将汉口站水位 12.7 m 作为城市抗旱预警指标之一，考虑水库调度作用的时效，取值 13.0 m。

2）农业抗旱目标参数分析与初拟

本河段涉及江汉平原、洞庭湖平原、鄱阳湖平原、苏皖沿江平原，数据统计显示，区间河段自长江干流河道取水灌溉面积 122.77 万亩，本河段无 10 万亩以上灌区，主要分布灌溉面积 1 万亩以上灌区 38 处，以九江对岸黄梅清江口闸灌区 8.81 万亩面积最大，其余灌溉面积 1 万亩以下小、微型灌区约 251 处，灌溉年设计年取用水量约 6.39 亿 $\mathrm{m^3}$。河段内灌区分布零散，单一灌区灌溉面积不大，目前尚未出现灌区取水困难事件。

按汉口站已建工程还现径流考虑，春耕期 4 月、5 月 $P=90\%$ 流量 $Q=9\,560\ \mathrm{m^3/s}$，$P=85\%$ 流量 $Q=10\,450\ \mathrm{m^3/s}$，$P=80\%$ 流量 $Q=10\,900\ \mathrm{m^3/s}$，对应现状流量水位条件，相应汉口站水位分别约为 13.38 m、13.83 m、14.06 m。因此，推荐已建还现径流春耕期 4 月、5 月 $P=90\%$ 流量 $Q=9\,560\ \mathrm{m^3/s}$ 现阶段汉口站农业抗旱预警流量，为春耕期 4 月、5 月灌溉期目标参数；现阶段本河段农业抗旱应急补水调度目标参数不低于该值，调度时长为径流传播时间加上灌溉期时长 10～15 天左右。

3）生态抗旱目标参数分析与初拟

对于本河段生态流量，一般以汉口站为控制节点。汉口站非汛期生态环境下泄水量 1\,188 亿 $\mathrm{m^3}$，对应生态流量 $Q=7\,540\ \mathrm{m^3/s}$，相应 2003 年汉口站水位 13.96 m。汉口站已建工程还现径流 $P=90\%$ 流量 $Q=9\,700\ \mathrm{m^3/s}$，推荐其为汉口站生态抗旱预警流量，为全年目标参数。

6.4.3　大通以下河段

自长江干流湖口河段承纳鄱阳湖水系水量后，大通站径流汇入了全流域主要水系的水量，本河段大通站以下仅有中、小支流汇入，以及淮河借道入海水量和其他贯连水系水量，河段水量以大通站 170.54 万 km² 集水面积来水为主，区间本地水量占比相对较小，大通站也是长江全流域控制站，因此，以大通站代表本河段进行径流分析。

1）城市抗旱目标参数分析与初拟

大通以下河段干流河段长约 624 km，分布有上海、南京，沿线其他地级城市依次有铜陵、芜湖、马鞍山、镇江、扬州、泰州、常州、南通 8 处，县城（区）有义安、繁昌、当涂、和县、仪征、扬中、泰兴、靖江、江阴、张家港、常熟、太仓、海门、启东、崇明等 15 处，沿岸小集镇密集，干流集中取水口供水人口约 4 883.94 万人，约占中下游干流供水总人口的 75.99%，设计年取用水量约 54.69 亿 m³。

南京中心城区主要由北河口水厂、城北水厂、双闸水厂、江宁水厂、江浦水厂、浦口水厂、上元门水厂、远古水厂等核心水厂自长江干流取水供给城市用水，另有约 20 万人就近自临近水库和支流取用水。调研数据显示，南京中心城区众核心水厂取水口运行水位-8～-5 m，取水条件较好，基本不存在取用水困难问题。

铜陵中心城区主要由位于横港社区的横港水厂、位于滨江社区的新民水厂自长江干流取水供给城市用水。调研数据显示，两座主要水厂和其他小水厂取水口运行水位-0.7～3 m，取水条件较好，基本不存在取用水困难问题。

芜湖中心城区主要由位于吉和街道的健康路水厂、位于澛港街道的利民路水厂、位于天门山街道的杨家门水厂自长江干流取水供给城市用水，另有弋矶山街道铁路局水厂以及三山经济开发区的两座水厂自长江干流取水供给城市用水，取水条件较好，目前尚未出现取用水困难事件。

马鞍山主要由位于佳山乡的市二水厂翠螺山南脚下取水口取水供给城市用水，取水条件较好，目前尚未出现取用水困难事件。

南京下游镇江、扬州、泰州、常州、南通等地级城市中心城区主水厂取水条件较好，目前尚未出现取用水困难事件。位于感潮河段的南通中心城区河段水厂有正常的避咸蓄淡的时段，长江口咸潮倒灌影响不大。

大通站上游安庆、池州所处河段汇水面积大，水量丰沛，至大通站河段枯水期比降约 0.02‰，分析大通站频率水位，安庆、池州中心城区河段主槽河道水位基本不存在取水困难问题。

综上所述，本河段城市用水抗旱问题主要为应对咸潮倒灌可能导致的水质性水安全事件。位于长江口北支江岸的江苏启东主要自内陆河网运河、内河取用水，海门自崇明岛西端崇头上游取用水，并且长江口北支江岸有正常避咸蓄淡时机，咸潮不利影响相对较小。因此，本河段城市用水抗旱问题主要为应对咸潮倒灌可能导致的上海水质性水安全事件。

大通站 1956～2018 年还原径流 $P=90\%$ 旬均流量 $Q=10\ 500\ \text{m}^3/\text{s}$、$P=97\%$ 旬均流量 $Q=8\ 640\ \text{m}^3/\text{s}$，已建工程还现径流 $P=90\%$ 旬均流量 $Q=11\ 950\ \text{m}^3/\text{s}$、$P=97\%$ 旬均流量 $Q=10\ 600\ \text{m}^3/\text{s}$，已、在建工程还现径流 $P=90\%$ 旬均流量 $Q=12\ 600\ \text{m}^3/\text{s}$、$P=97\%$ 旬均流量 $Q=11\ 000\ \text{m}^3/\text{s}$。

现行《长江口咸潮应对工作预案》明确了 IV、III 级应急响应以本地应对措施为主，II、I 级应急响应结合长江上游水库群实施应急水量调度应对。大通站 I 级预警流量 $Q=10\ 000\ \text{m}^3/\text{s}$ 与大通站 1956～2018 年还原径流 $P=90\%$ 旬均流量 10 500 m³/s 相近，II 级预警流量 $Q=12\ 000\ \text{m}^3/\text{s}$ 与已建工程还现径流 $P=90\%$ 旬均流量 11 950 m³/s 相近。本河段城市用水抗旱问题主要为应对咸潮倒灌可能导致的河口水质性水安全事件，由于报告对河口压咸没有另外研究，暂推荐 $Q=10\,000\ \text{m}^3/\text{s}$ 和 $12\,000\ \text{m}^3/\text{s}$ 作为本河段城市抗旱预警流量，与现行《长江口咸潮应对工作预案》大通站 I、II 级预警流量一致。

2）农业抗旱目标参数分析与初拟

本河段涉及苏皖沿江平原、里下河平原、长江三角洲平原，自干流河道取水灌溉面积约 239.51 万亩，设计年取用水量约 21.4 亿 m^3。最大灌区为大通站下游约 50 km 处灌溉面积 90 万亩凤凰颈排灌站供水灌区，另有 12 处中型灌区分布（以江坝抗旱站取水口灌溉面积 3.45 万亩为最大），以及 468 处灌面小于 1 万亩的小、微型灌区。

河段内最大灌区为大通站下游约 50 km 处灌溉面积约 90 万亩凤凰颈排灌站灌区，占河段自干流取水农业灌溉面积约 37.5%。凤凰颈站排灌站为引江济淮工程三大输水线之一引江济巢线渠首工程，工程 1987 年开工，1991 年竣工验收，排灌站最大排洪量 240 m^3/s，最大取水量 200 m^3/s，排灌站取水渠底板高程 1.5 m。大通站至凤凰颈排灌站河段枯水期比降约 0.015‰，查阅大通站逐日逐时水位-流量关系数据，在 $Q=10\,000\ \text{m}^3/\text{s}$ 条件下，大通站水位 4.13～5.15 m，可以满足凤凰颈排灌站灌溉用水需要。

大通站 1959～2014 年长系列还原径流 4 月、5 月最小，$P=90\%$、$P=85\%$ 旬均径流分别为 7 260 m^3/s、10 900 m^3/s、12 700 m^3/s，已建工程还现径流 4 月、5 月最小，$P=90\%$、$P=85\%$ 旬均径流分别为 9 340 m^3/s、12 400 m^3/s、14 400 m^3/s；已、在建工程还现径流 4 月、5 月最小，$P=90\%$、$P=85\%$ 旬均径流分别为 10 500 m^3/s、14 000 m^3/s、16 000 m^3/s。目前已建工程运行提高大通站 4 月、5 月 $P=90\%$ 水位约 0.4 m，在建乌东德、白鹤滩、两河口、双江口等 4 座水库投入运行后，将提高大通站 4 月、5 月 $P=90\%$ 水位约 0.8 m，上游大型水库群建设和运行较大程度提高了本河段农业灌溉保证率。综合分析，推荐现阶段大通站农业抗旱预警流量取值 $Q=10\,000\ \text{m}^3/\text{s}$。

3）生态抗旱目标参数分析与初拟

对于本河段生态流量，一般以大通站为控制节点。本河段河道内自然保护区包括铜陵段淡水豚自然保护区，目前本河段河道内各自然保护区尚未提出流量要求。

在水资管函〔2020〕174 号提出的《第一批重点河湖生态流量保障目标（试行）》中，大通站生态基流 10 000 m^3/s。大通站还原径流 $P=90\%$ 旬均流量 $Q=10\,500\ \text{m}^3/\text{s}$，已建工程还现径流 $P=90\%$ 旬均流量 $Q=11\,950\ \text{m}^3/\text{s}$，已、在建工程还现径流 $P=90\%$ 旬均流量 $Q=12\,600\ \text{m}^3/\text{s}$。综合分析，推荐与已建工程还现径流 $P=90\%$ 旬均径流量接近的 $Q=12\,000\ \text{m}^3/\text{s}$ 为大通站生态抗旱预警流量。

6.5　协调综合需求的水库群消落深度分析

6.5.1　消落深度影响因素分析

溪洛渡水库供水期逐渐从正常蓄水位（600 m）消落水位，根据水库调度图，一般情况下消落到死水位 540 m，结合近几年的实际调度情况分析，溪洛渡水库最低消落水位为 543～548 m。

水库的消落深度，对水库枯水期的发电能力和水库年均发电量有影响，在梯级水库联合调度情况下，对梯级水库总发电量也有一定的影响。水库消落深度，一般从容量效益最优、电量效益最优两个角度进行评价，容量效益最优即为使水库保证出力最大，电量效益最优即为使水库年平均发电量最大。减小水库消落深度，可能减小水库保证出力，对水库发电效益也有一定的影响。

6.5.2　现状水平年分析

1）计算条件

现状水平年，考虑目前长江上游已建控制性梯级水库，主要包括梨园、阿海、金安桥、龙开口、鲁地拉、观音岩、锦屏一级、二滩、溪洛渡、向家坝、紫坪铺、瀑布沟、碧口、宝珠寺、亭子口、草街、洪家渡、东风、乌江渡、构皮滩、思林、沙沱、彭水、三峡、葛洲坝等 25 个已建水库。

本节主要研究溪洛渡水库不同消落深度对溪洛渡、向家坝、三峡及葛洲坝水库发电的影响，因此，除溪洛渡水库外，其他水库主要按照调度图进行调度。

2）方案拟定

从最近几年溪洛渡水库实际调度过程可以看出，水库一般未消落至死水位 540 m，因此，拟定最低消落水位 545 m、550 m 和 555 m，形成比较方案，消落至最低水位的时间，按 5月底进行控制。计算方案如表 6.5 所示。

表 6.5　不同方案下消落至最低水位的时间

项目	方案 1	方案 2	方案 3	方案 4
溪洛渡水库消落期末时间	5 月 31 日	5 月 31 日	5 月 31 日	5 月 31 日
溪洛渡水库消落期最低水位/m	540	545	550	555

3）发电影响分析

根据所拟定的调度方案，溪洛渡、向家坝、三峡、葛洲坝水库多年平均年发电量、消落期多年平均发电量（1～6 月）、加权平均水头、水量利用率如表 6.6 所示。

表 6.6　溪洛渡不同方案下消落至最低水位的发电影响

0.55		方案 1	方案 2	方案 3	方案 4
多年平均年发电量/（亿 kW·h）	溪洛渡水库	605.54	607.98	610.15	612.40
	向家坝水库	330.01	329.52	329.02	328.24
	三峡水库	932.31	931.81	931.34	930.84
	葛洲坝水库	172.84	172.77	172.70	172.63
	合计	2 040.70	2 042.08	2 043.21	2 044.11
消落期多年平均发电量（1～6 月）/（亿 kW·h）	溪洛渡水库	212.98	215.39	217.56	219.81
	向家坝水库	127.26	126.73	126.15	125.31
	三峡水库	396.17	395.63	395.12	394.57
	葛洲坝水库	79.01	78.93	78.87	78.79
	合计	815.42	816.68	817.70	818.48

续表

0.55		方案 1	方案 2	方案 3	方案 4
加权平均水头/m	溪洛渡水库	193.79	194.36	194.93	195.59
	向家坝水库	104.80	104.72	104.64	104.54
	三峡水库	102.06	102.04	102.02	102.00
	葛洲坝水库	22.15	22.16	22.18	22.19
水量利用率/%	溪洛渡水库	88.19	88.17	88.14	88.09
	向家坝水库	86.83	86.76	86.69	86.56
	三峡水库	95.37	95.36	95.35	95.34
	葛洲坝水库	83.78	83.74	83.72	83.69

从表中可以看出，随着溪洛渡水库消落最低水位抬高，水库消落期多年平均发电量（1～6月）、多年平均年发电量逐步增加，溪洛渡水库加权平均水头提高，水量利用率略有下降。最低消落水位每提高 5 m，消落期多年平均发电量（1～6月）、多年平均年发电量约增加 1 亿～2 亿 kW·h。

受溪洛渡水库抬高消落最低水位影响，向家坝、三峡、葛洲坝水库多年平均年发电量略有下降，溪洛渡水库最低消落水位每提高 5 m，向家坝水库多年平均年发电量减少 0.5 亿～0.78 亿 kW·h，三峡水库多年平均年发电量约减少 0.5 亿 kW·h，葛洲坝水库多年平均年发电量约减少 0.07 亿 kW·h。

6.5.3 规划水平年分析

1）计算条件

在现状水平年考虑的长江上游已建控制性 25 个梯级水库基础上，增加 2025 年前建成、具有较大调节库容、对长江上游水库群消落期调度有较大影响的叶巴滩、拉哇、乌东德、白鹤滩、两河口、双江口等 6 座水库。研究溪洛渡水库不同消落深度对溪洛渡、向家坝、三峡及葛洲坝水库发电的影响，除溪洛渡水库外，其他水库主要按照调度图进行调度。

2）方案拟定

在溪洛渡水库死水位 540 m 以上，拟定最低消落水位 545 m、550 m 和 555 m，形成比较方案，消落至最低水位的时间，按 5 月底进行控制。计算方案如表 6.7 所示。

表 6.7 不同方案下消落至最低水位的时间比较（2020 年）

项目	方案 1	方案 2	方案 3	方案 4
溪洛渡水库消落期末时间	5 月 31 日	5 月 31 日	5 月 31 日	5 月 31 日
溪洛渡水库消落期最低水位/m	540	545	550	555

3）发电影响分析

根据所拟定的调度方案，溪洛渡、向家坝、三峡、葛洲坝水库多年平均年发电量、消落期多年平均发电量（1～6月）、加权平均水头、水量利用率如表 6.8 所示。

表 6.8　溪洛渡水库不同方案下消落至最低水位的发电影响（规划水平年：2025 年）

方案序号		方案 1	方案 2	方案 3	方案 4
多年平均年发电量 /（亿 kW·h）	溪洛渡水库	629.15	633.37	637.31	641.04
	向家坝水库	348.05	347.43	346.61	345.83
	三峡水库	948.71	948.23	947.74	947.26
	葛洲坝水库	177.80	177.70	177.60	177.50
	合计	2 103.71	2 106.73	2 109.26	2 111.63
消落期多年平均发电量（1～6 月）/（亿 kW·h）	溪洛渡水库	267.92	271.36	274.89	278.49
	向家坝水库	160.58	159.62	158.60	157.71
	三峡水库	435.92	435.25	434.65	434.16
	葛洲坝水库	84.39	84.29	84.20	84.11
	合计	948.81	950.52	952.34	954.47
加权平均水头/m	溪洛渡水库	194.03	195.02	196.03	197.05
	向家坝水库	105.52	105.37	105.19	105.03
	三峡水库	102.94	102.93	102.93	102.93
	葛洲坝水库	21.75	21.76	21.77	21.78
水量利用率/%	溪洛渡水库	92.65	92.63	92.59	92.55
	向家坝水库	91.95	91.90	91.84	91.77
	三峡水库	96.30	96.29	96.27	96.26
	葛洲坝水库	85.97	85.93	85.89	85.85

从表中可以看出，规划水平年 2025 年，随着溪洛渡水库消落深度的提高，溪洛渡、向家坝、三峡、葛洲坝水库多年平均年发电量也呈增加的趋势，溪洛渡水库最低消落水位每抬高 5 m，梯级水库总发电量增加 2.37 亿～3.02 亿 kW·h，大于现状水平年梯级水库总发电量的增加值。主要原因在于 2025 年水平年，两河口、乌东德、白鹤滩等水库投入运行后，梯级水库水资源调节能力进一步增强，溪洛渡水库枯水期入库流量增加，抬高枯水期消落最低水位增加的发电效益更加明显。

第7章

三峡水库不同运行水位与库区水面线响应关系

　　本章在梳理初步设计阶段三峡库区回水计算和试验性蓄水以来库区实际水面线情况的基础上，构建适用于河道型水库的一维非恒定流洪水演进计算模型，提出断面法水位库容曲线修正、区间流量水动力学模型反算与空间分配等模型改进新方法，提升模拟精度；基于实测数据，定量评估库尾水位−流量关系受坝前水位顶托影响，揭示典型控制断面行洪能力演变规律；基于一维非恒定流洪水演进计算模型，确定三峡库区淹没可控的临界水位及流量；基于对三峡水库不同运行水位淹没及相关影响要素的本底调查，研究不同库段在不同运行水位、不同来水情势的淹没风险，揭示洪水淹没的实物统计和沿程分布规律，解析不同水位和运行条件下敏感库段的淹没特点。

7.1　三峡水库库区水面线基本情况

7.1.1　研究基础

三峡水库属于山区河道型水库，库区沿程水面比降变化较明显。初步设计阶段，将库区水流状态近似假定为渐变恒定流，采用分段稳定流方法进行回水推算。其要点为：①以库区横断面代表沿程水力特征；②以实测及调查的历史洪水水面线及各控制站水位-流量关系曲线作为率定库区沿程粗糙系数的依据；③按三峡工程防洪调度方式，推算各种频率设计洪水的坝前洪水位作为推算起始水位；④按设计频率的洪峰流量并考虑沿程库容的调蓄作用求得沿程的流量作为推算流量；⑤考虑各频率的设计洪水过程中可能出现的洪水流量与相应的坝前洪水位的几种组合，推算相应的库区水面线并取其上包线作为各频率的库区回水线；⑥以同一频率洪水的库区回水线与天然水面线差值小于规定数值的断面作为回水末端，此差值按 0.3 m 控制。

工程初步设计阶段，在已知朱沱断面、寸滩断面、清溪场断面、坝址断面的流量与坝址断面的水位条件下，对沿程各断面流量进行分配，基于分段稳定流方法从下游至上游依次计算各断面的水位。

初步设计阶段三峡库区干流部分断面的主要回水计算成果见表 7.1。

表 7.1　三峡库区干流部分断面回水计算成果（资用吴淞高程）

编号	断面	距坝里程/km	20 年一遇		5 年一遇	
			天然水位/m	计算回水水位/m	天然水位/m	计算回水水位/m
1	三斗坪	0.0	74.2	175.0	71.1	175.0
2	太平镇	7.0	76.5	175.0	74.0	175.0
3	秭归	37.6	92.4	175.0	88.7	175.0
4	巴东	72.5	104.4	175.0	100.6	175.0
5	巫山	124.2	124.0	175.1	118.7	175.1
6	奉节	162.2	132.1	175.2	126.3	175.1
7	云阳	223.7	136.0	175.2	130.5	175.1
8	双江镇	248.4	137.6	175.2	132.2	175.1
9	万县	281.3	139.8	175.2	134.6	175.1
10	忠县	370.3	149.0	175.3	144.4	175.1
11	丰都	429.0	154.1	175.3	150.0	175.1
12	清溪场	472.5	163.7	175.5	159.8	175.2
13	涪陵站	483.0	165.5	175.6	161.4	175.3
14	李渡镇	493.9	169.4	175.7	165.1	175.4
15	长寿区	527.0	176.6	177.6	172.3	175.6
16	芝麻坪	539.1	178.6	179.4	174.3	175.8
17	杨家湾	544.7	179.6	180.3	175.6	176.1
18	木洞	565.7	183.0	183.5	178.8	179.3
19	温家沱	570.0	183.7	184.2	179.6	180.0
20	大塘坝	573.9	184.5	185.0	180.4	180.7
21	弹子田	579.6	185.7	186.0	—	—
22	广阳坝	583.8	—	—	—	—
23	生基塘	593.5	—	—	—	—

在回水计算的基础上，三峡水库可研和初步设计阶段，根据关于水库淹没设计洪水标准的有关规定，结合库区的实际情况，经移民专题论证专家组审定，拟定淹没迁建标准为：土地（耕地、河滩地、园地）为5年一遇；城乡居民、中小企业和大型企业的附属设施、专业项目（公路、电力等）等为20年一遇；大型企业的主要车间为100年一遇。城乡居民和工矿企业等，其回水影响在正常蓄水位175.0 m以上不足2.0 m者，按正常蓄水位加2.0 m风浪浸没影响；回水影响大于2.0 m者，按回水高程计算淹没。

7.1.2　三峡水库蓄水运用以来库区实际水面线情况

2008年8月，三峡大坝、电站厂房和双线五级连续船闸全部完建，工程具备蓄水至正常蓄水位175 m的条件；同年9月原国务院三峡工程建设委员会（以下简称"三建委"）正式批准三峡工程实施175 m水位试验性蓄水，当年三峡水库最高蓄水位172.8 m；2010年三峡水库首次蓄水至正常蓄水位175 m，标志着长江三峡工程初步设计任务如期完成，三峡工程开始全面发挥综合效益。截至2018年汛末，三峡水库已经连续9次蓄至正常蓄水位175 m。

从2009～2018年各年度5～10月库区水面线上包线与移民线和土地线的关系来看，历年三峡库区水面线均未超移民线；但部分年份出现了局部库段水面线短时超土地线情况，如2012年7月25日洪水期间、2014年10月30日洪水期间等，其中2012年超土地线范围为长寿站以上河段、2014年为巫山—大洪岗站、2017年为万县—长寿段，可见库区淹没风险较大的河段主要在长寿站及以上河段。

为此，选取试验性蓄水运用以来的典型洪水与调度过程，研究库区水面线变化与入库流量和水库调度运用之间的关系。分析表明，受入库流量、坝前水位、库区地形等因素的共同影响，清溪场—白沙沱、巫山—巴东两库段表现为明显的壅水峡谷段，忠县—奉节、巴东—坝址两库段表现为明显的平水段。通过分析不同库段水面线与入库流量、坝前水位的关系表明，清溪场—白沙沱库段为入库流量和坝前水位共同影响的关键过渡段；白沙沱站以上库段水面线变化呈河道特性，主要受入库流量影响，白沙沱站以下库段水面线变化呈水库特性，主要受坝前水位影响。

从汛期和汛末不同淹没类型来看，对于汛期陡涨陡落的单峰型洪水，库区淹没一般为库尾局部地区的临时淹没，淹没深度则是由入库流量和坝前水位共同决定；对于汛末产生的库区淹没，坝前水位是影响库区淹没范围的主要因素，虽然也是临时淹没，但淹没范围则相对较大。

7.2　水库洪水演进计算模型

7.2.1　水库洪水演进计算模型构建

初步设计阶段，三峡库区回水线采用通用的恒定非均匀渐变流方法进行推算，其优点是计算简单、快速、针对性强，适合于规划与设计阶段的库区回水水面线确定。实际上，水库中的水流形态一般属于非恒定流范畴，特别是对于河道型水库。本节基于圣维南方程组构建了一维非恒定流洪水演进计算模型，洪水演进模型考虑干支流水流运动，将水库干支流河道分别视为单一河道，河道汇流点称为汊点，洪水演进模型包括单一河道水流运动方程、汊点连接方程和边界条件三部分。

1. 模型基本方程

1）单一河道水流运动方程

水流连续方程：

$$\frac{\partial A_i}{\partial t} + \frac{\partial Q_i}{\partial x} = q_{Li} \tag{7.1}$$

水流运动方程：

$$\frac{\partial Q_i}{\partial t} + \frac{\partial}{\partial x}\left(\frac{Q_i^2}{A_i}\right) + gA_i\left(\frac{\partial Z_i}{\partial x} + \frac{|Q_i|Q_i}{K_i^2}\right) + \frac{Q_i}{A_i}q_{Li} = 0 \tag{7.2}$$

式中：角标 i 为断面号；Q 为流量；Z 为水位；A 为过水断面面积；q_L 为河段单位长度侧向入流量；t 为时间；x 为沿流程坐标；K 为断面流量模数；g 为重力加速度。

2）汊点连接方程

（1）流量衔接条件。进出每一汊点的流量与汊点内实际水量的增减率相平衡，即

$$\sum Q_i = \frac{\partial \Omega}{\partial t} \tag{7.3}$$

式中：Ω 为汊点的蓄水量。

（2）动力衔接条件。将汊点概化为一个几何点，出入各个汊道的水流平缓，不存在水位突变的情况，则各汊道断面的水位应相等，即

$$Z_i = Z_j = \cdots = \bar{Z} \tag{7.4}$$

3）边界条件

将纳入计算范围的水库干支流河道作为一个整体给出边界条件，各干支流进口给出流量过程，模型出口给出水位过程、流量过程或水位-流量关系。

2. 数值求解方法

对于圣维南方程组的求解，常用的数值解法有特征线法、直接差分法和有限单元法。其中，直接差分法中的 Preissmann 四点隐式差分格式应用广泛，理论上可以证明该方法是无条件稳定的。采用经典的 Preissmann 四点隐式差分格式离散圣维南方程组，该差分格式中网格的距离 dx 可以是不等间距的，时间步长 dt 一般是等长的。Preissmann 四点隐式差分格式的特点是：对于研究任意一个矩形单元 $abcd$（图 7.1），该单元有四个格点，其中格点 a、b 处要素为已知，而格点 c、d 处要素为未知。围绕矩形网格中 M 点取偏导数并进行差商逼近，具体而言是对邻近四点平均

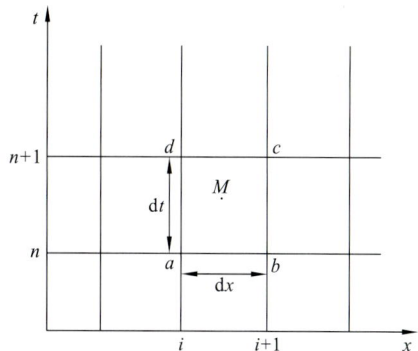

图 7.1　Preissmann 四点隐式
差分格式示意图

（或加权平均）的向前差分格式。对时间 t 的微商取相邻节点上向前时间差商的平均值，对空间 x 的微商则取相邻两层向前空间差商的平均值或加权平均值。

3. 模型求解步骤

采用三级解法对水流方程进行求解，首先对水流方程式（7.1）和式（7.2）采用 Preissmann 四点隐式差分格式进行离散，可得差分方程如下：

$$B_{i1}Q_i^{n+1} + B_{i2}Q_{i+1}^{n+1} + B_{i3}Z_i^{n+1} + B_{i4}Z_{i+1}^{n+1} = B_{i5} \tag{7.5}$$

$$A_{i1}Q_i^{n+1} + A_{i2}Q_{i+1}^{n+1} + A_{i3}Z_i^{n+1} + A_{i4}Z_{i+1}^{n+1} = A_{i5} \tag{7.6}$$

式中：系数 $B_{i1} \sim B_{i5}$、$A_{i1} \sim A_{i5}$ 均按实际条件推导得出。

假设某河段中有 mL 个断面，将该河段通过差分得到的微段方程式（7.5）和式（7.6）依次进行自相消元，再通过递推关系式将未知数集中到汊点处，即可得到该河段首尾断面的水位-流量关系：

$$Q_1 = \alpha_1 + \beta_1 Z_1 + \delta_1 Z_{mL} \tag{7.7}$$

$$Q_{mL} = \theta_{mL} + \eta_{mL} Z_1 + \gamma_{mL} Z_{mL} \tag{7.8}$$

式中：系数 α_1、β_1、δ_1、θ_{mL}、η_{mL}、γ_{mL} 由递推公式求解得出。

将边界条件和各河段首尾断面的水位-流量关系代入汊点连接方程，建立以水库干支流河道各汊点水位为未知量的代数方程组，逐步回代可求得河段各断面的水位和流量。

7.2.2　洪水演进计算模型改进

1. 库容闭合计算改进

三峡水库库长 660 km，区间支流众多，与河道洪水演进计算相比，水库洪水演进计算受水库调蓄计算精度的影响。由于实测断面有限、断面间理想棱柱体与实际地形有差别，水库干支流固定断面间所反映出来的库容与水库实际库容有所区别，直接给水库实时调度带来较大误差。为此，本节提出库容闭合计算改进方法，具体为：除库区嘉陵江和乌江两大支流外，采用 2015 年三峡库区实测断面对库容进行计算，进一步增加綦江、木洞河、大洪河、龙溪河、渠溪河、龙河、小江、梅溪河、大宁河、沿渡河、清港河、香溪河等 12 条支流，以尽可能反映支流库容的影响。在此基础上，对于库容不闭合的差值部分，基于静库容曲线，根据水位逐步补齐，将这部分库容根据水位的不同形成水位库容修正曲线，将修正库容作为一个装水的"水塘"，设置于坝前 6.5 km 的左岸太平溪处，其水位和进出流量通过与干支流整体耦合求解得出。图 7.2 为三峡水库 2015 年断面水位库容修正曲线图。

2. 区间流量计算改进

作为典型的河道型水库，三峡库区沿程 660 km 范围内不仅有多条支流汇入，亦有区间入流汇入。三峡库区狭长的形状造成了区间源短流急的特点，区间暴雨形成的洪水可以快速汇入库区干流河道，影响库区的洪水过程。为此，将区间流量通过分配到各入汇支流的形式反映到计算河段，各入汇支流流量根据出、入库控制站已有实测水文资料通过水动力学模型洪水演进计算反推得到。

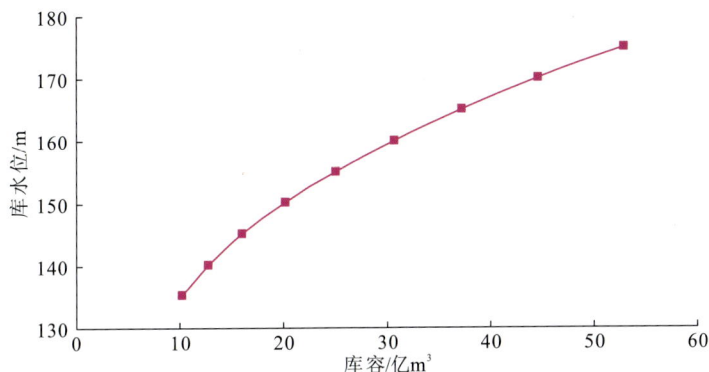

图 7.2　三峡水库 2015 年断面水位库容修正曲线图

以 2009 年为例，1 月 1 日～12 月 31 日三峡水库出库黄陵庙站实测累积水量为 3 816.6 亿 m³，不考虑区间流量计算得到的 2009 年出库累积水量为 3 504.6 亿 m³，计算结果偏小 312 亿 m³，相对偏小 8.2%（图 7.3）；考虑区间流量后计算得到的 2009 年出库累积水量为 3 848.7 亿 m³，计算结果偏大 32.1 亿 m³，相对偏大 0.84%，出库总水量误差较小（图 7.4）。

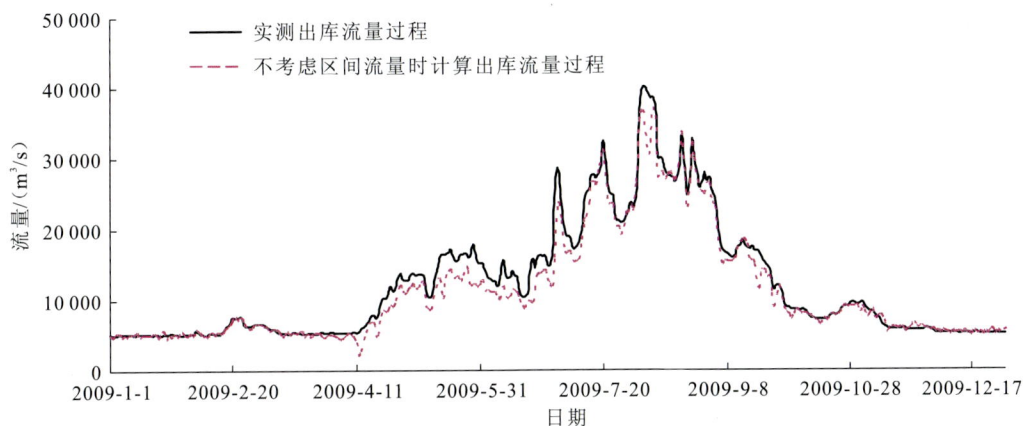

图 7.3　不考虑区间流量时三峡水库出库流量计算结果与实测结果比较图（2009 年）

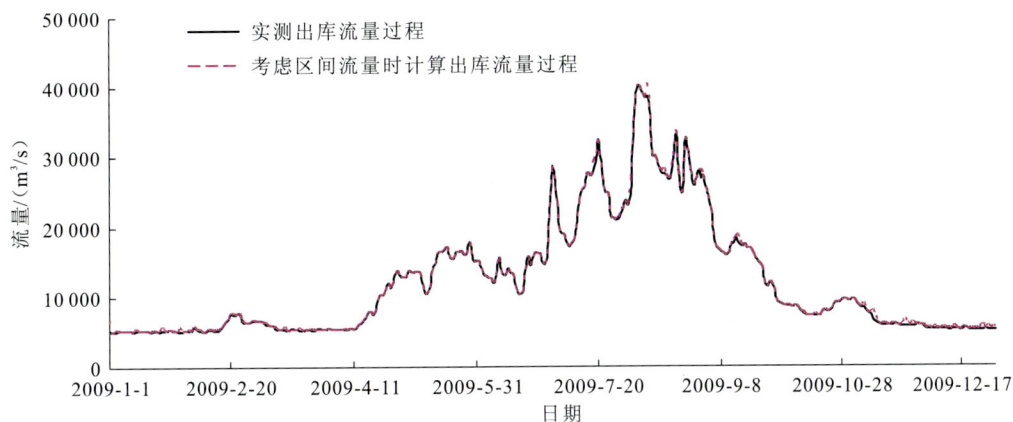

图 7.4　考虑区间流量时三峡水库出库流量计算结果与实测结果比较图（2009 年）

7.2.3　模型率定与验证

1. 2009~2015 年长系列实测水位-流量过程率定与验证

以朱沱站、北碚站、武隆站三站 2009 年 1 月 1 日~2015 年 12 月 31 日逐日平均流量为入流条件，以水库坝前逐日平均水位为出口控制水位条件，区间流量在计算河段内通过分配到入汇支流上加入。

选用三峡库区沿程主要控制站 2009~2015 年实测水位-流量过程与模型计算结果进行比较。模拟结果表明，沿程各控制站洪水演进传播过程及水位变化过程与实测情况基本一致，最高洪峰水位的计算值与实测值几乎同步，水位验证误差一般在 0.3 m 以内，模型验证结果与实测值符合较好。

2. 典型洪水过程验证分析

采用构建的一维非恒定流洪水演进计算模型对 2012 年 7 月 24 日典型洪水过程进行了验证。由图 7.5 可见，模拟计算的沿程各站水位变化过程与实测情况基本一致，水位验证误差一般在 0.25 m 以内，模型验证结果与实测值符合较好。

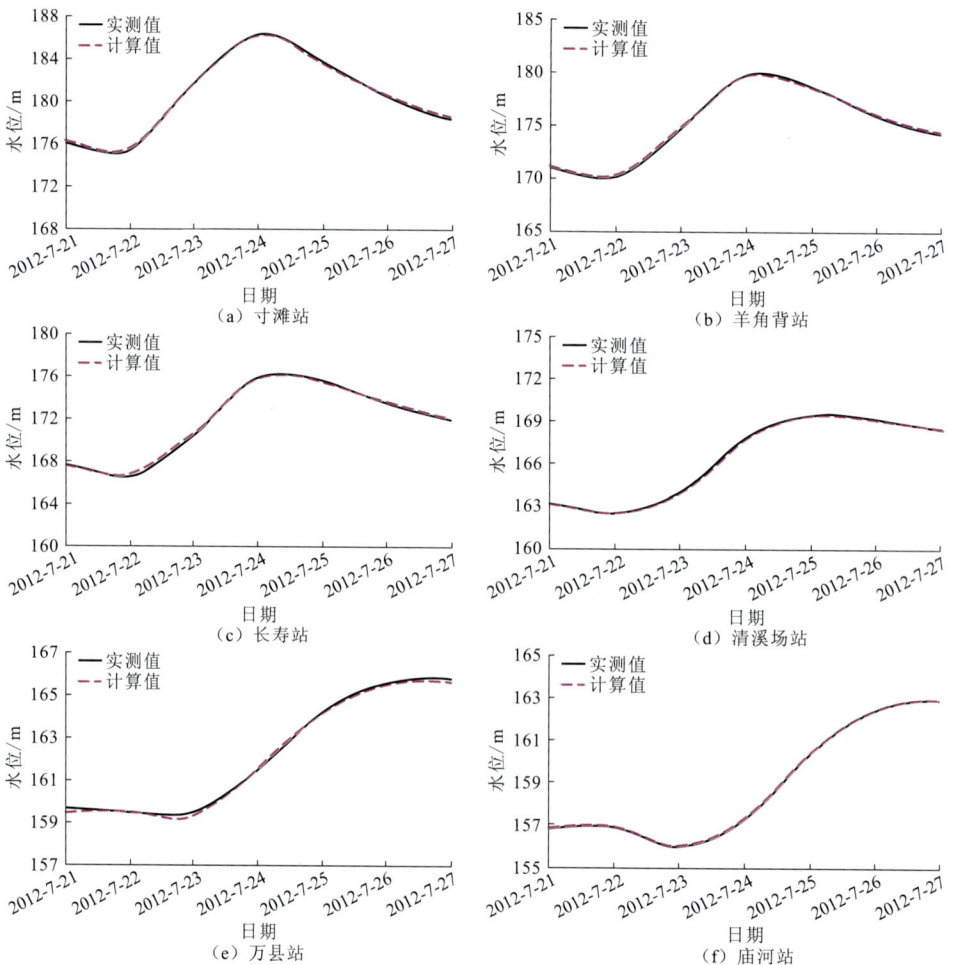

图 7.5　2012-7-24 入库洪水沿程各站水位过程验证结果

7.3　三峡水库库尾水位-流量关系及行洪能力变化

通过对三峡水库运行前、后库尾干支流主要控制断面的水位-流量、水位-断面面积、水位-流速关系进行研究,本节分析各控制断面不同来流量和不同坝前水位条件下库尾河段控制断面的行洪能力变化规律。

7.3.1　库尾河段水面比降变化

结合三峡库尾河段防洪保护对象的重要性和淹没风险程度,选取重庆主城区和长寿河段为主要研究对象。对于前者,分析范围包括长江干流段和嘉陵江河段,其中长江干流段的分析范围为鹅公岩—铜锣峡、嘉陵江河段的分析范围为北碚—磁器口;对于后者,分析范围为扇沱—卫东。

1）长寿河段水面比降变化分析

分析表明,当三峡水库坝前水位为 145 m,三峡水库入库流量大于 30 000 m³/s 时,水库回水末端的位置在卫东站下游,即长寿河段为天然河段,水面比降不发生变化。当坝前水位为 155 m,三峡水库入库流量超过 50 000 m³/s 时,水库回水末端的位置在卫东站下游。

进一步分析坝前水位为 155 m 且入库流量在 30 000 m³/s、35 000 m³/s 量级时,长寿河段比降变化情况。分析表明,入库流量级为 30 000 m³/s 时,长寿河段天然情况的水面比降为 0.19‰,坝前水位为 155 m 时水面比降为 0.09‰,相比天然情况减小了 0.1‰;入库流量级为 35 000 m³/s 时,长寿河段天然情况的水面比降为 0.16‰,坝前水位为 155 m 时水面比降为 0.09‰,减小了 0.07‰。

2）重庆主城区河段水面比降变化分析

分析表明,三峡水库坝前水位为 145 m 时,水库回水末端始终位于铜锣峡站下游,此时重庆主城区河段水面比降与天然情况一致。当坝前水位为 155 m,三峡水库入库流量超过 30 000 m³/s 时,水库的回水末端在铜锣峡站下游,此时重庆主城区河段水面比降与天然情况一致。因此,汛期重庆主城区长江干流段在发生洪水时,水面比降与天然情况基本一致。

3）重庆主城区河段大水年水面比降分析

对于长江干流,选取 1981 年、2010 年、2012 年和 2020 年作为典型大水年,采用朱沱站、鹅公岩站、玄坛庙站和寸滩站等控制站资料,根据各典型年寸滩站出现年最大流量当天的水位资料分析大洪水发生时朱沱—寸滩、玄坛庙—寸滩、鹅公岩—寸滩河段的水面比降。各典型大水年水面比降见表 7.2。

表 7.2　长江干流各典型大水年水面比降表　　　　　（单位：‰）

河段	1981 年	2010 年	2012 年	2020 年
朱沱—寸滩	0.14	0.17	0.19	0.15
玄坛庙—寸滩	—	0.18	0.15	0.16
鹅公岩—寸滩	—	0.14	0.17	0.13

对于嘉陵江，选取 2010 年、2011 年和 2020 年作为典型大水年，采用北碚站和磁器口站水位资料，按照各典型年北碚站最大流量出现当天的水位资料分析发生大洪水时北碚—磁器口河段的水面比降。各典型大水年水面比降见表 7.3。

表 7.3　嘉陵江各典型大水年水面比降表　　　　　　　　　　（单位：‰）

河段	2010 年	2011 年	2020 年
北碚—磁器口	0.29	0.38	0.20

7.3.2　主要控制站行洪能力变化

以三峡库尾寸滩站代表，通过分析寸滩站近年来水位-断面面积、水位-断面平均流速、水位-流量关系的变化，对寸滩站的行洪能力变化进行分析。

1）寸滩站水位-断面面积变化

根据三峡水库建库前后寸滩站水位-断面面积变化可知，寸滩站 2010～2018 年不同水位条件下控制断面平均面积较 2003 年有所变化，水位在 164～176 m 时，断面面积变化幅度为 0.0%～3.9%（正值表示断面冲刷，面积增大；负值表示断面淤积，面积减小）；水位在 176～190 m 时，断面变化幅度为-2.3%～0.0%。

2）寸滩站水位-断面平均流速变化

通过分析寸滩站水位-流量关系可知，三峡水库水位是否对寸滩站产生顶托影响的临界水位为 159 m。为此，对坝前水位高于 159 m 时的实测流速资料进行细分（图 7.6），可以看出，此时水位-断面平均流速明显受到三峡水库坝前水位的顶托影响，图 7.7 为过各组水位-断面平均流速点群中心绘制水位-流速关系曲线。可以看出，不同坝前水位与寸滩站水位组合情况下，寸滩站断面平均流速减少幅度有所不同，具体为：当坝前水位为 159～161 m 时，寸滩站水位为 164～190 m 时，断面平均流速较天然情况减小幅度为 1.6%～17.5%；当坝前水位 161～163 m 时，寸滩站水位为 164～190 m 时，断面平均流速较天然情况减小幅度为 3.0%～30.2%；当坝前水位 163～165 m 时，寸滩站水位为 166～190 m 时，断面平均流速较天然情况减小幅度为 4.5%～41.0%；当坝前水位 165～167 m 时，寸滩站水位为 168～190 m 时，断面平均流速较天然情况减小幅度为 6.1%～46.2%；当坝前水位 167～169 m 时，寸滩站水位为 170～190 m 时，断面平均流速较天然情况减小幅度为 8.1%～49.1%。

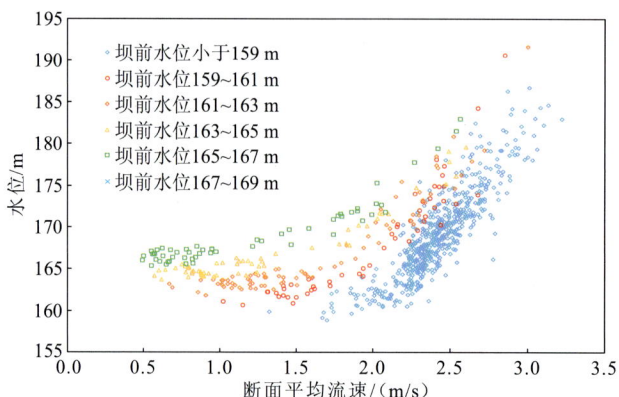

图 7.6　以三峡水库坝前水位为参数寸滩站水位-断面平均流速点据图

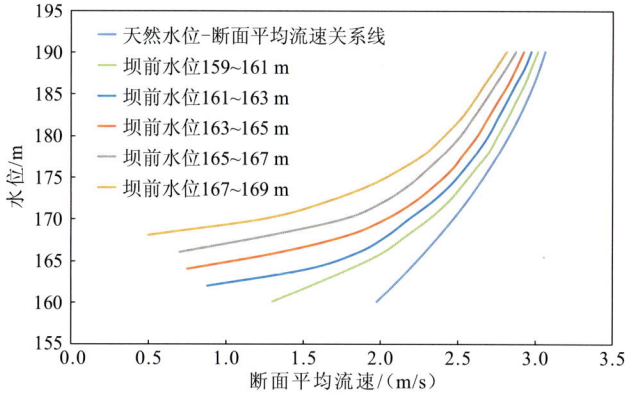

图 7.7 以三峡水库坝前水位为参数寸滩站水位-断面平均流速关系线

3）寸滩站水位-流量关系变化

通过分析三峡水库建库前后寸滩站水位-流量关系变化（表 7.4）可知，三峡水库蓄水后较天然情形，寸滩站同水位下过流流量减小，坝前水位越高，流量减小幅度越大。定量分析表明，当坝前水位 159～161 m，寸滩站水位在 164～190 m 时，流量较三峡水库建库前减小幅度为 1.5%～18.8%；当坝前水位 161～163 m，寸滩站水位在 164～190 m 时，流量较三峡水库建库前减小幅度为 2.5%～42.8%；当坝前水位 163～165 m，寸滩站水位在 166～190 m 时，流量较三峡水库建库前减小幅度为 3.9%～50.1%；当坝前水位 165～167 m，寸滩站水位在 168～190 m 时，流量较三峡水库建库前减小幅度为 5.9%～55.7%；当坝前水位 167～169 m，寸滩站水位在 170～190 m 时，流量较三峡水库建库前减小幅度为 9.1%～61.7%。此外由于寸滩站断面冲刷，同水位下断面过水面积略有增加，流量的减少幅度较流速减少幅度更大。

表 7.4 以不同坝前水位为参数的寸滩站不同水位条件下流量及其变化

寸滩站水位/m	流量/（m³/s）						较天然流量变化值/%				
	天然	159～161 m	161～163 m	163～165 m	165～167 m	167～169 m	159～161 m	161～163 m	163～165 m	165～167 m	167～169 m
164	9 440	7 670	5 400	—	—	—	−18.8	−42.8	—	—	—
166	12 800	11 200	9 400	6 390	—	—	−12.5	−26.6	−50.1	—	—
168	16 500	15 000	13 900	11 700	7 310	—	−9.1	−15.8	−29.1	−55.7	—
170	20 700	19 500	18 300	16 700	13 600	7 920	−5.8	−11.6	−19.3	−34.3	−61.7
172	25 300	24 200	22 900	21 700	18 800	15 000	−4.3	−9.5	−14.2	−25.7	−40.7
174	30 000	28 800	27 600	26 400	23 700	20 300	−4.0	−8.0	−12.0	−21.0	−32.3
176	35 600	34 200	32 800	31 400	28 500	25 800	−3.9	−7.9	−11.8	−19.9	−27.5
178	41 100	39 700	38 300	36 900	33 900	31 400	−3.4	−6.8	−10.2	−17.5	−23.6
180	46 900	45 400	44 100	42 700	39 400	36 900	−3.2	−6.0	−9.0	−16.0	−21.3
182	52 600	51 200	50 000	48 800	45 800	42 900	−2.7	−4.9	−7.2	−12.9	−18.4
184	58 500	57 300	56 100	55 000	52 400	49 400	−2.1	−4.1	−6.0	−10.4	−15.6
186	65 000	63 700	62 500	61 400	59 300	56 400	−2.0	−3.8	−5.5	−8.8	−13.2
188	71 900	70 400	69 600	68 600	66 700	64 000	−2.1	−3.2	−4.6	−7.2	−11.0
190	79 300	78 100	77 300	76 200	74 600	72 100	−1.5	−2.5	−3.9	−5.9	−9.1

4）设计水位下寸滩站行洪能力变化

基于《重庆市主城区防洪规划报告》（2016～2030 年）中寸滩站不同频率的设计洪水位，分析了三峡水库不同坝前水位情况下，寸滩站在设计洪水位时行洪能力的变化情况。分析表明，三峡水库坝前水位为 160 m 时，各频率设计洪水位过流能力减小幅度为 0.0%～3.6%；三峡水库坝前水位为 162 m 时，各频率设计洪水位过流能力减小幅度为 0.4%～5.1%；三峡水库坝前水位为 164 m 时，各频率设计洪水位过流能力减小幅度为 1.3%～6.7%；三峡水库坝前水位为 166 m 时，各频率设计洪水位过流能力减小幅度为 2.3%～10.5%；三峡水库坝前水位为 168 m 时，各频率设计洪水位过流能力减小幅度为 4.4%～15.3%。可以看出，坝前水位相同时，寸滩站水位越高，断面过流能力较天然情况减小幅度越小；寸滩水位相同时，三峡水库坝前水位越高，寸滩断面过流能力较天然情况减小幅度越大。

7.4　三峡水库淹没可控的调度运行策略分析

7.4.1　来水组合对库区水面线的影响

采用构建的三峡水库洪水演进计算模型，按照不同坝前水位运行条件，模拟计算了不同来水组合对库区水面线的影响，来水组合具体包括以干流寸滩站来水为主、以区间来水为主、以乌江武隆站来水为主等来水类型。

1）以干流寸滩站来水为主

寸滩站流量考虑 10 000～70 000 m³/s 不同流量级，坝前水位考虑 145～175 m 不同水位级；三峡水库区间来水按近年汛期平均流量 1 200 m³/s 考虑，乌江武隆站流量按 1952 年以来 5～7 月平均流量 2 960 m³/s 考虑；三峡水库调度方式按照出入库平衡考虑。

模拟计算结果表明：①三峡库区存在巫山—巴东段和清溪场—白沙沱段两个明显的壅水段，随着坝前水位的不断抬高，巫山—巴东段和清溪场—白沙沱段两个壅水段的壅水作用有所减弱，但其壅水作用依然明显，且入库流量越大，其壅水作用越明显；巫山—巴东段壅水作用主要发生在寸滩站 30 000 m³/s 及以上流量，清溪场—白沙沱段壅水作用主要发生在寸滩站 20 000 m³/s 及以上流量；②白沙沱—巫山段水面比降较缓，水面比降受入库流量和下游壅水段顶托的双重影响，其中巫山—巴东段的卡口壅水作用使得白沙沱—巫山段水面线变化只是间接受到坝前水位影响；③清溪场以上库段主要受入库流量影响，巴东以下库段水面线主要受坝前水位影响。

2）以区间来水为主

寸滩站流量按 40 000 m³/s 考虑，坝前水位按 150 m、160 m、170 m 共 3 个水位级考虑，武隆站流量按 2 960 m³/s 考虑；区间流量按 1 200 m³/s、10 000 m³/s、20 000 m³/s、25 000 m³/s、30 000 m³/s 共 5 个流量级考虑；三峡水库调度方式按照出入库平衡考虑。

模拟计算结果表明：①坝前水位一定，区间流量增大对库区水面线抬高的影响在不断增大，但增大值很小；②坝前水位抬高，区间流量增大对库区水面线抬高的影响在不断减小；③区间流量增大对库区水面线的抬高影响主要发生在清溪场—巫山段，其影响程度向两头逐渐减小。

3）以乌江武隆站来水为主

寸滩站流量按 40 000 m³/s 考虑，坝前水位按 150 m、160 m、170 m 共 3 个水位级考虑，武隆站流量按 2 960 m³/s、10 000 m³/s、15 000 m³/s、20 000 m³/s、25 000 m³/s 共 5 个流量级考虑；区间流量按 1 200 m³/s 考虑；三峡水库调度方式按照出入库平衡考虑。

模拟计算结果表明：以武隆站来水为主洪水的库区水面线变化规律与以区间来水为主洪水相似，武隆站流量增大对库区水面线的抬高影响主要发生在长寿—巫山段。

7.4.2　淹没可控的临界水位与流量

三峡水库试验性蓄水运用以来，开展了中小洪水减压调度运用，水库最大下泄流量一般控制在 42 000 m³/s 以下。为使模拟计算结果更加接近实际，以出库流量不大于 42 000 m³/s 为控制，进行三峡库区淹没可控临界约束指标计算研究。对于来水组合，结合三峡水库蓄水运用以来的实际洪水发生情况，选择以寸滩站来水为主型洪水为研究对象。同时，区间流量按 1 200 m³/s 考虑，武隆站流量按 2 960 m³/s 考虑。对于水库调度方式，当入库流量大于 42 000 m³/s 时，出库流量按 42 000 m³/s 控制；当入库流量小于 42 000 m³/s 时，按出入库平衡控制。

在此基础上，考虑清溪场站流量与寸滩站流量相等（工况 1）和清溪场站流量比寸滩站流量小 3 000 m³/s（工况 2）两种工况，进一步对库区沿程各断面流量进行分配插值。通过不同坝前水位与来水组合的计算，按照库区各断面水面线均不超移民线或土地线，分别给出以寸滩站来水为主的临界流量。

（1）不超移民线临界流量。坝前水位 145 m 时，工况 1 和工况 2 寸滩站临界流量分别为 75 000 m³/s 和 78 000 m³/s；坝前水位 150 m 时，寸滩站临界流量分别为 73 000 m³/s 和 76 000 m³/s；坝前水位 155 m 时，寸滩站临界流量分别为 70 000 m³/s 和 73 000 m³/s；坝前水位 160 m 时，寸滩站临界流量分别为 66 000 m³/s 和 69 000 m³/s；坝前水位 165 m 时，寸滩站临界流量分别为 58 000 m³/s 和 61 000 m³/s。坝前水位 145~164 m 时临界地点位于距坝里程 535.2 km 的长寿站断面处；坝前水位 165~170 m 时临界地点位于距坝里程 530.9 km 的长寿区断面处；坝前水位 171~174 m 时临界地点位于距坝里程 528.6 km 的瓦罐窑断面处；坝前水位 174.5~175 m 时临界地点位于距坝里程 513.8 km 的令牌丘断面处。

（2）不超土地线临界流量。坝前水位 145 m 时，工况 1 和工况 2 寸滩站临界流量分别为 64 000 m³/s 和 66 000 m³/s；坝前水位 150 m 时，寸滩站临界流量分别为 62 000 m³/s 和 65 000 m³/s；坝前水位 155 m 时，寸滩站临界流量分别为 59 000 m³/s 和 61 000 m³/s；坝前水位 160 m 时，寸滩站临界流量分别为 53 000 m³/s 和 56 000 m³/s；坝前水位 165 m 时，寸滩站临界流量分别为 44 000 m³/s 和 47 000 m³/s。坝前水位 145~162 m 时临界地点均位于距坝里程 551.4 km 的杨家湾断面处；坝前水位 163~173 m 时临界地点均位于距坝里程 545.6 km 的芝麻坪断面处；坝前水位 174 m 时临界地点均位于距坝里程 528.6 km 的瓦罐窑断面处；坝前水位 174.5 m 时临界地点均位于距坝里程 484.2 km 的郭家嘴断面处。

（3）清溪场站流量影响。库水位较低（相当于汛期）时，分析可知汛期库尾淹没的寸滩站临界流量大小受到清溪场站流量影响。清溪场站流量越小，寸滩站临界流量越大，且清溪场站流量比寸滩站小多少，寸滩站临界流量基本上就相应增大多少；反之亦然。库水位较高（相当于汛末和枯水期）时，三峡水库按入出库平衡控制时，发生库区淹没的寸滩站临界流量较小，清溪场站流量对寸滩站临界流量大小无影响。

7.4.3　库区淹没风险与调度运行对策

1. 库区淹没风险分析

三峡水库库区移民线和土地线的确定主要基于 20 年一遇和 5 年一遇设计频率洪水的回水线。各频率洪水的回水线采用三种情况推算：①入库流量最大，相应库水位；②调洪的蓄水位最高，相应的入库入流与出流；③汛末（10 月底）水库蓄至正常蓄水位，相应 11 月的洪峰频率流量。

本节基于 2015 年地形条件，采用构建的洪水演进计算模型，模拟计算了 20 年一遇、5 年一遇洪水对移民线、土地线的影响，分析库区的淹没风险。

（1）库区移民线淹没风险。在 2015 年地形条件下，按照设计条件，库区移民线淹没风险主要发生在汛期 20 年一遇流量最大洪水，库区水面线不超移民线的临界条件是：坝前水位不超过 153.2 m 或寸滩站洪水流量不超过 74 400 m^3/s（相应朱沱站、清溪场站、出库流量分别为不超过 53 900 m^3/s、71 200 m^3/s、46 900 m^3/s）。

（2）库区土地线淹没风险。在 2015 年地形条件下，按照设计条件，库区水面线不超土地线的临界条件是：坝前水位不超过 155.5 m 或寸滩站洪水流量不超过 59 600 m^3/s（相应朱沱站、清溪场站、出库流量分别为不超过 47 700 m^3/s、64 800 m^3/s、58 000 m^3/s）。

2. 规避库区淹没风险的运行对策

（1）规避库区移民线淹没风险的运行对策。综合模拟计算成果和长江上游水库群建设情况，当三峡水库发生 20 年一遇洪水时，在涨水阶段，可通过调度金沙江下游梯级水库、岷江瀑布沟、嘉陵江亭子口等水库群适当削减入库洪峰，尽量控制寸滩站洪水流量不超过 74 400 m^3/s，以避免库区移民线淹没。在退水阶段和汛末，一般不需要担心库区移民线淹没问题。

（2）规避库区土地线淹没风险的运行对策。根据三峡水库试验性蓄水运用以来的实际情况，与移民线相比，三峡水库土地线相对更容易出现淹没。综合模拟计算成果和长江上游水库群建设情况，当三峡水库发生 5 年一遇洪水时，可通过调度金沙江下游梯级水库、岷江瀑布沟、嘉陵江亭子口等水库群适当拦蓄洪量，尽量控制坝前水位不超过 155.5 m，以避免库区土地线淹没。需要说明的是，汛末水库蓄水阶段，当三峡水库坝前水位接近 175 m 时，库区可能出现土地线的长距离较长时间淹没，建议优先采用适当降低坝前水位的方法避免库区土地线淹没，上游水库拦洪可仅作为辅助措施。

7.5　三峡水库不同运行水位对库区淹没影响

7.5.1　淹没影响分析概述

为衡量淹没程度、开展淹没影响分析，首先开展了三峡库区淹没统计分析指标的选择。指标选择需有效反映其所代表区域的洪水泛滥损失，并具备良好的可计算性和较好的可统计性。基于此，研究采用土地类淹没信息要素和房屋类淹没信息要素作为淹没分析指标。土地类淹没指标和房屋类淹没指标的概念如下：

（1）土地类淹没指标，主要分析调查统计地块单元内的土地类型及淹没情况。包含的内容主要有：农用地、其他农用地、林地、风景用地、建筑工业用地、港口用地、广场道路用地及裸荒地。

（2）房屋类淹没指标，主要针对地块单元区域内房屋类型和面积淹没情况进行调查统计。包含的内容主要有：生活用房的面积数据，生产性用房的面积数据，办公用房的面积数据，及公共建筑房屋面积数据。

利用这两类要素信息，结合三峡水库不同坝前水位和出入库流量，分析不同水位线运行对库区不同地类不同房屋供水等实物淹没情况，寻找水位变化和地块的实物淹没之间的相关影响规律。为此，进一步引入淹没率和淹没变化率，定义如下：

$$P_{i,j,m} = \frac{I_{i,j,m}}{I_{i总,j,m}} \tag{7.9}$$

$$K_{i,j} = \frac{I_{i,j,m} - I_{i,j,n}}{m - n} \tag{7.10}$$

式中：m、n 为水面线高程；$P_{i,j,m}$ 为水面线高程为 m 条件下，j 库段中，某个淹没分析指标 i（淹没岸线长度，淹没地块面积，房屋类型和房屋面积、数量）的淹没率，反映了敏感库段的淹没程度；$I_{i,j,m}$ 为在水面线高程为 m 条件下，在 j 库段中，指标 i 对应的淹没实物量；$I_{i总,j,m}$ 为水面线高程为 m 条件下，在 j 库段中，第 i 种洪水淹没指标对应的实物量；$K_{i,j}$ 为在水面线高程从 m 变化至 n 的过程中，在 j 库段里，淹没分析指标 i 对应的淹没实物量的变化快慢情况；在确定 $I_{i,j,m}$ 时，为了能够全面考虑不同重要性的因素，研究采用优化后的土地类淹没指标和房屋建筑类淹没指标代表 $I_{i,j,m}$。

根据淹没率和淹没变化率的定义可知，$P_{i,j,m}$ 反映了某个水面线条件下库段被淹没的程度，其值越大，被淹没的程度越高，表示大量的实物指标均被水面覆盖；其值越小，被淹没的程度越低，表示仅有少量的实物指标被水面覆盖。$K_{i,j}$ 反映了淹没程度随水面涨落而变化的快慢情况，当水面升高时，淹没的范围、面积和内容一定增大，即 $K_{i,j} > 0$，表示水面线高程变化与淹没程度成正相关。当 $K_{i,j}$ 值越大，则表示随着水位的升高，淹没发生的范围、面积和内容的变化程度越快，敏感程度越高，反之，则表示淹没发生的范围、面积和内容的变化程度越慢，敏感程度越低。

7.5.2　三峡库区不同水面线淹没分析

基于以寸滩站来水为主的不同工况组合情况的临界水面线计算成果,选择有代表性的坝前水位 160 m 和 165 m,系统分析了三峡库区的淹没情况。

1)坝前水位 160 m

全库区发生淹没的土地面积为 5 301 555.241 m²、房屋淹没面积为 2 287.40 m²,占淹没面积的比例分别为 28.17%、1.56%。淹没开始发生在弹子田断面,至红花堡断面淹没率达到 100%。

2)坝前水位 165 m

在全库区发生淹没的土地面积为 4 939 578.823 m²、房屋淹没面积为 1 368.939 m²,占淹没面积的比例分别为 26.24%、0.93%。与坝前水位 160 m 相似,淹没开始发生在弹子田断面,至红花堡断面淹没率达到 100%。

进一步分析表明,对于以寸滩站来水为主型洪水的入库临界流量水面线,在坝前水位 160 m 和 165 m 的时候,在同一坝前水位条件下,土地淹没率从下游向上游呈增长趋势,房屋淹没率从下游向上游呈增长趋势。

7.5.3　敏感库段淹没影响

敏感库段指受水库不同运行水位淹没及产生相关影响特别严重和特别大的库段,主要特点包括:①水库库尾变动回水区;②库区迁建城市、县城、主要集镇;③两岸地形平坦、农田集中的库段;④库岸不稳定,易于发生塌岸、滑坡等地质灾害的库段;⑤试验性蓄水或试运行以来,发生淹没及相关影响等新问题比较多、比较大的库段。

按照上述特点,选择奉节城区三马山西区、奉节城区朱衣镇、巴东城区黄土坡社区、广阳镇明月沱中铁宝桥、江北区鱼嘴果园港、郭家沱望江工业集团、铜锣峡口、唐家沱码头及栋梁河河口、寸滩港、洛碛镇、木洞镇、江津区 131 基本库段等 12 个基本库段开展敏感性分析。基于库区水面线成果和淹没影响信息库,进一步统计分析了不同库段的淹没特点。

(1)奉节城区三马山西区。仅发生土地淹没,未发生房屋淹没;发生淹没的土地类型主要为工业用地、林地和道路用地,被淹没的用地面积与水位基本呈现线性变化趋势。

(2)奉节城区朱衣镇。仅发生土地淹没,未发生房屋淹没;发生淹没的土地类型主要为耕地和林地,随着水位的不断升高,被淹没的用地面积与水位基本呈现线性变化趋势。

(3)巴东城区黄土坡社区。仅发生土地淹没,未发生房屋淹没;发生淹没的土地类型主要为工业用地、港口用地和道路用地,被淹没的用地面积与水位基本呈现线性变化趋势。

(4)广阳镇明月沱中铁宝桥。土地和房屋均发生淹没;发生淹没的土地类型主要为工业用地、耕地、林地和道路用地,当水面线在 180.25~183.25 m 时,土地和房屋淹没增长趋势较慢;当水面线在 183.25~186.25 m 时,土地和房屋淹没迅速提升;当水面线在 186.25~188.10 m 时,土地和房屋淹没增长趋势再次放缓。

(5)江北区鱼嘴果园港。土地和房屋均发生淹没;发生淹没的土地类型主要为耕地、工业用地、林地和道路用地，当水面线在 180.95～183.95 m 时，土地和房屋淹没增长趋势较慢；当水面线在 183.95～186.45 m 时，土地淹没迅速增大；当水面线在 186.45～188.90 m 时，土地淹没增长趋势再次放缓；房屋的淹没变化率呈阶梯式增长。

（6）郭家沱望江工业集团。土地和房屋均发生淹没；发生淹没的土地类型主要为耕地、工业用地和道路用地，土地淹没率变化随着水位的升高，呈折线式增高的变化趋势，房屋淹没率则呈现阶梯式增长趋势。

（7）铜锣峡口。土地和房屋均发生淹没；发生淹没的土地类型主要为工业用地、耕地和道路用地，土地淹没率变化随着水位的升高，呈折线式增长的趋势，房屋淹没率则呈现阶梯式增长趋势。

（8）唐家沱码头及栋梁河河口。土地和房屋均发生淹没；发生淹没的土地类型主要为耕地、工业用地、林地、港口用地和道路用地，土地淹没率变化随着水位的升高，整体呈折线式增长的趋势，房屋淹没率基本呈线性增长趋势。

（9）寸滩港。仅发生土地淹没，未发生房屋淹没；发生淹没的土地类型主要为耕地、公园用地、工业用地、林地、港口用地和道路用地，当水位达到 177.6 m 以上后，土地淹没率基本以线性趋势上涨。

（10）洛碛镇。土地和房屋均发生淹没；发生淹没的土地类型主要为耕地、工业用地、林地和道路用地，土地淹没率变化随着水位的升高，呈线性增高的变化趋势，而房屋从 184.05 m 才开始淹没，之后呈线性变化趋势。

（11）木洞镇。土地和房屋均发生淹没；发生淹没的土地类型主要为工业用地、耕地、林地和道路用地，土地淹没率变化随着水位的升高，呈线性增高的变化趋势，而房屋从 187.05 m 才开始淹没，之后呈线性变化趋势。

（12）江津区 131 基本库段。仅发生土地淹没，未发生房屋淹没；发生淹没的土地类型主要为耕地和工业用地，随着水位的不断升高，被淹没的耕地面积逐渐变大，基本上呈现线性变化形式；由于库段的工业用地所处高程较低，在 182.3 m 高程时淹没率便达到 100%。

第 8 章

长江中下游干流河槽发育与岸坡稳定

本章以长江中下游干流河道为主要研究对象，采用现场查勘与调研、资料收集与分析、数学模型计算、水槽试验等多种手段，围绕新水沙条件下长江中下游干流河槽发育与岸坡稳定规律，研究阐明三峡工程运用以来长江中下游水沙变化特征、造床流量变化、河槽发育变化特性、崩岸情势变化及其影响因素，提出满足多目标需求的三峡水库控泄流量过程和有利于洪水河槽发育的水库优化调度方式，预测新水沙条件下长江中下游干流河槽发育趋势及岸坡稳定变化趋势，研究成果可为三峡水库调度以及长江中下游河道治理与保护提供技术支撑。

8.1　三峡水库蓄水以来长江中下游河道造床流量

8.1.1　河道造床流量计算方法

目前，河道造床流量的计算方法和有关的研究成果都有很多，常见的方法有平滩水位法、输沙率法以及水沙综合频率法等（张书农和华国祥，1988；钱宁 等，1987）。从计算方法的发展过程来看，又分为基础型方法和发展型方法两大类。

1. 基础型方法

1）平滩水位法

平滩水位法认为，当河道水位达到河漫滩滩缘高度（即平滩水位）时水流造床作用最强，相应的流量为造床流量，也称为平滩流量。其物理含义是：水流在漫滩前，随着水深增加，流速不断加大，造床作用不断增强；漫滩之后，水流出槽上滩，水流分散且滩地阻力较大，主槽流速受到遏制，因此流量虽然明显增加，但水流的输沙、造床作用却没有增强，甚至会有所降低。当水位达到平滩水位时，水流输沙能力最强，此时对应的流量即为造床流量。因此，平滩流量代表了河槽最有利的输沙条件。

平滩水位法虽然精度不一定很高，但简单直接，并在多数平原河流中得到了较广泛的应用。受两岸阶地及大量护岸工程的影响，以及大量的江心洲（滩）和边滩等滩体实施航道整治工程的影响，长江中下游河道内采用平滩水位法计算造床流量有一定局限性。

2）输沙率法

对于冲积河流而言，河床自动调整作用和冲淤变化最终取决于来水来沙条件，因此采用实测的水沙条件来分析和计算造床流量是可行的。常用的输沙率法有三类：马卡维耶夫法、地貌功法和最有效流量法。三类方法都是计算输沙率的不同表述，马卡维耶夫方法和地貌功法是通过水流条件间接计算输沙率；而最有效流量法是直接计算输沙率。对于长江中下游河道而言，该法具有较好的物理背景，但近年来，受长江上游以三峡水库为核心的梯级水库建设的影响，坝下游河道流量、输沙率过程和水沙关系均发生显著变化，特别是流量与输沙率之间的关系并不是对河道实际输沙能力的反映。

3）流量保证率法

钱宁等（1987）在《河床演变学》中根据美国河流的资料统计，建议采用重现期为 1.5 年的洪水流量作为造床流量，也有学者建议采用多年日均洪峰流量的平均值来作为造床流量（即洪峰流量统计法）。

对于长江中游河道而言，该法的优势在于，具有长系列的水文观测资料，但以三峡水库为核心的长江上游水库群建成运用后，长江中下游最大下泄流量控制在 45 000 m³/s 左右，若按照这一方法计算坝下游河道的造床流量，相对于三峡水库蓄水前，其值应是普遍减小的。

4）河床变形强度法

列亚尼兹认为应采用相应于时段的平均河床变形的流量作为造床流量（张书农和华国祥，1988）。列氏法将造床流量与河床变形强度相联系，对于造床流量的概念诠释是比较合理的，但在具体某一河段进行运用时，仍然存在一定的问题，比如水面比降不易确定，流速观测资料较少或者受河道形态的影响，出现上游断面流速小于下游断面的情况，进而使得河床变形强度指标 N 为负等。同时，我们也可以看到，河床变形强度不完全是由流速的绝对值决定的，其往往和来流的涨落过程密切相关。可见，河床变形强度的计算式是不完善的。

2. 发展型方法

1）第一、第二造床流量计算法

韩其为（2004）在研究黄河下游输沙及冲淤的若干规律中，提出了第一造床流量和第二造床流量计算方法。第一造床流量的定义是在一定流量和输沙量及河床坡降条件下，可以输送全部来沙且使河段达到纵向平衡的某一恒定流量。第一造床流量稍大于年平均流量，相当于具有浅滩和深槽的河段的平浅滩水位对应的流量，决定河道的深槽断面大小，河槽纵比降和弯曲形态，反映了河槽一定流量过程的纵向平衡输沙能力。第二造床流量的定义是在年最大洪水过程中冲淤达到累积冲淤量一半时对应的洪水流量，韩其为（2004）利用洪水过程的塑造河床横断面实测资料解释了第二造床流量相当于平滩流量，第二造床流量决定河道主槽的断面大小，反映了洪水塑造河槽的能力。

2）输沙能力法

在研究以黄河为代表的多沙河流的造床流量时，张红武等（1994）认为马卡维耶夫法中夸大洪水作用而忽略泥沙作用，并提出除水流强度以外，含沙量、泥沙粗度、河床边界条件等因素对造床过程及其河床形态也有显著的影响，为反映这些因子的影响，引入水流挟沙能力来反映输沙能力，因此该法称为输沙能力法。在造床流量计算过程中，不仅考虑流量过程，而且还可通过引入含沙量等水力泥沙因子，适当反映泥沙存在的影响，反映水流强度及泥沙粗度对造床的作用，从概念上是相对完善的。根据黄河下游的资料计算所得的造床流量与平滩流量法确定的结果相近。可见，该法仍然相对适用于多沙河流。

3）水沙综合频率法

吉祖稳等（1994）认为同一来水过程和相同的造床历时条件下，不同的来沙过程对河床的造床作用不一样；而在同一水流条件及相同含沙量的情况下，某种含沙量的作用时间不同，则河床的变形也不一样。在计算造床流量的过程中，引入"含沙量频率"这一概念，提出多沙河流造床流量计算的水沙综合频率法。

这一方法应用背景是学者认为多沙河流的造床流量分析，有必要反映出含沙量的时间因子，同时考虑水量和含沙量的时间因子，能够较好地反映水沙不平衡条件（大水小沙或小水大沙等）下的造床流量变化。但对于长江中下游河道而言，含沙量不是天然状态，而是受工程阻隔后非自然的减小状态，并不能够反映河道的实际输沙能力。

4）水沙关系系数法

孙东坡等（2013）研究认为国内外关于造床流量的研究较看重实测资料的主导影响，而河床对径流泥沙过程响应的时间因素相对忽视。经过大量分析后引入水沙关系系数来反映黄河下游的水沙特性来计算造床流量，建立了反映长系列水沙过程的综合作用与累积效应的造床流量估算方法，避免局部时期的水沙条件及人为干扰对河流发展趋向性的阶段性偏离影响。

这一方法能够集中体现中水流量（尤其是平滩流量）造床作用的强度，较好地还原了中水流量在造床过程中的作用。

3. 计算方法优化研究（挟沙能力指标法）

从已有造床流量的计算方法的简单评述来看，目前对于长江中下游河道而言，上述不管是基础型方法还是发展型方法，可能都存在一定的局限性，有些是参数不易求、有些更适宜于多沙河流等。

河道发育一直是水沙条件和河道边界相互作用的结果，从这个角度出发，造床流量的计算应同时考虑这两个因素，以往也不乏相关的尝试，但在具体运用到长江中下游现状条件下时，有些因素由主要变成非主要，是可以进行优化的，比如含沙量，长江中下游含沙量极小，来沙量已经与河道具备的输沙能力极度不匹配，水流对河道的塑造将更多地取决于其从河床上冲起并携带泥沙的能力，也即水流挟沙能力。从这个角度出发，提出了计算长江中下游造床流量的挟沙能力指标法。

结合长江中下游实际情况来看，选取了几个具有高大滩体且受人类活动干预相对较小的断面，进行了不同水位下断面水力特性计算，分别建立了水位与断面平均流速（$H\sim V$）、水位与断面挟沙能力指标（$H\sim u^3/h$，其中 u 为流速，h 为河段的平均水深）的相关关系。可以发现，随着水位的上涨，断面流速和挟沙能力指标并不是持续增大的，而是在某一特定的水位出现转折，这个转折点也即挟沙能力指标的极值点，表征水流挟带泥沙塑造河床的能力达到最大值。可以初步认为这一极值点的水位对应的流量即为造床流量，也即水流挟沙能力极值对应的流量。因此，将该法命名为挟沙能力指标法，这一方法结合了来水条件和河道形态两方面因素，并且以当下的长江中下游面临的冲刷状态为主题，有望在长江中下游造床流量计算过程中得到应用，具体的计算步骤如下：

(1) 在长江中下游河道内相对均匀地选取滩槽分明（受人类活动干扰较小）的控制断面，收集三峡水库蓄水前后断面的观测资料；

(2) 计算不同水位下的断面平均流速和挟沙能力指标，并建立 $H\sim V$、$H\sim u^3/h$ 关系；

(3) 通过上述相关关系图，寻找相关关系转折点，也即断面挟沙能力指标的极值点，统计相对应的水位，通过临近水文控制站的水位-流量关系查询对应的流量，即为采用该法计算的造床流量。

8.1.2　坝下游造床流量影响因素

1. 水文周期变化的影响

长江流域的水情具有一定的周期性。小波分析发现长江中游干流宜昌站年径流量呈明显的年际变化，存在 8~10 年，15~18 年两类尺度的周期性变化规律。其中 8~10 年时间尺度在 1975~1990 年明显，在其他时段则表现得不是很明显，其中心时间尺度在 9 年左右；15~18 年时间尺度在 1970~2013 年表现明显，其中心时间尺度在 17 年左右，正负位相交替出现。

近年来，尤其是三峡水库蓄水后，长江上游进入径流偏枯的水文周期，降雨量偏少，导致进入长江中下游的径流量相应地偏小（三峡水库蓄水后除监利站以外，沿程其他各站年径流量都相对于蓄水前偏少）。同时降雨与输沙之间也存在一定的对应关系，降雨偏少同样也会导致河道沙量来源的减少，三峡水库蓄水后，长江上游降雨量偏少与寸滩站沙量减少有一定关系。可见，三峡水库蓄水后，长江干流相对偏枯的水文周期是长江中下游造床流量计算值相对于蓄水前偏小的重要因素之一。

2. 水库调度运行的影响

水库调度运行对长江中下游河道造床流量的影响体现在水沙条件和河道边界两个方面，前者更为直接。对于长江中下游而言，三峡水库可以作为上游梯级水库群调度的下边界，其调度对于径流过程和泥沙的影响是最为直接的。对于泥沙的影响基本已有定论，拦沙效应使得近几年宜昌站输沙减幅在 98% 以上，这会对采用马卡维耶夫法计算造床流量产生直接的影响。水库调度基本上不改变出库的年径流总量，但随着水库陆续开展的枯水期补水、汛期削峰和汛后提前蓄水等运行方式，水库对于长江中下游河道径流过程的影响越来越明显，其中枯水期补水和汛后提前蓄水主要是影响中小水流量，对于造床流量的影响较小；汛期削峰调度改变的是天然的洪水过程，最为明显的是洪峰流量削减，本次采用还原计算，分析三峡水库对宜昌站的洪峰流量及峰现时间的影响。自 2009 年开始，三峡水库对于宜昌站洪峰流量的削减幅度大多在 20% 以上，因此当采用马卡维耶夫法或者是流量保证率法计算造床流量时，三峡水库蓄水后的值应都有所偏小。

水库调度除了直接改变长江中下游的水沙条件以外，还带来河道边界的变化，河床普遍冲刷，断面形态、纵剖面形态、洲滩形态乃至床面形态都会发生相应的调整，在某些冲刷相对剧烈的河段内，如荆江河段，断面过水面积增大、比降调平、洲滩萎缩及河床粗化等具体响应都开始显现，这些调整的最终目的都是试图降低水流流速，使得河道的挟沙能力与来沙匹配，从而使河流趋向于平衡状态。从这个意义上来讲，三峡水库蓄水后，长江中下游造床流量也应较蓄水前减小，进而促进河流向平衡状态演进。

3. 河道（航道）治理工程的影响

三峡水库蓄水后，长江中下游河道普遍冲刷，滩体也以冲刷萎缩为主，同时局部伴随有崩岸的发生，为了稳定重点河段河势条件，同时配合长江"黄金水道"建设，保证和进一步改善、提升长江中下游的通航条件，水利部和交通运输部均在长江中下游河道实施了相应的整治工程，工程大多以守护为主体形式，包括中低滩滩体守护、高滩滩缘和河岸守护。这些工程改变了局部河道边界的可动性，中断了被守护地貌单元对于水沙过程自然的、连续的响应，当选用这些滩体作为平滩水位法或者挟沙能力指标法确定造床流量的对象时，滩体的变形受到限制，往往不能够反映出滩体冲淤与水沙条件变化的响应关系。尽管河道治理工程也会改变局部的水流结构，但对于长河段、长系列的水沙条件影响是较小的，因此，这一类工程对于造床流量的影响主要在于改变了局部河道边界的可动性。

4. 江湖分汇流关系变化的影响

长江中下游水系庞大，江湖关系演变极为复杂，尤其是长江与洞庭湖形成分汇流网络，且近几十年受河湖治理工程、水利枢纽工程等多方面因素的影响，荆江三口分流量、分沙量不断减少，中小水除个别口门外，陆续出现长时间断流的现象，也即长江上游来流更多地经由中游干流河道下泄，荆江三口分流量减小。这也是三峡水库蓄水后，与同期相比，监利站水量略偏丰的主要原因之一。经研究，荆江三口分流的能力并没有明显的改变，尤其是中高水以上干流来流量与荆江三口分流量的关系没有发生明显的变化，三峡水库蓄水后，荆江三口分流量的减少绝大部分原因在于来流偏枯，尤其是高水期径流量减少，使得荆江三口年内分得大流量的机会下降。因此，总体来讲，相对于三峡水库蓄水前，蓄水后长江中下游江湖关系尚未发生明显的改变，分汇流量的改变仍主要与水文周期有关，对造床流量变化的贡献不大。

5. 滩地开发利用的影响

滩地开发利用对于造床流量的影响，与河道（航道）整治工程存在相似之处，滩体开发利用，修堤圩垸，人为减少了高洪水漫滩的概率，洲滩过流机会减少后，草木生长，过流阻力也会相应地增大，对于造床流量有加大的作用。

8.1.3　三峡水库控泄流量过程

三峡水库蓄水后，改变了长江中下游河道的径流过程和输沙量，河床通过多方面的综合调整来适应水沙条件的这种变化。对照国内其他已建的大型水利枢纽对下游河道发育的影响来看，三峡水库在目前按照 45 000 m³/s 控泄流量过程的调度方式下：第一，能够极大程度地减小长江中下游的防洪压力，保证长江中下游河道的行洪安全，最大范围地发挥三峡工程的防洪效益；第二，长江中下游河道断面形态、河床纵剖面形态、洲滩形态等的调整都在正常的变化范围内，部分分汊型河道的支汊出现了预期的萎缩现象，造床流量的减小幅度也尚可接受（约 10%，较同期其他大型水利枢纽下游河道偏小），河床形态调整并未给洪水位、槽蓄能力带来明显不利的影响；第三，对照无水库调蓄或初步设计调度方案，现行调度方式对于典型河段的冲淤、汊道过流能力等的影响差异均较小；第四，从调度实践来看，若配合水库的排沙调度，水库排沙比和泥沙淤积量可控。

因此，综合防洪及水库淤积等多方面目标，可维持水库 45 000 m³/s 削峰调度的控泄方案，但同时应满足长江中下游河道造床流量以上流量级年内超过 10%的持续时间，且保证满足造床流量持续时间的年份占比不小于蓄水前，以避免造床流量进一步减少，保证河道的正常发育。即使需要大洪水造床作用，三峡水库的最大控泄流量也宜控制在 50 000 m³/s 以下，一方面，可以避免对河道岸坡稳定性和已有的护滩、护岸工程造成不利影响，另一方面，洞庭湖和鄱阳湖在城陵矶以下河道相继入汇，其洪水过程一旦与干流高水遭遇，易对防洪及河势稳定造成不利影响。

8.2　新水沙条件下三峡水库长江中下游河槽发育

8.2.1　洪水过程对河槽发育的影响

1. 典型洪水选取及水沙过程概化

选择 1954 年洪水年作为典型年，采用正态分布曲线模式，概化生成不同类型的洪水过程。由于汉江仙桃站无 1954 年洪水实测资料，所以用皇庄站代替。由于不同控制站洪水过程有所不同，所以在进行洪水过程概化时，不同控制站概化洪水过程的标准差有所差异。在概化洪水过程中，不同标准差对应的洪水过程有所不同，但不同过程对应的洪水总量一致。依据上述方法概化长江监利站、汉口站和汉江皇庄站 1954 年 7～9 月的洪水过程。

三峡水库蓄水运用后，长江中下游沿程各站悬移质含沙量锐减，悬移质级配也较蓄水前发生了较大的变化。因此本次研究洪水过程所对应的含沙量过程，依据三峡水库试验性蓄水后 2013～2019 年各站的流量-输沙量关系进行概化，悬移质级配采用 2013～2019 年各站洪水期 7～9 月的悬移质平均级配。

2. 洪水过程对河槽发育影响

采用平面二维水沙数学模型，对长江干流碾子湾—盐船套、武汉河段进行了河床冲淤计算。计算地形采用 2016 年 10 月实测地形。

对于碾子湾—盐船套河段，监利站洪水过程标准差分别为 0.5、0.6、0.8 时，洪水过程由尖瘦型过渡到矮胖型，其相应洪水过程下平滩河槽冲刷量逐渐增加，分别为 283 万 m^3、329 万 m^3、379 万 m^3，而洪水河槽的冲刷量则分别为 371 万 m^3、407 万 m^3、442 万 m^3，亦呈逐渐增加趋势，但增加幅度有所减小，从而造成平滩以上河槽，即河道中的高滩河槽冲刷量依次递减，分别为 88 万 m^3、78 万 m^3、63 万 m^3。

对于武汉河段，不同概化洪水过程下的河槽冲淤量亦表现出同样的变化趋势。汉口站洪水过程标准差分别为 0.6、0.7、0.8 时，洪水过程由尖瘦型过渡到矮胖型，其相应概化洪水过程下的平滩河槽冲刷量逐渐增加，分别为 1 320 万 m^3、1 479 万 m^3、1 552 万 m^3，而洪水河槽冲刷量则分别为 1 344 万 m^3、1 492 万 m^3、1 561 万 m^3，亦呈逐渐增大趋势，但增加幅度亦略有减小，从而造成平滩以上河槽冲刷量依次递减，分别为 24 万 m^3、13 万 m^3、9 万 m^3。

从总体计算结果来看，矮胖型洪水过程对三峡水库下游河道平滩河槽和洪水河槽的塑造作用更强，而尖瘦型洪水过程对于平滩以上河槽，亦即河道中的高滩河槽塑造作用更强。究其原因可知，对于一般河道而言，由于造床流量或平滩流量对塑造河床形态所起的作用是最大的，矮胖型洪水的流量过程扁平度较高，平滩流量附近的流量过程持续时间更长，所以其对河槽整体的塑造作用也更强。而尖瘦型洪水过程中的大流量则能更多地作用于河槽中的高滩部分，因此尖瘦型洪水对平滩以上的高滩河槽塑造作用更强。

上述不同典型河段概化洪水过程下河槽冲淤计算值的变化规律可为三峡水库的调度提供一定的参考，即：三峡水库调度过程中削减大洪峰后的洪量，若能在洪峰过后的洪水期或其后以接近平滩流量大小进行下泄，一般可以增强长江中下游河槽整体的冲刷发展，而与此同时，河槽高滩河床的冲刷可能会有所减弱。

8.2.2　典型洪水年水沙过程对洪水河槽塑造效果

1. 计算条件

1）不同调度方式的拟定

选取入库流量较大的 2012 年作为典型洪水年，拟定三峡水库汛期分流量级运用的调度方式，采用三峡水库一维水沙数学模型，进行汛期调度，得到长江中下游下泄的流量过程。拟定的主要调度方式如表 8.1 所示。

表 8.1　调度方案统计表

调度方案	控泄流量 / (m³/s)	方案说明
调度方式 1	43 000	在 2019 年修订版规程基础上，考虑汛期中小洪水调度方案，且控制最大下泄流量为 43 000 m³/s；
调度方式 2	45 000	在 2019 年修订版规程基础上，考虑汛期中小洪水调度方案，且控制最大下泄流量为 45 000 m³/s；
调度方式 3	50 000	在 2019 年修订版规程基础上，考虑汛期中小洪水调度方案，且控制最大下泄流量为 50 000 m³/s；
调度方式 4	55 000	在 2019 年修订版规程基础上，考虑汛期中小洪水调度方案，且控制最大下泄流量为 55 000 m³/s；

2）进出口水沙条件

各调度方式下典型河段（碾子湾—盐船套河段、武汉河段）的进口流量和出口水位由宜昌—大通长河段一维水沙数学模型提供。进口含沙量则分别采用 2012 年监利站与汉口站流量-输沙量关系确定，悬移质级配则分别采用 2012 年监利站与汉口站实测悬移质泥沙级配。其中武汉河段有汉江入汇，入汇水沙采用汉江仙桃站 2012 年实测水沙过程。

由于不同调度方式水沙过程的差异仅体现在 7~10 月，因此本次计算时段为 2012 年 7 月 1 日~10 月 31 日。

2. 计算成果分析

1）河槽总冲淤量变化

从不同调度方式下的河槽总冲淤量来看，随着控泄流量的增加，碾子湾—盐船套河段的总冲刷量略有减小。控泄流量为 43 000 m³/s、45 000 m³/s、50 000 m³/s、55 000 m³/s 时，全河槽总冲刷量分别为 780.2 万 m³、759.8 万 m³、701.7 万 m³、681.0 万 m³，最大值与最小值的变化幅度约 14.6%。武汉河段不同调度方式的冲淤量也表现出同样的变化规律，控泄流量为 43 000 m³/s、45 000 m³/s、50 000 m³/s、55 000 m³/s 时，全河段冲刷量分别为 2 743.3 万 m³、2 724.7 万 m³、2 716.0 万 m³、2 708.4 万 m³，最大值与最小值的变化幅度约 1.3%。

2）平滩以下河槽冲淤量变化

从不同调度方式下的滩槽冲淤量来看，平滩以下河槽冲刷量与总刷量随调度方式变化的规律类似，即随着控泄流量的增加，冲刷量略有减小。控泄流量为 43 000 m³/s、45 000 m³/s、50 000 m³/s、55 000 m³/s 时，碾子湾—盐船套全河段平滩以下河槽冲刷量分别为 705.7 万 m³、678.2 万 m³、609.5 万 m³、584.6 万 m³，武汉河段平滩以下河槽冲刷量分别为 2 783.6 万 m³、2 765.2 万 m³、2 757.4 万 m³、2 750.7 万 m³。

3）平滩以上河槽冲淤量变化

随着控泄流量的增加，洲滩淹没时间有所增加。对于碾子湾—盐船套河段而言，计算时段内平滩以上河槽表现为冲刷；随着控泄流量的增加，平滩以上河槽冲刷量略有增加。当控泄流量为 43 000 m³/s、45 000 m³/s、50 000 m³/s、55 000 m³/s 时，冲刷量分别为 74.5 万 m³、81.6 万 m³、92.2 万 m³、96.4 万 m³。对于武汉河段而言，计算时段内平滩以上河槽表现为淤积；随着控泄流量的增加，平滩以上河槽淤积量略有增加，分别为 40.3 万 m³、40.6 万 m³、41.4 万 m³、42.3 万 m³。

4）有利于河槽发育的调度方式

从以上计算结果可以看出，由于调度运用期间所拦截的洪水均在洪峰之后以不小于平滩流量的流量级下泄，尽管调度运用期间总水量基本未发生变化，但平滩流量级作用时间增加，因此各河段总冲刷量随控泄流量的减小而略有增加。同时由于水流漫滩时间减少，所以平滩以上河槽冲淤量略有减少。

由此可见，若三峡水库中小洪水调度运用期间下泄总水量不发生变化、削减的洪峰能以不小于平滩流量的方式进行下泄，一般不会造成下游河段整个河槽的萎缩。但值得注意的是，由于洪水漫滩时间减少，必将造成洲滩植被淹没时间的减少，从而给洲滩植被的生长发育产生一定的影响，滩地植被阻力有可能随之发生相应的变化。若滩地植被发育增强，可能造成河段内洲滩阻力的增加，从而对所在河段的行洪能力产生不利影响。

8.2.3　长系列年水沙过程对洪水河槽塑造效果

1. 长系列水沙条件

选择 1991～2000 年新水沙系列作为计算的水沙系列，采用长江上游梯级水库联合调度模型，进行水库调度计算，得到三峡水库的出库水沙过程，为长江中下游数学模型研究提供边界条件。考虑长江上游干流及雅砻江、岷江、嘉陵江、乌江等支流上的 30 座水库。

2. 长江中下游河道冲淤趋势预测

1）冲淤预测计算条件

计算范围：包括长江干流宜昌—大通河段、洞庭湖区及四水尾闾、鄱阳湖区及五河尾闾，以及区间汇入的主要支流清江和汉江。

计算地形：长江干流宜昌—大通河段为 2016 年 10 月实测地形，松滋河口门段及松西河采用 2016 年 10 月实测地形，太平口及藕池口口门河段采用 2015 年 12 月实测地形，其他洪道及洞庭湖湖区采用 2011 年 10 月实测地形，鄱阳湖区采用 2011 年 10 月实测地形。

计算年限：以 2017 年为基准年，计算 40 年。

水沙条件：上边界干流水沙过程由三峡水库相应方案的下泄水沙提供；河段内沿程支流、洞庭湖四水、鄱阳湖五河的入汇水沙均采用 1991～2000 年相应时段的实测值。计算河段下游水位控制为大通站断面。根据三峡工程蓄水前后大通站流量、水位资料分析可知，20 世纪 90 年代以来大通站水位-流量关系比较稳定。因此，大通站水位可由大通站 1993 年、1998 年、2002 年、2006 年、2012 年、2017 年的多年平均水位-流量关系控制。

2）冲淤预测成果

采用经最新实测资料验证后的数学模型，选取 1991～2000 年水库拦沙后的水沙系列，预测了长江干流宜昌—大通河段未来 40 年的冲淤变化过程。数学模型计算结果表明，梯级水库联合运用 40 年末（2017 年为基准年，下同），长江干流宜昌—大通河段悬移质累计总冲刷量为 46.83 亿 m^3，其中宜昌—城陵矶河段冲刷量为 28.49 亿 m^3，城陵矶—武汉河段冲刷量为 13.50 亿 m^3，武汉—大通河段冲刷量为 4.84 亿 m^3。

由此可见，三峡水库及上游梯级水库蓄水运用后，长江中下游河段整体呈冲刷趋势，宜昌—城陵矶河段的冲刷量占宜昌—大通河段总冲刷量的 61%左右。

3. 长江中下游槽蓄能力变化趋势预测

根据现有条件，分别在现状地形（2016 年 11 月）、冲淤预测的 40 年末（2056 年）的地形上，采用典型洪水过程进行槽蓄量计算。选取 1981 年、1983 年、1989 年、1991 年、1993 年、1996 年、1998 年这 7 年的洪水过程作为代表。总体来看，不同河段在不同水位情况下的槽蓄量增量变化规律不完全相同，但其槽蓄量的增加幅度均随着水位的抬高而逐渐减少。

1）宜昌—沙市河段

三峡水库等控制性水库联合运用初期，该河段发生强烈冲刷，尤其是枝城—沙市河段。据实测资料，2002 年 10 月～2016 年 11 月，宜昌—枝城、枝江和沙市河段的平滩河槽累计冲刷量为 5.75 亿 m³；据数学模型预测未来 40 年（2017～2056 年），该河段仍将继续冲刷，期间累计冲刷约 13 亿 m³。与此同时，该河段水位槽蓄关系曲线有所变化，不同莲花塘站水位下，河段槽蓄量增加 7.1 亿～11.5 亿 m³。

当莲花塘站水位为 32 m（冻结吴淞，下同）、沙市站总出流（沙市站流量+松滋河分流量+虎渡河分流量）为 36 000 m³/s 的情况下，河段内槽蓄量相对增加 9.02 亿 m³；莲花塘站水位为 33 m、沙市站总出流为 54 000 m³/s 时，河段内槽蓄量相对增加 8.79 亿 m³。

2）沙市—城陵矶河段

三峡水库蓄水运用以来，2002 年 10 月～2016 年 10 月，荆江河段（枝城—城陵矶）平滩河槽累计冲刷 9.38 亿 m³，主要集中在枯水河槽；当螺山站水位为 32.0 m 时，较蓄水前槽蓄量增大 19.0%。三峡水库等控制性水库运用 40 年后（2017～2056 年），沙市—城陵矶河段的冲刷强度很大，累计冲刷量为 15.52 亿 m³，该河段水位槽蓄关系曲线变化相对也较大。总体看来，随着螺山站水位的抬高，河道内冲刷量逐渐增加，槽蓄量变化值也逐渐增加，但槽蓄量的增加幅度逐渐减小。不同螺山站水位下，河段内槽蓄量相对增加 4.95 亿～14.93 亿 m³，当螺山站水位为 20.0 m 时，较现状槽蓄量增大 31.2%；当螺山站水位为 32.0 m 时，较现状槽蓄量增大 26.9%。

3）城陵矶—汉口河段

三峡水库蓄水运用以来，城陵矶—汉口河段河床有冲有淤，总体表现为冲刷，2001 年 10 月～2016 年 10 月平滩河槽累计冲刷 4.68 亿 m³；当汉口站水位为 27.0 m 时，较蓄水前槽蓄量增大 6.47%，槽蓄量增幅主要发生在河道深泓部分.

三峡水库与上游控制性水库联合运用后长江中下游河段仍将继续冲刷，强烈冲刷下移，故城陵矶—汉口段水位槽蓄关系曲线变化也较大，不同武汉关水位下，河段内槽蓄量相对增加 4.04 亿～4.90 亿 m³。40 年末，不同汉口站水位下，河段内槽蓄量相对增加 9.52 亿～11.10 亿 m³。当汉口站水位为 15.0 m 时，较现状槽蓄量增大 33.8%；当汉口站水位为 27.0 m 时，较现状槽蓄量增大 13.4%。

4）汉口—湖口河段

三峡水库蓄水运用至 2016 年，汉口—湖口河段河床的持续冲刷，使得三峡水库蓄水前后在同一水位下，相应河段槽蓄发生变化。当湖口站水位为 19.0 m 时，槽蓄量较蓄水前增大 6.77%。三峡水库等控制性水库运用 40 年后，由于汉口站以上河段发生强烈冲刷，大量泥沙输移至该河段，导致河段发生淤积，20 年之后随着冲刷下移，前期淤积量逐渐减少，并向冲刷发展。该河段冲淤变化对本段水位槽蓄关系曲线影响也有一定的影响。在不同湖口站水位下，河段内槽蓄量相对增加 2.65 亿～5.95 亿 m³。当湖口站水位为 15.0 m 时，较现状槽蓄量增大 5.6%；当汉口站水位为 20.0 m 时，较现状槽蓄量增大 4.7%。

5）湖口—大通河段

三峡水库蓄水后 2003～2016 年，大通站实测水位-流量关系无趋势性变化，同一水位下对应蓄水前后，湖口—大通河段槽蓄曲线无变化。三峡水库等控制性水库运用 40 年后，湖口—大通河段累计冲刷量 3.88 亿 m³，但由于大通站水位主要由其下游的河口水位来控制，未来其水位-流量关系变化不大，所以相同水位下，该河段的槽蓄量增加值相对较小，约为 0.73 亿～2.85 亿 m³，增加幅度在 5%以内。

4. 有利于洪水河槽发育的优化调度方式

从不同调度方式下的河槽冲刷量来看，随着控泄流量的增加，平滩以下河槽冲刷量略有减小，平滩以上河槽冲刷量略有增加，但由于调度运用期间所拦截的洪水均在洪峰之后以不小于平滩流量的流量级下泄，所以调度运用期间总水量基本未发生变化，但平滩流量级作用时间增加，故各河段总冲刷量随控泄流量的减小而略有增加。长江中下游长河段的预测计算成果表明，在三峡水库调度方式采用在 2019 年修订版调度规程基础上，考虑汛期中小洪水调度方案，且控制最大下泄流量为 45 000 m³/s 的调度方式下，长江干流宜昌—大通河段河槽仍将发生长时期长距离的冲刷，各河段的槽蓄曲线有不同程度的增加，没有出现河槽萎缩的现象。

研究表明，三峡水库蓄水后，南阳洲汉道和天兴洲汉道在造床流量以上水流过程持续 45 天或 23 天以上，也即当造床流量及以上水流过程出现频率约在 10%以上时，能够保证洪水倾向的汉道发育较好。按照三峡水库蓄水后的来流条件（宜昌站按照 45 000 m³/s 控泄），同时保证满足造床流量持续时间的年份占比不小于蓄水前，则能够保证白螺矶河段的发育，对武汉河段的影响也不大。

综上所述，现有研究表明，在三峡水库现行的控制下泄流量不超过 45 000 m³/s 的调度运用方式下，长江中下游泄水河槽以冲刷为主，且有长时期发展的趋势。与此同时，已有的调度经验表明，当前调度方式能有效降低长江中下游河道堤防防洪的人工和经济成本，也能够满足初步设计对于水库排沙的要求。

8.3 新水沙条件下长江中下游险工段岸坡稳定性

8.3.1 新水沙条件下典型险工段岸坡稳定性影响因素

1. 水沙条件因素变化

1）长江中下游河道河床冲刷

三峡工程运行后，长江中下游河道水沙输移的相对平衡被打破，河道水流的挟沙能力长期处于欠饱和状态，过剩的水流能量具有从河道和岸坡起动、推移、扬动并向下游输移相对更多泥沙的动力，造成长江中下游河道冲刷。在迎流顶冲或深泓贴岸的河段，近岸河床冲刷下切加剧，河岸滩槽高差增加，岸坡变陡，加大了因岸坡稳定性降低而诱发崩岸的可能性。

2）局部河势调整

为适应新的水沙条件，长江中下游河道发生响应性调整，局部河势变化较大。局部河势调整引起的河道平面形态变化，改变了局部河道河弯曲率，使得水流顶冲点上移下提、主流贴岸位置发生改变，易造成抗冲性较差且未获得有效或足够保护的河岸出现冲刷崩退。荆江河段石首弯道、调关弯道及监利河弯乌龟洲汊道，均出现了因局部河势调整导致崩岸多发频发现象。

3）水位骤降

根据统计结果分析，2003 年以来，受长江上游梯级水库调节影响，长江中下游年最大水位变幅有所增大，尤其表现在近坝段的水位降幅。宜昌站年最大降幅较蓄水前增大达 90%，最大涨幅较蓄水前增大达 45%。汛后退水期河道水位骤降过程中河岸稳定性降低，一般认为至少有两大原因，一方面，河道高水位时水体对岸坡侧压力较大，随着水位下降水体侧压力减小；另一方面，河道水位逐渐下降，岸坡内部水体外渗，存在渗透压力，均不利于岸坡稳定。

2. 河道边界条件变化

影响崩岸的河道边界条件主要为岸坡地质条件及护岸工程。其中，岸坡地质条件主要包括岸坡土体物质组成及其结构，这直接关系泥沙起动难易程度及其输移方式。2003 年以来，长江中下游河道崩岸范围除蓄水初期和受大水年影响时有所增加外，并没有随着河道的持续冲刷而逐年扩大，而是表现为崩岸强度总体趋缓的态势，其中一个最重要的有利因素就是护岸工程的实施增强了对河道边界的防护，增强了河岸抗冲能力，有效抑制了河岸冲刷后退。

综上所述，长江中下游二元结构河岸抗冲性差是长江中下游河道崩岸最基本的内在因素，而护岸工程是长江中下游河道持续冲刷背景下维护河道岸坡稳定的最直接因素。

3. 人类活动因素变化

近年来，人类活动对长江中下游河道岸坡稳定性的影响，主要表现在：

（1）河（航）道整治工程，通常采用丁坝、潜坝、锁坝、矶头、护滩带等形式来稳定河势或航槽，在取得治理效果的同时，也使得主流归槽，枯水河槽冲刷，若深槽贴岸，则将可能对河岸的稳定性产生不利影响。

（2）随着流域内水土保持工程的实施和干支流控制性水利枢纽工程的建设运行，长江中下游河道含沙量大幅减少，河道冲刷加剧，可能不利于河道岸坡稳定。

（3）局部河道修建桥梁、墩台、码头等凸出的涉水建筑物，若布置不当，可能引起局部岸坡强烈冲刷，导致崩岸的发生。

（4）不当的近岸河床采砂是诱发或加速崩岸发生的不可忽视的因素之一。

（5）江滩附加荷载，包括岸滩附近临时仓库堆积货物，以及临时采集的江砂、临时堆放的弃土等荷载，加之岸边、岸上打桩震动，也容易引发滑坡崩岸。

8.3.2　长江中下游典型险工段岸坡稳定性分析

1. 蓄水前后水位变动对岸坡稳定性影响

1）典型断面选择

上、下荆江河道平面形态、河岸组成等不同，在崩岸特点上也表现出一定的差异性。综合考虑河段地质条件、河势调整、历史上崩岸险情发生情况等因素，选择上荆江沙市河段、公安河段，下荆江调关河段、天字一号河段为典型险工段。进一步考虑岸坡坡度、深泓贴岸、近岸冲刷及地质条件等因素，选取沙市河段 759+010 断面、公安河段 654+020 断面、调关河段 522+320 断面及天字一号河段 27+190 断面作为典型断面（图 8.1），计算分析水位降低对岸坡稳定性的影响。

图 8.1　典型断面位置示意图

2）计算工况

（1）起降水位的选取。分别以 7 月、10 月为汛期、落水期的典型月，取典型站月平均水位，通过插值得典型断面的两组（分别称为组次 1、组次 2，下同）起降水位，见表 8.2。

表 8.2　起降水位统计表　　　　　　　　（单位：m）

典型断面	组次 1（汛期）	组次 2（落水期）
沙市河段 759+010 断面	39.29	34.94
公安河段 654+020 断面	38.23	33.84
调关河段 522+320 断面	34.48	29.98
天字一号河段 27+190 断面	32.48	27.78

（2）水位降速的选取。对荆江河段各典型站年最大水位变幅进行统计分析，考虑到极限情况，水位降速在统计年最大降速平均值的基础上取整，见表 8.3。

表 8.3　蓄水前后水位降速统计表

工况	降速	时长/d
蓄水前	1.2 m/d	1
	2 m/2d	2
	3 m/3d	3

续表

工况	降速	时长/d
蓄水后	2 m/d	1
	3.5 m/2d	2
	4 m/3d	3

3）蓄水前后水位变动对岸坡稳定性影响分析

（1）由于水位最大降速增大，水库蓄水后水位下降条件下典型断面岸坡稳定性较蓄水前有所减小，但总体上仍能满足稳定性要求，如调关河段右岸 522+320 断面组次 1 水位下降 1日、2日、3 日岸坡稳定性系数由蓄水前的 1.463、1.431、1.354 分别降至蓄水后的 1.385、1.312、1.284。

（2）对同一断面，水位维持长时间降落状态对岸坡稳定较为不利，如公安河段 654+020断面组次 2 蓄水前水位以 1.2 m/d（日平均降速为 1.2 m/d）降速下降 1 日安全系数为 1.433，以 3 m/3 d 降速下降 3 日（日平均降速为 1.0 m/d）安全系数为 1.326；蓄水后水位以 2 m/d（日平均降速为 2 m/d）降速下降 1 日安全系数为 1.366，以 4 m/3 d 降速下降 3 日（日平均降速为 1.33 m/d）安全系数为 1.231。

（3）水位下降条件下岸坡最不利滑裂面出现的位置多为枯水位以下或水位变动区域，下部较陡的断面形态最不利滑裂面多发生在枯水位以下，如沙市河段 759+010 断面；其他形态断面岸坡滑裂面较易发生在水位变动区域，如公安河段 654+020 断面，此类崩岸发生位置的岸坡对水位降落的响应较大。

2. 河床冲淤对河道岸坡稳定性影响

1）典型断面选择

选择荆江河段近期冲淤变化较大且历史上发生崩岸险情较多的 7 段典型险工段：西流湾河段、观音寺河段、郝穴河段、北门口河段、北碾子湾河段、调关河段、铺子湾河段作为典型岸段。在每段选择典型断面进行岸坡稳定性计算，具体为：西流湾河段 687+600 断面、观音寺河段 743+900 断面、郝穴河段 709+600 断面、北门口河段 S6+800 断面、北碾子湾河段 4+600 断面、调关河段 526+300 断面及铺子湾河段 13+200 断面。断面分布见图 8.2，所选断面除郝穴河段 709+600 断面及铺子湾河段 13+200 断面外，近岸均以冲刷为主。

图 8.2　典型断面位置示意图

2）计算工况

选择 2002 年、2007 年、2010 年、2013 年、2017 年为典型年份，采用典型年份实测断面地形作为边界条件，分析近岸河床冲淤对岸坡的影响。考虑崩岸较多发生在汛期及汛后落水期，汛后落水期（10 月）同水位降速下岸坡稳定性较汛期（7 月）稍小，因此选择 10 月为典型月，通过插值得到典型断面起降水位，分析仅近岸河床发生冲淤条件下岸坡稳定性情况。

3）河床冲淤对河道岸坡稳定性影响分析

（1）三峡水库蓄水以来各断面有冲有淤，但总体表现为冲刷，如北门口河段、北碾子湾河段、观音寺河段、郝穴河段、调关河段。受河道冲刷影响，蓄水后典型断面所在岸段的岸坡稳定性较蓄水前总体减小，如北门口河段 S6+800 断面稳定系数由 2002 年的 2.669 降至 2017 年的 1.265、北碾子湾河段 4+600 断面稳定系数由 2002 年的 2.832 降至 2017 年的 1.714。

（2）水位不变情况下近岸河床的冲淤变化，深槽冲淤、冲刷坑发展或消亡等河床变化主要通过改变河岸几何形态来影响岸坡稳定性，岸坡稳定性随着岸坡坡比改变而变化：岸坡坡比增大，稳定性降低；岸坡坡比减小，稳定性增大。如郝穴河段 709+600 断面 2002～2007 年深泓左移，河岸上淤下冲，岸坡坡比增大，岸坡稳定系数由 1.895 降至 1.782；2007～2010 年河岸冲刷河床淤积，岸坡稳定系数由 1.782 增至 1.834；2010～2013 年河岸大幅淤积，河岸淤积厚度基本一致，河岸上部偏大，岸坡坡比增大，岸坡稳定系数由 1.834 降至 1.821；2013～2017 年河岸冲刷，岸坡稍变缓，岸坡稳定系数由 1.821 增至 1.861。

3. 水位变动及河床冲淤共同作用下岸坡稳定性变化

1）计算工况

分析表明，对同一断面，长时间水位降落较短时间对岸坡稳定更不利，因此，考虑不利情况，以断面附近石首站对应时段的统计年平均 3 日水位最大降速为典型年份断面水位降速。以 7 月及 10 月平均水位为起降水位，计算典型险工段断面随着近岸河床发生冲淤变化在稳定水位及水位降落工况下的岸坡稳定性。

2）三峡水库运用以来典型险工段岸坡稳定性变化

（1）蓄水以来各断面有冲有淤，但总体表现为冲刷，受到冲刷影响，蓄水后较蓄水前岸坡稳定性总体上表现为减弱，如调关河段 526+300 断面（组次 1）由 2002 年稳定系数降至 2007 年的 2.321，又降至 2017 年的 2.207。

（2）在近岸河床冲淤及水位发生变动条件下，岸坡稳定性受两者共同影响，岸坡变陡和水位变幅增大都是岸坡稳定的不利条件，如北门口河段 S6+800 断面（组次 2），2002～2007 年岸坡变陡，水位降速增加，在两者的共同作用下岸坡稳定系数由 2.187 降至 2007 年的 1.412；2007～2010 年河床淤积，岸坡变缓，水位降速减小，岸坡稳定系数稍有增大；2010～2013 年河床底部发生淤积，岸坡变缓，水位降速不变，岸坡稳定性增大，由 1.408 增至 1.533；2013～2017 年，断面中下部发生局部冲刷，岸坡稳定系数由 1.533 减至 1.352。

8.3.3　新水沙条件下典型险工段岸坡稳定性变化趋势

1. 典型断面选择

选取三个典型河段：沙市河段（顺直过渡段+弯曲分汊段）、石首河段（顺直+分汊+弯曲型段）、熊家洲—城陵矶河段（蜿蜒型河道）。根据前期研究成果，结合以往崩岸资料，选择沙市河段、石首河段、熊家洲—城陵矶河段的 5 个断面作为典型断面（荆 32 断面、荆 45 断面、荆 96 断面、荆 179 断面、荆 181 断面，断面位置见图 8.3）。

图 8.3　典型断面位置示意图

2. 水位变化及河道冲淤变化趋势预测成果

1）长江中下游水位变化预测

在 1991～2000 年水沙系列基础上，预测得到 2017～2032 年三峡水库出库年径流量和输沙量，2017～2032 年三峡水库预测出库年径流量约 4 300 m³/s、输沙量约 2 200 万 t，径流量比蓄水后实测的 2003～2016 年偏大 7%，输沙量比蓄水后实测的 2003～2016 年偏小 42%。根据预测的宜昌站每日流量，结合宜昌站水位-流量关系，预测宜昌站逐日水位变化。

2）长江中下游河道冲淤趋势

（1）长江中下游总体冲淤预测成果。水库联合运用的 2017 年至 2032 年末，长江干流宜昌—大通河段悬移质累计总冲刷量为 20.91 亿 m³，其中宜昌—城陵矶河段冲刷量为 7.67 亿 m³，城陵矶—武汉段为 6.58 亿 m³，武汉—大通段为 6.66 亿 m³。

（2）典型断面冲淤变化预测。采用动床模型试验预测沙市河段、熊家洲—城陵矶河段河道冲淤变化及趋势。动床模型试验初始地形采用 2016 年 10 月天然实测 1/10 000 水道地形图制作，模型试验施放 2017 年 1 月 1 日～2032 年 12 月 31 日水沙系列条件，对应的 90 系列水沙过程从 1996 年 1 月 1 日～2000 年 12 月 31 日+1991 年 1 月 1 日～2000 年 12 月 31 日（至 2000 年 12 月 31 日后转为 1991 年 1 月 1 日循环），径流量过程综合考虑上游干支流水库建库调蓄的影响。典型断面冲淤变化预测结果如图 8.4。

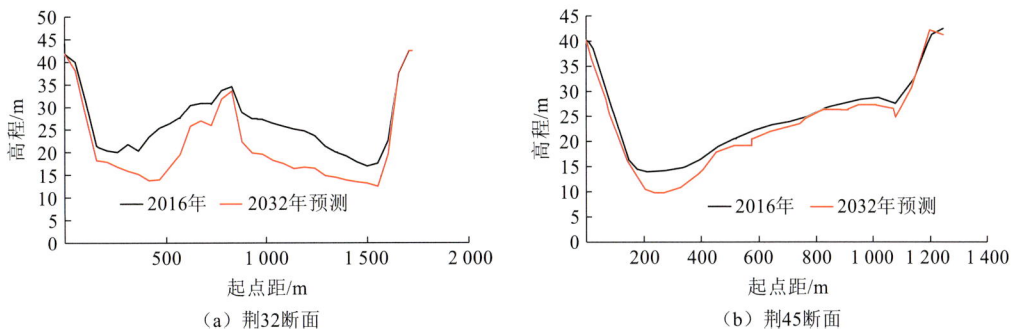

（a）荆32断面　　　　　　　　　（b）荆45断面

（c）荆96断面　　　　　　　　　　　　　　　（d）荆179断面

（e）荆181断面

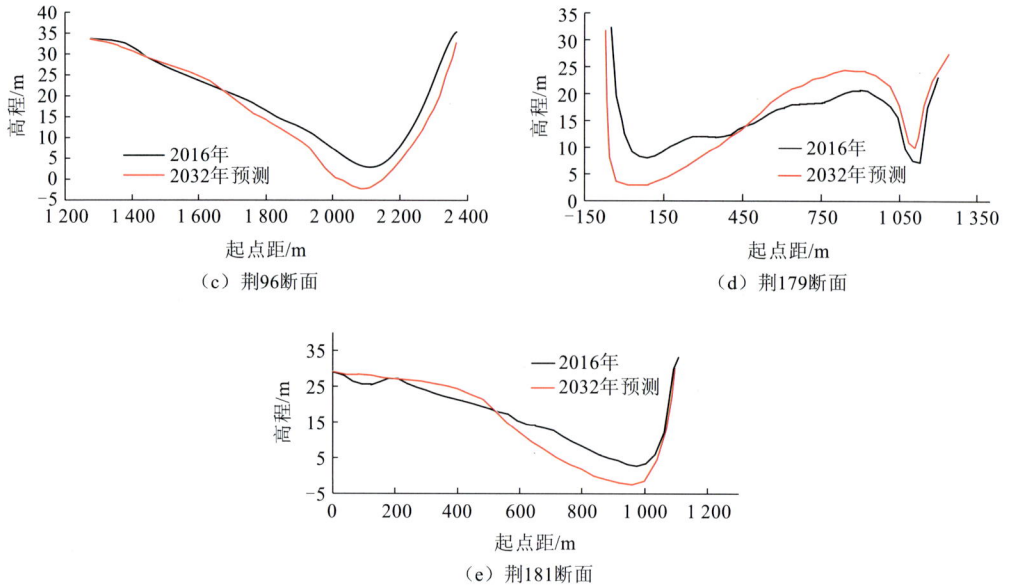

图 8.4　典型断面系列年冲淤图

3. 计算工况

本次计算分别取 2016 年实测地形断面及 2032 年预测地形断面为计算断面，并相应的使用各断面附近站点 2016 年实测 3 日水位最大降速及 2032 年预测 3 日水位最大降速为水位变动条件，以 10 月平均水位为起降水位，设置水位稳定及水位降落两种水位条件，分别计算典型险工段 2016 年岸坡稳定性及 2032 年岸坡稳定性，分析典型险工段岸坡稳定变化趋势。

4. 典型险工段岸坡稳定性变化趋势

1）水位降落工况较水位稳定工况同一断面岸坡稳定性系数均降低

如石首河段荆 96 断面 2016 年地形条件在水位稳定工况、水位降落工况下岸坡稳定系数分别为 2.806、2.620，2032 年预测地形条件在水位稳定工况、水位降落工况下岸坡稳定系数分别为 2.403、2.201；沙市河段荆 45 断面 2016 年地形条件在水位稳定工况、水位降落工况下岸坡稳定系数分别为 1.627、1.386，2032 年预测地形条件在水位稳定工况、水位降落工况下岸坡稳定系数分别为 1.630、1.342。

2）近岸河床冲刷不利于岸坡稳定

部分断面预测至 2032 年近岸河床发生冲刷，相应的岸坡稳定系数降低，如沙市河段荆 32 断面在水位降落工况下，2016 年地形条件下岸坡稳定系数为 1.294，至 2032 年预测地形条件下岸坡稳定系数降至 1.265。

3）熊家洲—城陵矶河段荆 181 断面由于地质条件较差，岸坡稳定性较差

2016 年地形条件下在水位稳定工况、水位降落工况下岸坡稳定系数分别为 1.141、1.107，至 2032 年在近岸河床发生冲刷下切条件下，岸坡稳定性进一步降低，在水位稳定工况、水位降落工况下岸坡稳定系数分别降至为 1.083、1.049。

第 9 章

荆南四河水沙变化及对策

本章围绕新水沙条件下荆南四河冲淤演变趋势、水资源变化等问题，采用现场调研、实测资料分析、数学模型计算、实体模型试验等多种手段相结合的方法开展研究；利用三套不同地形条件的模型进行模拟分析，提出蓄水期河道冲淤变化和水位变化的响应关系；研究河口疏浚整治对荆江三口分流量、改善断流、防洪和航运的影响，提出疏浚整治推荐方案。

9.1 荆南四河水沙总体概况

9.1.1 研究范围

荆南四河是连接荆江与洞庭湖区的纽带，包括荆江南岸松滋、太平、藕池、调弦（1958年封堵）四口及其分流到洞庭湖的河道所组成的复杂河网（图 9.1）。荆南四河水系分泄长江径流入洞庭湖，是洞庭湖水资源的重要来源之一。根据统计，1981～2018 年荆南四河多年平均入洞庭湖水量为 595 亿 m^3，占城陵矶出湖总水量的 38.5%。荆南四河水系的水资源量是当地 452 万人的供水水源和 575 万亩农田的灌溉水源，对于保障区域的工农业生产和人民生活供水安全具有重要意义。

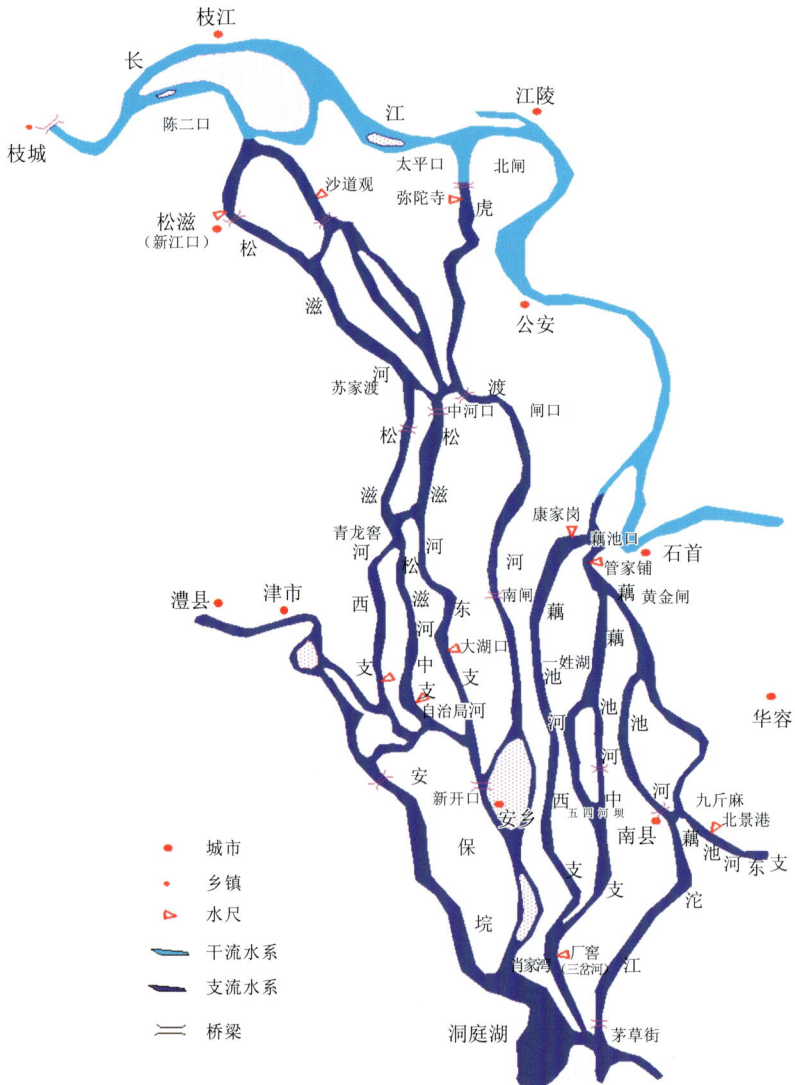

图 9.1 荆南四河水系示意图

　　荆南四河水系位于湖北、湖南两省的交界地带，包括湖南岳阳的华容，益阳的南县，常德的安乡、澧县、津市部分，以及湖北荆州的公安、石首、松滋部分，面积约为 12 050 km^2。荆南四河水系地区属于典型的平原水网区，区内有荆江南岸低山丘陵分布，大致形成北高南低、西高东低的趋势，地势上由较高的松滋河、虎渡河、藕池河渐次向地势较低的华容河出口过渡，受洪水泛滥、泥沙淤积、水流冲刷切割以及人类筑堤围垦等活动的影响，河流总体由北向南、由西向东流动，并受地形影响互相串流，相互交织。松西河有西侧的渫水等山溪河流入河，华容河和华洪运河汇集山地来水，其余河流来水大多来自荆江河道分流。结合水资源三级分区和省市的行政区分区，划分荆南四河水系的区域见表 9.1。

表 9.1　荆南四河水系区域组成表

省级	市级	县级	行政面积/km^2	区域面积/km^2
湖北	荆州	石首	1 427	1 427
		公安	2 257	2 257
		松滋	2 235	2 178
湖南	岳阳	华容	1 593	1 593
	益阳	南县	1 346	1 346
	常德	澧县	2 075	2 075
		安乡	1 087	1 087
		津市	556	87
荆南四河水系区域				12 050

1）长江干流

　　荆南四河水系地区北侧为长江干流荆江河段。荆江河段上起枝城，下迄洞庭湖口的城陵矶，全长 337 km。依河型不同，又以藕池口为界，分为上、下荆江。其中上荆江 167 km，属微弯型河道；下荆江 170 km，属典型的蜿蜒型河道。荆江贯穿于江汉平原和洞庭湖平原之间，北岸为荆北大平原，南岸为广阔的洞庭湖水网区，南岸有松滋、太平、藕池、调弦（已于 1958 年冬封堵建闸）四口与洞庭湖相通，经四河水系分泄水沙入洞庭湖。

2）松滋河

　　长江干流流经枝城以下约 17 km 的陈二口处，由上百里洲分为南、北两汊，其中南汊为支汊。南汊经陈二口至大口，由采穴河与北汊沟通，陈二口—大口河段长度为 22.7 km。松滋河为 1870 年长江大洪水冲开南岸堤防所形成。松滋河在大口分为东、西二支。西支在湖北省内自大口经新江口、狮子口到杨家垱，长约 82.9 km；从杨家垱进入湖南后在青龙窖分为官垸河（又称松滋河西支）和自治局河（又称松滋河中支），官垸河自青龙窖经官垸、濠口、彭家港于张九台汇入自治局河，长约 36.3 km；自治局河自青龙窖经三岔脑、自治局、张九台于小望角与东支汇合，长约 33.2 km。松滋河东支在湖北境内自大口经沙道观、中河口、林家厂到新渡口进入湖南，长约 87.7 km；松滋河东支在湖南境内部分又称为大湖口河，由新渡口经大湖口、小望角在新开口汇入松滋河与虎渡河合流段（以下简称"松虎合流段"），长约 49.5 km，沿岸有安乡。松虎合流段由新开口经小河口于肖家湾汇入澧水洪道，长约 21.2 km。松滋河系河道总长 310.8 km。

　　河道间有 7 条串河，分别为：沙道观附近西支与东支之间的串河莲支河，长约 6 km，东支侧口门已封堵；南平镇附近西支与东支之间的串河苏支河，长约 10.6 km，自西支向东支分流，近年发展较快，最枯月份松滋河西支新江口来流经苏支河入松滋河东支；曹咀垸附近松东河支汉官支河，长约 23 km，淤积严重；中河口附近东支与虎渡河之间的串河中河口河，长约 2 km，流向不定；尖刀咀附近东支和西支之间的串河葫芦坝串河（瓦窑河），长约 5.3 km，高水时混串一片；官垸河与澧水洪道之间在彭家港、濠口附近的两条串河，分别长约 6.5 km、14.9 km，是澧水倒流入官垸河的主要通道，官垸河洪水也可经这两条串河流入澧水洪道。串河总长 68.3 km。

3）虎渡河

虎渡河长江分流口为太平口，位于沙市上游约 15 km 处的长江右岸，全长约 136.1 km。从太平口流经弥陀寺、里甲口、夹竹园、黄山头节制闸（南闸）、白粉咀、陆家渡，在新开口附近（安乡以下）与松滋河合流汇入西洞庭湖。1952 年在距太平口下游约 90 km 的黄山头修建了南闸节制闸，该闸为荆江分洪工程的组成部分，1998 年洪水后除险加固，南闸节制闸闸底板高程 34.02 m。

4）藕池河

藕池河于荆江藕池口（位于沙市下游约 72 km 处，由于泥沙淤积的影响，主流进口已上移到约 20 km 处的郑家河头）分泄长江水沙入洞庭湖，水系由 1 条主流和 3 条支流组成，跨越湖北公安、石首和湖南南县、华容、安乡，洪道总长约 359 km。主流即东支，自藕池口经管家铺、黄金咀、梅田湖、注滋口入东洞庭湖，全长 101 km，沿岸有南县；西支亦称安乡河，从藕池口经康家岗、下柴市与中支汇合，长 70 km；中支在管家铺以下自东支分流由黄金咀经下柴市、厂窖至茅草街汇入南洞庭湖，全长 98 km；另有一支沱江，自南县至茅草街连通藕池东支和南洞庭湖，河长 43 km，目前已建闸控制；此外，陈家岭河（长 20 km）和鲇鱼须河（长 27 km）分别为中支和东支的分汊段。

5）调弦河

调弦河（华容河）是由长江调弦口分流入东洞庭湖的河道，于蒋家进入湖南华容，至治河渡分为南、北两支，北支经潘家渡、罐头尖至六门闸入东洞庭湖，全长约 60.68 km；南支经护城乡、层山镇至罐头尖与北支汇合，南支河长 24.9 km。1958 年冬调弦口上口封堵并已建灌溉闸控制，闸底板高程 24.5 m，设计引水流量 44 m³/s，调弦河入东洞庭湖口处建有六门闸，设计流量 200 m³/s，闸底板高程 23.08 m。此外，从调弦河潘家渡起，经毛家渡、尺八嘴至长江下荆江河段洪水港，建有华洪运河，兼顾区域灌溉、排水，运河全长 32 km。

荆南四河水系区域示意图见图 9.1。由于调弦口已封堵建闸控制，本章中三口指松滋口、太平口、藕池口。

6）澧水洪道

澧水洪道自津市小渡口起，经嘉山、七里湖、石龟山、蒿子港、沙河口，至柳林嘴入目平湖，全长 70.25 km。沙河口以上河面宽 1 200～1 900 m，其中深水河槽宽 400 m 左右，沙河口以下河面宽 1 900～3 200 m，为 1954 年后平垸行洪形成的，属宽浅式河道。

小渡口至石龟山为七里湖，是松滋河、澧水洪水交汇和调蓄的场所。澧水发生洪水时，除石龟山下泄和七里湖调蓄，其余洪水经五里河与松滋河中支汇合后经安乡下泄，或经松滋河西支倒流后经松滋河东支、中支下泄。松滋河发生洪水时，松滋河中支、西支洪水经五里河入七里湖调蓄后下泄。

　　受澧水和松滋河分流下泄泥沙的影响，澧水洪道淤积严重，1956～2010 年七里湖最大淤高 12.00 m，平均淤高 4.12 m；目平湖最大淤高 5.40 m，平均淤高 2.00 m。河道淤积一方面减小了调蓄洪水的能力，另一方面抬高了松澧地区的洪水位。

9.1.2　主要研究内容

1）荆南四河河势演变及水资源开发利用

　　根据三峡水库蓄水以来的原型观测资料，分析荆南三口洪道冲淤变化特性。研究三峡水库运用以来荆南三口洪道冲淤变化情况，重点分析荆江三口口门河段及附近干流河道的深泓摆动、洲滩演变及典型横断面等，研究荆江三口口门及附近干流河势的变化规律。分析荆南四河水资源量及开发利用情况，梳理水资源开发面临的问题。

2）荆南四河径流量及分流分沙情势变化

　　受气候变化和上游梯级水库群调蓄影响，长江中下游来水来沙条件发生改变，分析荆南四河径流量年内年际变化和荆江三口分流分沙演变情势。总结三峡水库蓄水运用前后荆江三口分流分沙变化、荆江三口断流流量与断流时间变化等成果的基础上，研究不同时段荆江三口年均分流分沙量、分流分沙比的年际变化趋势，评估不同枝城流量下荆江三口的分流能力变化，研究荆江三口的断流流量和断流时间变化趋势。

3）新水沙条件下荆南四河冲淤及河势变化预测

　　结合长江上游干支流水库建设情况，基于新水沙条件下三峡水库的出库水沙过程，采用江湖河网一维水沙数学模型预测不同时段荆南三口洪道冲淤量及冲淤分布变化。采用物理模型与数学模型相结合的手段，预测荆南四河新水沙条件下荆江三口口门段河势及分流分沙的变化趋势。

4）三峡水库运行对荆南四河水资源量影响研究

　　根据三峡水库实际调度运行资料还原宜昌站流量过程，拟定各个调度方案下的流量过程作为模型的上边界，模拟并分析了实际调度实践以及不同蓄水方案对荆南四河蓄水期水文情势的影响，定量分析三峡水库运行对荆南四河水资源量的影响，揭示两者之间的响应关系。

5）冲淤变化对荆南四河水资源量影响研究

　　荆南四河水系复杂，水资源量受到气候变化、水库调蓄以及冲淤变化等众多因素的影响，分别采用三峡水库建库前后的地形资料模拟荆南四河典型控制站的水位与流量过程，分析河道冲淤变化对荆南四河水文情势的影响。结合实际调度实践对荆南四河水文情势的影响成果进行比较，辨识荆南四河水资源变化中水库调度以及河道冲淤变化两个因素的影响程度。

6）梯级水库应对荆南四河水资源量减少的对策

　　将长江上游梯级水库不同调度方式作为输入的边界条件，分析不同调度方式下荆南四口分流量的变化特征；在固化其他边界条件下，分析梯级水库短时间内增加不同量级下泄流量对荆南四口分流量和断流时间的影响；分析长江干流各个典型年来水条件下，梯级水库满足荆南四河区域水资源需求的下泄流量。结合实测资料分析以及数值模拟两种手段，量化分析长江上游梯级水库群运行后荆南四河水资源量变化特征。从水库联合优化蓄水、梯级水库群优化调度等角度，提出应对荆南四河水系水资源量变化的对策与建议。

7）新水沙条件下荆江三口河口疏浚方案研究

以提高荆江三口河道分流能力，增加灌溉用水高峰期和枯水期分流量，延长枯水期荆江三口的通流时间为主要研究目标，研究拟定各河口段疏浚位置、范围及参数，提出疏浚整治比选方案。在保证疏浚效果的前提下，优选荆江三口口门的疏浚范围，运用已建立的江湖河网一维水沙数学模型，分别对各整治方案进行计算，研究河口疏浚工程实施后对荆江三口分流量和改善断流的影响、对防洪的影响和对航运的影响，通过综合分析比选后提出推荐方案。

9.2　荆南四河河势冲淤演变及水资源开发利用

9.2.1　河势冲淤演变

根据 1995 年、2003 年、2011 年、2017 年荆江三口洪道 1∶5 000 水道地形切割断面及 2016 年、2018 年固定断面资料，利用断面法进行冲淤计算。计算选取 3 条水面线。第 1 条水面线（洪水河床）比荆江三口进口控制站 1998 年最高洪水位低 1 m；第 2 条水面线低于第 1 条水面线 3～4 m；第 3 条水面线低于第 2 条水面线 3 m。水面线的选用与 1952～1995 年冲淤计算基本一致。水面比降按不同的河段取值，介于 $1.5 \times 10^{-5} \sim 3.0 \times 10^{-5}$。

1995～2003 年，荆江三口洪道枯水位以下河床冲淤基本平衡，泥沙淤积主要集中在中、高水河床，总淤积量为 0.477 1 亿 m^3。其中藕池河淤积量最大，为 0.310 6 亿 m^3，占淤积总量的 65.1%，淤积强度为 1.138 万 $m^3/$（km·a）；虎渡河淤积量次之，为 0.131 7 亿 m^3，占总淤积量的 27.6%，淤积强度最大，达 1.225 万 $m^3/$（km·a）；松滋河淤积量相对较小，为 0.034 8 亿 m^3，仅占总淤积量的 7.3%，淤积强度为 0.138 万 $m^3/$（km·a）；松虎洪道则略有冲刷，冲刷量为 0.009 5 亿 m^3。2003～2018 年，荆江三口洪道洪总冲刷量为 1.784 5 亿 m^3。其中松滋河总冲刷量为 1.051 2 亿 m^3，占荆江三口洪道总冲刷量 58.9%；虎渡河冲刷量为 0.211 6 亿 m^3，占总量的 11.9%；松虎洪道冲刷量为 0.157 5 亿 m^3，占总量的 8.8%，藕池河总冲刷量为 0.364 2 亿 m^3，占总量的 20.4%。

9.2.2　水资源开发利用

荆南四河水系区域 1981～2018 年多年平均水资源总量为 82.55 亿 m^3，其中地表水资源总量占水资源总量的 95.5%，地下水资源量占水资源总量的 4.5%。1981～2018 年多年平均过境水资源量为 743 亿 m^3，是区域多年平均水资源总量的 9 倍，过境水资源量年内分配不均，汛期约占全年过境水资源量的 87%，而枯水期仅占全年的 13%。

2018 年，荆南四河水系区域总供水量为 29.3 亿 m^3，地表水供水量为 28.4 亿 m^3，占总供水量的 97%；总用水量为 29.3 亿 m^3，主要以农业用水为主，占总用水量的 66.6%；荆南四河水系区域总耗水量为 12.6 亿 m^3，农业耗水量为 9.8 亿 m^3，耗水率为 53.8%，占总耗水量的 77.8%。

受自然地理条件限制，荆南四河地区对当地地表水和地下水资源的利用条件不佳，区域可利用水资源主要以过境水资源为主。而荆南四河地区过境水资源主要集中在汛期，枯水期受到河道断流影响，输水、引水、提水等工程难以发挥作用，区域内存在资源性和工程性缺水的问题，严重制约经济社会可持续发展。在 P 为 50%、85% 和 95% 三种频率下，2030 年规划条件下荆南四河水系区域（不包括澧水水系）缺水总量分别为 4.09 亿 m³、8.46 亿 m³ 和 8.81 亿 m³。从缺水时段上分析，缺水比较严重的月份为 9 月、10 月和 4 月，50%、85% 和 95% 频率下 9 月、10 月、4 月三个月份的缺水量占缺水总量的比例分别为 33.5%、49.5% 和 54.4%。荆南四河水系地区水资源虽然较丰富，但受到降水时空分布不均匀的影响，荆南四河水系水资源主要集中在汛期，松滋河占比大，季节性缺水问题严重。尤其是 2006 年特枯水年，沙道观站、弥陀寺站、藕池（管家铺）站断流期分别为 271 天、175 天、235 天，而藕池（康家岗）站甚至断流 336 天。荆南四河水系沿岸的农业灌溉除湖北沿长江灌区从长江引水外，大部分从荆南四河水系河道内引水，需水期主要在 4~10 月。每年的 9~10 月三峡水库汛后蓄水，水位降低，晚稻用水得不到保障；4 月中旬，长江水位低，而此期间降水偏少，早稻泡田、返青期，蔬菜用水等得不到保障，经常发生春灌缺水的现象。从水源地与历史供水方式来看，增大荆南四河水系分流量是缓解枯水期荆江三口河系地区水资源供需矛盾较为切实可行的措施。

9.3　荆南四河径流量及分流分沙情势变化

9.3.1　荆南四河径流量变化

选取长江干流枝城站以及荆南四河水系的控制站，分析荆江三口分流的年际和年内变化特征。

20 世纪 50 年代以来，受荆江河床冲刷下切、同流量下水位下降、荆江三口分流河道河床淤积以及荆江三口口门段河势调整等因素影响，荆江三口分流能力一直处于衰减之中，分流量呈显著减少的趋势。1956~1966 年荆江三口合计分流量为 1 331.6 亿 m³；1967~1972 年下荆江裁弯期间，荆江三口合计分流量为 1 021.4 亿 m³；1973~1980 年为下荆江裁弯后，荆江三口合计分流量为 834.3 亿 m³；1981~2002 年葛洲坝水利枢纽工程修建后到三峡水库蓄水前，荆江三口合计分流量为 685.3 亿 m³；三峡水库蓄水后的 2003~2018 年，荆江三口合计分流量为 481.3 亿 m³。

2003~2018 年与 1981~2002 年相比，长江干流枝城站水量减少了 272 亿 m³，减少幅度为 6.1%；荆江三口合计分流量减少了 204 亿 m³，减少幅度为 29.8%，分流比也由 15.5% 减小至 11.6%。其中，分流量减少幅度最大的为藕池口，其分流量减少了 77 亿 m³，减少幅度为 42.2%，其分流比则由 4.1% 减小至 2.5%；松滋口分流量减少了 77.3 亿 m³，减少幅度为 20.8%，其分流比则由 8.4% 减小至 7.0%；太平口分流量减少了 49.7 亿 m³，减少幅度为 37.7%，其分流比则由 3.0% 减小至 2.0%。

通过荆江三口五站不同时期的月平均流量以及与枝城站流量对比可知，各站洪水期、枯水期的流量变幅极大，在长江来水较丰的 7~9 月各站流量较大；在枯水期，荆南四河水系河道存在大范围的断流现象。2003~2018 年的系列中，在长江来水较少的 12 月~次年 3 月，荆江三口五站中只有新江口站通流，且通流流量较小，月平均流量在 44.4~67.6 m³/s。

9.3.2　分流分沙情势变化

荆南四河水沙变化主要取决于荆江三口分流分沙比的变化，众多学者做了大量的实测资料分析，取得丰硕的成果，但关于三峡水库蓄水后荆江三口分流分沙比将如何变化目前还存在较大争议，如已有研究成果预测三峡水库蓄水后荆江三口分流分沙比将会减少，但其他研究成果则认为荆江三口分流分沙比不会减少，荆江三口分流的变化规律仍需深化研究，需采用最新原型观测资料，阐明各个口门尤其枯水期分流变化规律。本小节根据荆江三口河段实测的地形资料，分析荆江三口河道演变规律。

三峡水库运行后，松滋口口门在近 20 年内断面形态以冲刷为主，并且断面宽深比有减少的趋势；松滋河东支主槽向两侧扩展，冲淤交替；松滋河西支深槽有冲有淤，变化较小；虎渡河有所冲刷，变化较小；藕池河进口段冲刷，东、中以及西支主槽向窄深方向发展。

三峡水库蓄水后清水下泄，荆江三口洪道河段冲刷幅度增大，2003～2011 年累计冲刷量约为 7 520 万 m^3，其中松滋河冲刷幅度最大，虎渡河冲刷幅度相对较小。荆江河段虽总体河势稳定，但河床冲刷较为强烈，1981 年以来荆江河段以主槽冲刷为主，中低滩部分则略有淤积；局部河势调整较为剧烈，主要集中在沙市、石首弯道段，监利汊道段和过渡段，主流摆动频繁，水流顶冲点的上提或下挫，导致局部河段崩岸仍时有发生。受长江干流来水来沙特性和河道持续性冲刷下切影响，未来荆江三口洪道河道分流量和分沙量将进一步减小，可能会导致荆江三口断流时间延长，区域缺水加重，不利于荆南四河水系地区经济社会发展。

受自然演变及人类活动的影响，荆江三口分流呈显著减少的趋势。根据趋势检验的成果，松滋口、太平口、藕池口以及三口合成 1955～2018 年年平均流量均呈现出显著下降的趋势，其中太平口和藕池口变化趋势最为明显。在流量为 10 000～50 000 m^3/s 条件下，荆江三口分流比呈现出不同程度的减少。相较于 1981～2002 年，在枝城站 10 000 m^3/s、20 000 m^3/s、30 000 m^3/s 和 40 000 m^3/s 流量级条件下，荆江三口分流比分别减少了 1.8%、2.2%、1.5% 和 3.3%。三峡水库蓄水运行后，沙道观站长断流（历时大于 60 天）天数有所增加，短断流（历时小于等于 60 天）发生频次明显增加；弥陀寺站长断流天数和频次均有所减少，而短断流天数和频次显著增加；康家岗站和管家铺站在长断流天数有所增加，频率基本不变，短断流天数有所增加，频率有所减少。

9.4　新水沙条件下荆南四河冲淤及河势变化预测

9.4.1　冲淤变化预测

荆南四河洪道冲淤变化规律与荆江三口分流分沙的变化密切相连。荆南四河洪道实测地形资料有 1952、1995 年、2003 年、2011 年、2017 年荆江三口洪道 1∶5 000 水道地形，其他年份均为固定断面资料，统计分析三峡水库蓄水后部分年份荆南四河洪道冲淤变化数值可能存在一定误差，但仍能够定性的反映荆南四河的冲淤特性。本节采用江湖耦合的水沙数学模型，阐明三峡水库蓄水前后荆江三口洪道冲淤变化，定量预测三峡水库蓄水运用未来 30 年荆江三口河道冲淤量分布等，回答社会关注的关于三峡水库蓄水后荆江三口分流洪道是否萎缩的问题。

从荆江三口洪道冲淤变化来看，不同方案冲淤趋势基本一致，但冲淤量有所不同，与 1991～2000 年拦沙系列相比，未来 40 年末，荆江三口洪道冲刷量减少 56%。但是 1991～2000 系列、2008～2017 年系列计算出来的洞庭湖四水尾闾及湖区冲淤特性有所不同。20 年末，前者呈淤积状态，后者呈冲刷状态；40 年末，两者均表现为冲刷。分析其主要原因，主要是由于两个系列的四水来沙条件有所不同，2008～2017 年实测系列洞庭湖四水年均来沙量为 777 万 t/年，而 1991～2000 年系列尽管考虑水库拦沙影响，其年均来沙量为 887 万～1 037 万 t，相对 2008～2017 年仍然偏大 14%～33%；另外，前者条件下，荆江三口洪道冲刷量相对较大，泥沙逐渐向下输移沉积到湖区，因此 1991～2000 系列条件下洞庭湖四水尾闾及湖区呈淤积趋势；之后，随着洞庭湖四水尾闾冲刷持续冲刷，及受干流河道冲刷下切影响，湖区逐渐转为冲刷。

在以往的不同研究阶段，开展过多次荆江三口洪道和洞庭湖区的冲淤演变的预测，但由于计算起始地形、来水来沙条件、水库调度方式、模型精度等不完全相同，所以预测成果在定量上有所不同，但总体变化趋势一致。选取上阶段《洞庭湖四口水系综合整治工程方案论证报告》中的预测成果和本次预测成果进行对比分析。

从荆江三口洪道冲淤变化趋势来看，两次预测的荆江三口洪道总体均呈冲刷趋势。30 年末冲刷量分别为 1.209 亿 m³、1.733 8 亿 m³，年均冲刷为 0.040 3 亿 m³/a、0.057 8 亿 m³/a，由于后者考虑上游 30 座水库拦沙后宜昌站输沙量和含沙量相对大幅减少，导致荆江三口洪道冲刷量略有增加，但差别不大，成果总体合理。从洞庭湖四水尾闾及洞庭湖区变化趋势来看，两次预测的洞庭湖四水尾闾及洞庭湖区前 30 年总体均表现为淤积，但本次研究中洞庭湖四水尾闾及湖区淤积量相对前者有所减少。分析其原因主要与预测采用的计算条件有关：一是与计算采用的洞庭湖四口水系来沙量有关，本次研究中考虑了湘江、资水、沅江、澧水支流上的已建或拟建的控制性水库拦沙作用，由于水库拦沙导致尾闾含沙量减少，四水尾闾河道更易发生冲刷，同时水库拦沙后进入到湖区的沙量大幅减少（相对前者偏少 54%，年均减少约 1 000 万 t），湖区淤积量相对会减少；二是与长江干流河道城陵矶地区河段发生的剧烈冲刷有关，本节采用新水沙系列后宜昌站来沙量大幅减少（相对前者偏少 45%），导致干流河段冲刷增加，受干流河道冲刷下切影响，东洞庭湖水流和泥沙更易于出湖；所以随着洞庭湖四水尾闾河道的冲刷、洞庭湖区淤积量减少且局部区域发生冲刷，故洞庭湖四水尾闾及洞庭湖区的累积淤积量可能逐渐减少。

总体看来，尽管预测计算条件等因素不同，关于荆江三口洪道及洞庭湖区的冲淤趋势预测是一致的，也与目前的实际冲淤规律一致，预测成果总体合理可信。

9.4.2　河势变化预测

根据最新实测资料、河工模型试验及数学模型计算进一步深化研究荆江三口分流分沙比的变化规律，阐明各个口门分流的变化规律。新水沙条件下未来 10 年末，松滋口口门河段口门附近长江干流关洲尾—昌门溪河段平均冲深 0.82 m，松滋口口门河段平均冲深 0.85 m，断面宽深比以减小为主；4 级枝城站典型流量条件下松滋口分流量均略有增加。10 年、20 年末太平口口门河段附近长江干流河段平均冲深分别为 1.31 m、2.1 m；10 年、20 年末太平口口门河段相应平均冲深分别为 0.61 m、0.54 m。随着三峡工程运用时间的增长，太平口分流能力逐渐减弱。10 年、20 年末藕池口口门河段附近长江干流河段平均冲深分别为 1.81 m、3.07 m；10 年、20 年末藕池口口门河段平均冲深为 0.18 m、0.23 m。随着三峡工程运用时间的增长，藕池口分流分沙能力会逐渐减弱，断流时段逐渐增多。

松滋口口门河段实体模型模拟范围包括长江干流与松滋口河段，其中长江干流模拟范围为枝城—杨家垴河段，河道总长度约 67 km；松滋口河段模型模拟范围为松滋河从牌路口至大口，河段长约 27.3 km；采穴河河段长约 20 km；松西河从大口至新江口下，河段长约 16.5 km；松东河从大口至沙道观下，河段长约 20.5 km；模型平面比尺 = 400，垂直比尺 = 100，模型变率 = 4.0。采用 2011 年 11 月～2015 年 12 月实测水沙资料对实体模型进行了水流和冲淤的率定和验证，计算结果与实测资料吻合较好，满足《河工模型试验规程》（SL99—2012）的要求。

松滋口口门河段实体模型试验研究成果表明，在以上水沙系列作用下，长江干流河段关洲尾—昌门溪河段整体河势变化较小，除局部深槽、冲刷坑发生一定的调整外，其他河段河势调整幅度较小；口门河段同样河势整体变化不大，但局部河段如杨家洲、杨家庵及芦洲等支汊均有不同程度冲刷发展，不利于河势稳定；局部河段如横堤村弯道段、碾子湾弯道段及余家渡过渡段河势调整较为剧烈，不利于河势稳定。典型断面分析成果显示，河床冲刷下切，断面宽深比减小为主；除口门处靠近左岸淤积较为严重，除该处断面形态变化较大外，其余断面形态基本无明显变化，岸线及深泓位置总体上基本稳定。从试验河段冲淤量来看，10 年末，长干流关洲尾—昌门溪河段冲刷约 2 132 万 m³，平均冲深 0.82 m；松滋口口门河段冲刷约 3 331 万 m³，平均冲深 0.85 m。在以上水沙系列作用下，在以上 4 级流量下松滋口分流量均略有增加，该口门分流能力无明显变化趋势。

建立了太平口和藕池口口门河段平面二维水沙数学模型，其中太平口口门河段平面二维水沙数学模型研究范围：干流杨家垴—观音寺（65.4 km）、支流太平口分流口—弥陀寺（5.6 km）；藕池口口门河段平面二维水沙数学模型研究范围：干流新厂—石首—新开铺（24.8 km）、支流新开铺—管家铺和康家岗（14.7 km），均采用 2011 年 11 月～2015 年 12 月实测水沙资料对模型进行了水流和冲淤的率定和验证，计算结果与实测资料吻合较好。

太平口口门河段在未来 20 年期间总体河势格局变化不大，但局部滩、槽冲淤变化较明显，河槽有冲刷扩展趋势，一般深槽在弯道凹岸向近岸偏移，局部岸段和边滩（滩缘或低滩部位）冲刷后退，已实施整治工程的部位冲刷受到抑制。10 年、20 年末长江干流杨家垴—观音寺河段累计冲刷量分别约 12 543.9 万 m³、20 128.5 万 m³，相应平均冲深分别为 1.31 m、2.1 m；10 年、20 年末太平口口门河段累计冲刷量分别约 193.3 万 m³、170.2 万 m³，相应平均冲深分别为 0.61 m、0.54 m。随着三峡工程运用时间的增长，太平口分流能力逐渐减弱。

藕池口口门河段在未来 20 年期间河床冲淤交替，平滩以下河槽以冲刷为主，总体呈冲刷下切趋势，而局部滩、槽冲淤变化仍较明显，但河势总体格局变化不大；藕池口分流道入口段（天星洲右汊）有所淤积，藕池河略有冲刷；河床冲淤变化幅度，干流长江段远大于藕池口口门段。10 年、20 年末长江干流新厂—石首段累计冲刷量约 5 867.2 万 m³、9 960.1 万 m³，相应平滩河槽平均冲深分别为 1.81 m、3.07 m；10 年、20 年末藕池口口门段累计冲刷量分别约 81.6 万 m³、107 万 m³，相应平滩河槽平均冲深为 0.18 m、0.23 m。随着三峡工程运用时间的增长，藕池口分流分沙能力会逐渐减弱，断流时段逐渐增多。

9.5　三峡水库运行对荆南四河水资源量影响

荆江与洞庭湖二维水动力学模型以 Mike21 FM 模块为基础,其中长江干流、荆江三口汇流河道、洞庭湖四水尾闾及洞庭湖区均采用二维水动力学模型计算,建库前后模型地形使用情况见表 9.2,建库前后模型模拟范围和边界条件是一致的,仅长江干流和荆南四河水系地形进行了改变,模型概化示意图见图 9.2。

表 9.2　建库前后长江与洞庭湖二维水动力学模型地形使用

区域	建库前/年	建库后/年
长江干流	1996	2012
荆南四河水系	1996	2012
洞庭湖湖区	2012	2012
洞庭湖四水尾闾	2017	2017

图 9.2　荆江—洞庭湖二维水动力学模型概化图

两套长江与洞庭湖二维水动力学模型中,模型上边界为枝城站的流量,下边界为螺山站的水位-流量关系,洞庭湖四水主要控制站的流量作为流量边界条件汇入模型。模型的边界条件见表 9.3。

另外,本次使用 Mike 21 FM 模块中降雨产流模块,模拟湖区内的降雨径流过程。模块中输入数据为湖区鹿角、南咀、小河咀、营田以及自治局,采用泰森多边形的方法插值形成湖区的逐日降雨。

表 9.3　长江与洞庭湖二维水动力学模型边界条件

编号	边界条件	站名	位置	类型
1	上边界	枝城站	长江干流	流量
2	区间	石门站	澧水	流量
3	区间	桃源站	沅江	流量
4	区间	桃江站	资水	流量
5	区间	湘潭站	湘江	流量
6	下边界	螺山站	长江干流	水位-流量关系

　　根据三峡水库 2008~2018 年的实际调度运行资料，得到了宜昌站还原流量过程（仅考虑三峡工程影响）以及各个调度方案下的流量过程，并将其作为模型的上边界，模拟并分析了不同蓄水方案对荆南四河蓄水期水文情势的影响。

　　通过对比实际调度方案，三峡水库运行后，荆南四河水系地区过境水资源量的年内分配过程出现了一定的变化，表现为枯水期月平均流量有一定的增加，蓄水期（主要是 9~11 月）月平均流量有一定的减少。较还原情况相比：月平均流量减少的月份主要有 7 月、9 月、10 月和 11 月，减少幅度在 2.05%~40.64%，其中 10 月减少的幅度最大；年内其他月份月平均流量有一定的增加，增加的幅度在 2.94%~101.29%，增加幅度最大的月份是 2 月。

　　依据《初设调度方案》、《优化调度方案》及《规程调度方案》（表 9.4）对三峡水库进行 2008~2018 年蓄水模拟调度，得到 3 种情境下的宜昌站 9~11 月的逐日流量和水位过程，统计分析各个调度方案的蓄满时间如表 9.5。从表 9.5 可以看出，除去 2008~2009 年客观因素的影响，实际调度实践在 2010 年后蓄满率为 100%，其他蓄水方案在 2013 年均没有蓄满。从蓄满的时间来看，《规程调度方案》蓄满时间较早，基本在 10 月中旬蓄满，实际调度实践蓄满时间较晚，在 11 月上旬蓄满。

表 9.4　三峡水库各个方案调度规则对比

计算方案	《初设调度方案》	《优化调度方案》	《规程调度方案》
水库开始蓄水时间	10 月 1 日	9 月 15 日	9 月 10 日
起蓄水位/m	145	145（-0.1~1.5）	145（-0.1~1.5）
水位涨幅/m	—	≤3	≤3
水位控制节点	—	水库 9 月底控制蓄水位（158 m）	水库 9 月底控制蓄水位可调整至 165 m，10 月底可蓄至 175 m
水库蓄水期控制下泄流量/（m³/s） 9 月	—	8 000~10 000	8 000~10 000
10 月上旬	三峡电站保证出力对应流量	8 000	8 000
10 月中旬		7 000	8 000
10 月下旬		6 500	8 000
11 月	—	葛洲坝下游庙嘴站水位不低于 39 m 和三峡电站保证出力对应流量控制	葛洲坝下游庙嘴站水位不低于 39 m 和三峡电站保证出力对应流量控制

表 9.5　不同蓄水方案三峡水库蓄满时间统计表

年份	《初设调度方案》	《优化调度方案》	《规程调度方案》	实际调度实践
2008	10 月 26 日	10 月 15 日	10 月 11 日	未蓄满
2009	未蓄满	10 月 28 日	10 月 24 日	未蓄满
2010	11 月 3 日	10 月 23 日	10 月 21 日	11 月 2 日
2011	11 月 7 日	11 月 9 日	11 月 8 日	11 月 7 日
2012	10 月 20 日	10 月 13 日	10 月 11 日	10 月 30 日
2013	未蓄满	未蓄满	未蓄满	11 月 12 日
2014	10 月 23 日	10 月 15 日	10 月 10 日	10 月 31 日
2015	10 月 24 日	10 月 15 日	10 月 12 日	10 月 28 日
2016	11 月 3 日	10 月 27 日	10 月 25 日	11 月 1 日
2017	10 月 12 日	10 月 9 日	10 月 7 日	10 月 21 日
2018	10 月 18 日	10 月 13 日	10 月 11 日	10 月 31 日

　　总体来说，9～11 月实际调度实践对荆南四河流量影响要小于其他几种调度方案。根据 9～11 月统计，实际调度实践的多年旬平均流量减少 503 m^3/s，《规程调度方案》的多年旬平均流量减少 637 m^3/s，《优化调度方案》的多年旬平均流量减少 641 m^3/s，《初设调度方案》的多年旬平均流量减少 643 m^3/s。

9.6　冲淤变化对荆南四河水资源量影响

　　采用多情景模拟的研究思路，通过采用三峡水库建库前后的地形资料以及不同上边界条件驱动模型，分析上游梯级水库调度和河道冲淤变化对荆南四河水资源量的影响。具体的研究思路如图 9.3。将宜昌站 2008～2018 年的还原流量作为模型输入边界条件，分别采用建库前后的地形资料模拟梯级水库群运行后的荆南四河典型控制站水位与流量过程，将两套成果值进行比较，以此分析河道冲淤变化对荆南四河水文情势的影响。与 9.5 节实际调度实践对荆南四河水文情势的影响成果进行比较，分析荆南四河水资源变化中水库调度以及河道冲淤变化两个因素的影响程度。

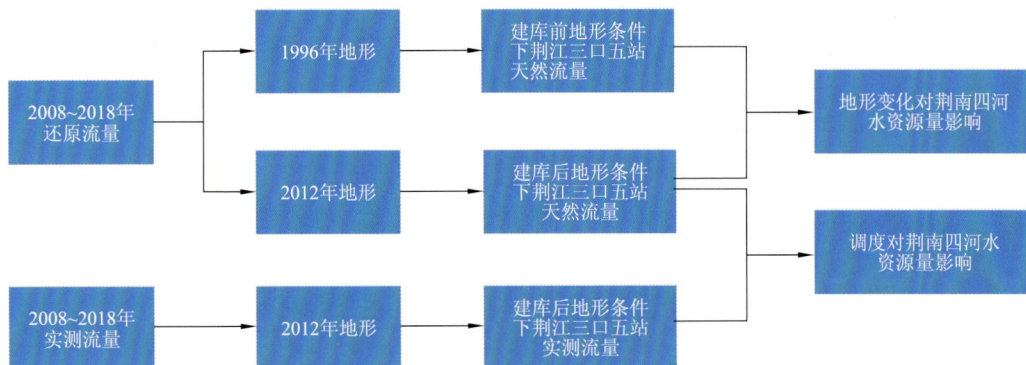

图 9.3　水库调度以及河道冲淤变化对荆南四河水资源量影响研究路线图

三峡水库蓄水以来，新江口站和康家岗站在三峡水库蓄水前后有一定的变化，新江口站受到干流口门以及河口冲刷影响，在水位 36 m、38 m 和 40 m 条件下，流量分别增加了 75 m³/s、177 m³/s 和 220 m³/s；康家岗站洪道进行了河道整治，河槽加深，断面整体缩窄，在水位 36 m、37 m 和 38 m 条件下，流量分别减少了 16 m³/s、27.7 m³/s 和 39 m³/s，其他三个站水位-流量关系变化不大。在 2012 年地形条件下，荆南四河各个月的流量均较 1996 年地形条件下的流量偏少，多年平均情况下减少 15.4～1 480 m³/s，减少幅度在 20%～44%；枯水期减少幅度较汛期大，蓄水期 9～11 月流量减少幅度在 21%～33%。

9.7　梯级水库应对荆南四河水资源量减少的对策

9.7.1　针对三峡水库

在增加下泄时机选择上，需要综合考虑区域缺水情况以及长江干流来水量级的情况，做到水资源的最优化调度。在不影响蓄水的情况下，推荐在枯水年选择 10～12 月作为增加下泄时机。从各站补水情况来看，新江口站补水效果最为明显，补水效率较其他站点高，而沙道观站和康家岗站补水效果最差，补水效率基本不超过 1%。从蓄水期各月补水的效率来看，由于 9 月假定的宜昌站来水较大，补水效果要优于 10 月和 11 月，同时也可以看出，随着流量级的提升，补水的效果越发明显。在增加下泄总量一致的前提下，波动下泄的效果要优于恒定下泄效果，推荐在水量相同情况下尽早下泄补水。从水库增加下泄水量推迟荆江三口断流可行性分析来讲，补水效果可实施性较差，在非必要条件下，不推荐通过水库增加下泄流量方法推迟荆江三口各站的断流。由于藕池西支枯水期常年不过流，多年平均断流天数超过 250 天。

9.7.2　针对上游水库群

据统计，目前长江上游已建成大型水库（总库容在 1 亿 m³ 以上）102 座，总调节库容约 800 亿 m³，预留防洪库容约 396 亿 m³；洞庭湖区已建成大中小型水库 563 座，总库容 13.71 亿 m³；塘坝 4 万余座，总库容 6.61 亿 m³；引水工程 879 处；提水工程 7 023 处。与荆南四河区域相关主要为澧水，澧水流域主要的控制性水库为支流溇水上的江垭水库以及支流渫水上的皂市水库，两个水库总调节库容约 21 亿 m³。

根据《2018 年度长江上中游水库联合调度方案》的规定，长江上游配合三峡水库承担中下游防洪任务的梨园、阿海、金安桥等水库，一般情况下 8 月初开始有序逐步蓄水，溪洛渡、向家坝等水库，9 月初留足防洪库容的前提前可逐步蓄水，三峡水库 9 月中旬可逐步蓄水。长江中游清江及洞庭湖水系水库一般可在 8 月初开始逐步蓄水。

荆南四河水系取水时段主要集中在 4 月、9 月和 10 月，从长江上游梯级以及洞庭湖澧水流域水库优化蓄水减少对荆南四河水系影响的角度来讲，建议在不影响防洪安全的前提下，根据蓄水期实时水文情势变化，合理安排水库群蓄水计划，尤其避免 9～10 月洞庭湖澧水流域水库与三峡水库同时蓄水，影响荆南四河区域对过境水资源的利用。在深入研究长江上游水库群汛末联合蓄水方式的同时，进一步建立长江上游水库群汛末联合蓄水统一协调机制，统筹协调上下游、干支流水库蓄水时机和进程，在兼顾防洪、供水、航运、泥沙、水生态环境等方面需求的同时，提高水库群整体蓄满率，尽量减少梯级水库集中蓄水对下游河段或湖泊的不利影响。

9.8　新水沙条件下荆江三口河口疏浚方案研究

通过对荆江三口分流分沙、水资源利用、防洪、航运、水环境、水生态等现状及存在问题进行调查分析，结合洞庭湖四口水系综合整治论证及三峡水库科学调度关键技术第二阶段研究项目相关成果，以三峡水库为核心的上游梯级水库群联合调度下的新水沙条件为前置条件，从明确疏浚目标、疏浚整治比选方案、河口段疏浚整治效果和影响、疏浚方案设计及疏浚泥沙资源化利用等五个方面进行专题研究。荆江三口河口疏浚须统筹协调水资源、防洪和水生态水环境等方面的需求，其目标是在保障防洪安全的前提下，提高荆江三口枯水期分流能力，改善通流条件，延长通流时间，兼具改善通航条件。

9.8.1　疏浚方案比选

新水沙条件下，三峡水库 175 m 试验性蓄水后枝城站历年最小流量在 6 000 m³/s 附近，即日保证率 97%对应的流量，选定疏浚设计枯水流量为 6 000 m³/s，此流量级下松东河河口水位为 33.60 m，虎渡河 27.86 m，藕池河 24.87 m。荆江三口要满足全年通流，必要条件之一是河口高程要低于上述相应水位，河口下游河道沿程高程依据给定的河底坡降降低。综合多种因素确定设计水深，并考虑荆江三口现状与设计超深，最终提出荆江三口河口段疏浚比选方案。

将荆江三口河口疏浚基准线、断面形态、边坡、底宽等作为疏浚方案尺度参数，通过拟定不同底宽，制定了两个疏浚整治比选方案。各河口段疏浚断面均采用梯形型式，边坡采用 1：5，相关疏浚范围和参数如下：

松滋河口段：疏浚工程范围为松滋口—大口、松滋河西支大口—新江口、松滋河东支大口—沙道观，疏浚基准线起点高程为 31.7 m，其分支松西河与上游河道疏浚工程同坡比衔接，松东河疏浚基准线起点高程为 31.6 m，坡降 0.65/万。松滋河干流和松西河底宽采用 70 m 和 60 m，松东河底宽采用 60 m 和 50 m。

虎渡河口段：疏浚工程范围为虎渡河口—弥陀寺，疏浚基准线起点高程为 25.86 m，坡降 0.15/万，底宽分别为 60 m 和 50 m。

藕池河口段：疏浚工程范围为藕池河口—管家铺，疏浚基准线起点高程为 22.87 m，坡降 0.25/万，底宽分别为 60 m 和 50 m。

9.8.2　疏浚效果和影响

为模拟不同疏浚设计方案下荆江三口水沙输移及河床演变过程，建立了一维河网数学模型，并运用该模型对河口段疏浚整治效果和影响进行计算分析。综合分析两个疏浚整治方案对荆江三口分流变化及河道断流、对防洪及航运的不同影响确定推荐方案。

在改善河道通流与提高分流比方面，各河口段疏浚效果分析结论如下。

松滋河河口段的疏浚效果较明显。疏浚效果分析表明，对于松滋河，两套疏浚方案均能较好解决松东河的断流问题，延长其通流时间并增大分流比，其全年通流的保证率高；松西河原本不存在断流问题，在疏浚方案实施后，其非汛期的分流比有一定程度增大，但在汛期，分流比无明显变化趋势。河口疏浚不但解决了松东河的断流问题，从断流180多天到基本全年通流；同时也提高了松滋河的分流能力，增幅为12.01%。

虎渡河河口段疏浚效果受下游南闸阻流影响较大。疏浚效果分析表明，对于虎渡河，由于其下游约92 km处南闸底板高程较高（34.02 m），两套疏浚方案仅为河口疏浚，故通流改善效果不明显，对分流量的增加作用也不大。因河道自身地形制约，仅对虎渡河河口段实施疏浚，年断流时间减少18天，对河道通流时间的延长效果较小；年分流量增幅仅为1.86%，分流能力提高不明显。若不考虑水面比降，虎渡河根据河口水位的变化又可分为3种通流形态：当水位高于设计河口疏浚高程25.86 m，低于中河口断面深泓高程28.50 m时表现为倒灌通流；当水位高于中河口断面深泓高程，低于南闸底板高程时，虎渡河经由中河口流向松滋河东支，表现为借道通流；当水位高于南闸底板高程34.02 m时表现为全线通流。

藕池河疏浚研究范围下游高河床逆坡对河口段疏浚效果有较大影响。疏浚效果分析表明，对于藕池河，由于在管家铺下游60 km范围内存在阻碍水流通流的逆坡河段，河口段疏浚对通流时长及分流量的提高效果较小，仅汛期的分流比略有增加。藕池河河口段的疏浚，其年断流时间的改善仅与疏浚前相差1~2天，对河道通流时间的延长基本无增加；年分流量增幅仅为0.92%，其分流能力并无明显提高。

荆江三口河口段疏浚后，对荆江干流及三口水系下游防洪存在影响但影响有限。由于分流增加导致荆江干流下游流量减少，对荆江下游防洪有利，荆江三口分流量增大，进入洞庭湖的水量增加，对荆江三口下游防洪不利。但由于疏浚的主要为枯水河槽，分流量的提升主要集中在枯水期或低流量级时段，枯水期或高流量级下分流量提升十分有限，故洪水期间，分流比仅略有增加，流量变化相对较小。因此，荆江三口河口段的疏浚不会增加荆江三口本身及洞庭湖区的防洪压力，其压力主要来自汛期三峡下泄流量和流域内降雨。

疏浚工程对取水口的影响主要体现在施工期影响和运行期影响两个方面，疏浚方案实施后的运行期影响主要体现在水位及通流时间变化两个方面。采取相应补救措施后，施工期对取水基本无不利影响。疏浚方案实施后的运行期，河口段也即疏浚工程区域及上、下游附近一定水域范围内的水位受到影响，同流量下水位在洪水流量下几乎不发生改变，在枯水流量下将会有所降低，但其最大变化幅度及整体影响范围十分有限，同时由于通流条件的改善，通流时间的延长，松滋河东支、虎渡河、藕池河在枯水流量下由断流无水供给变为通流供给取水，整体影响是利大于弊。

荆江三口河口段疏浚后，对航运有利但作用有限。松滋河、藕池河、虎渡河要达到某一标准的全线通航，实现通航条件的真正改善，不能仅靠河口段疏浚，还需整体规划航线、全线疏浚，同时需要多个部门协调统筹，采用多种形式整治措施并定期维护。

荆江三口河口段疏浚后，短期内疏浚工程区域将发生回淤，但其回淤程度有限。新水沙条件下荆江三口河口段及其下游河道在自然条件下均处于冲刷状态，荆江三口河口段疏浚后，短期内疏浚工程区域将发生回淤，但回淤程度有限，荆江三口河口段整体仍长期呈冲刷状态。由于坝下游荆江河段的冲深速度较快，同流量下荆江三口河口水位和水深逐年减小，荆江三口分流能力逐年减小的趋势不变，若要保证疏浚效果，需要适时对河道进行二次疏浚，若要保证荆江三口下游河道的通流，则需要开展长河段的疏浚。

9.8.3　推荐疏浚方案设计

松滋河口疏浚设计：疏浚工程范围疏浚松 03 断面为起始控制断面，松滋河西支松 24 断面为终止控制断面，松滋河东支松 105.1 断面为终止控制断面，全长 56.75 km。松滋河疏浚基准线起点高程为 31.7 m，其分支松西河与上游河道疏浚工程同坡比衔接，松东河疏浚基准线起点高程为 31.6 m，疏挖河底纵向坡降 0.65/万，梯形断面，边坡坡比 1∶5，松滋河干流和松西河底宽 70 m，松东河底宽 60 m。

虎渡河口疏浚设计：疏浚工程范围虎渡河虎 1 断面为起始控制断面（虎 1 断面距离虎河河口处 420 m），弥陀寺断面为终止控制断面，全长 7.26 km。疏浚基准线起点高程为 25.86 m，疏挖河底纵向坡降 0.15/万，梯形断面，边坡坡比 1∶5，底宽 60 m。

藕池河口疏浚设计：疏浚工程范围藕池河荆 86+2 断面为疏浚起始控制断面（荆 86+2 距离上游藕池河口为 400 m），管家铺断面为终止控制断面，全长 16.99 km。疏浚基准线起点高程为 22.87 m，疏挖河底纵向坡降 0.25/万，梯形断面，边坡坡比 1∶5，底宽 60 m。

推荐方案的疏浚总工程量为 14 587 787 m^3，其中松滋河为 9 253 640 m^3，虎渡河为 1 093 321 m^3，藕池河为 4 240 826 m^3。不考虑陆路转运的疏浚直接工程费用 38 785 万元，其中松滋河河口疏浚工程费用 24 603 万元，虎渡河河口疏浚工程费用 2 907 万元，藕池河河口疏浚工程费用 11 275 万元。推荐使用 200 m^3/h 环保绞吸式挖泥船进行疏浚施工，枯水期可适当结合实际地形利用陆地挖掘机陆上干挖，配合自卸车运输。疏浚需提高施工环保要求，在疏浚过程中尽可能避免对水体环境产生不利影响。

第 10 章

三峡水库优化调度与水生态环境演变

　　三峡工程建成以来，在防洪、发电、航运、水资源综合利用、生态补水等方面发挥了巨大的社会、经济和生态效益，同时对三峡水库及长江中下游生态环境产生了影响。其中备受社会关注，且可通过三峡水库运行调度进行调控的因子有水质、库区支流水华、通江湖泊湿地等。本章分析三峡工程建成运行后水库及长江中下游干流水质变化趋势、三峡库区支流水华发生的影响因素及机制、洞庭湖湿地植被及其演变特征。揭示三峡水库及长江中下游干流水质、库区支流水华和洞庭湖湿地变化与三峡水库调度运行的响应关系，为三峡水库优化调度、长江水生态修复提供技术支撑。

10.1　三峡水库运用与水质的响应关系

10.1.1　三峡水库运用与水库干流水质变化

采用 1998～2019 年寸滩断面、清溪场断面、沱口断面、十里铺断面、碚石（官渡口）断面、太平溪断面等 6 个断面逐月的水质数据，分消落期、汛期、蓄水期和高水位运行期对三峡水库的水质进行评价。评价结果见表 10.1，可以看出寸滩断面 2003 年和 2007 年汛期水质为 IV 类，超标因子分别为高锰酸盐指数和总磷。清溪场断面 2007 年汛期和 2011 年消落期、汛期水质为 IV 类，超标因子为总磷。沱口断面 2003 年和 2007 年汛期水质为 IV 类，超标因子为总磷。其余水质断面水质良好，符合 II～III 类标准。

表 10.1　三峡水库干流各断面水质总体评价

断面名称	年份	消落期(1～5 月)		汛期(6～9 月)		蓄水期(10 月)		高水位运行期(11～12 月)	
		水质类别	超标因子	水质类别	超标因子	水质类别	超标因子	水质类别	超标因子
寸滩断面	2003	—	—	IV	高锰酸盐指数(0.13)	II	—	III	—
	2007	II	—	IV	总磷(0.16)	III	—	III	—
	2011	III	—	III		III	—	III	—
	2015	III	—	III		III	—	III	—
	2019	II	—	III		II	—	II	—
清溪场断面	2003	III	—	II		II	—	II	—
	2007	II	—	IV	总磷(0.17)	III	—	III	—
	2011	IV	总磷(0.19)	IV	总磷(0.17)	III	—	III	—
	2015	II	—	II		II	—	II	—
	2019	II	—	III		II	—	II	—
沱口断面	2003	—	—	IV	高锰酸盐指数(0.12)	III	—	III	—
	2007	II	—	IV	高锰酸盐指数(0.13)	II	—	II	—
	2011	III	—	III		III	—	III	—
	2015	III	—	II		III	—	III	—
	2019	II	—	II		II	—	II	—
十里铺断面	2003	II	—	II		III	—	III	—
	2007	II	—	III		II	—	II	—
	2011	III	—	III		II	—	III	—
	2015	III	—	II		II	—	II	—
	2019	II	—	II		II	—	II	—
碚石（官渡口）断面	2003	III	—	III		II	—	III	—
	2007	III	—	III		II	—	II	—
	2011	III	—	III		II	—	II	—
	2015	III	—	II		II	—	I	—
	2019	II	—	II		II	—	II	—

断面名称	年份	消落期 （1～5 月）		汛期 （6～9 月）		蓄水期 （10 月）		高水位运行期 （11～12 月）	
		水质类别	超标因子	水质类别	超标因子	水质类别	超标因子	水质类别	超标因子
太平溪断面	2003	II	—	II	—	II	—	II	—
	2007	II	—	II	—	II	—	II	—
	2011	III	—	II	—	II	—	II	—
	2015	III	—	II	—	II	—	II	—
	2019	II	—	II	—	II	—	II	—

总体来看，三峡水库干流水质较好，大部分处于 II～III 类标准，主要污染物为高锰酸盐指数和总磷。从三峡水库不同调度时期来看，汛期水质较差，其余调度时期水质较好。选择三峡水库干流水质超标因子总磷、高锰酸盐指数为分析指标，分析 6 个断面三峡水库运行调度消落期（1～5 月）、汛期（6～9 月）、蓄水期（10 月）及高水位运行期（11～12 月）的超标因子变化情况。

三峡水库不同调度时期总磷质量浓度变化如图 10.1 所示，整体来看，三峡水库干流总磷质量浓度在汛期最高，高水位运行期最低。其中消落期、高水位运行期各断面总磷质量浓度主要在中小洪水调度阶段最高，如消落期清溪场断面为 0.15 ± 0.08 mg/L，显著高于另外两个工程阶段的 0.07 ± 0.02 mg/L、0.08 ± 0.05 mg/L（$P < 0.05$）。汛期和蓄水期各断面总磷质量浓度主要在水库建成运行阶段最高，如汛期寸滩断面为 0.28 ± 0.10 mg/L，显著高于另外两个工程阶段的 0.05 ± 0.03 mg/L、0.17 ± 0.09 mg/L（$P < 0.05$）。

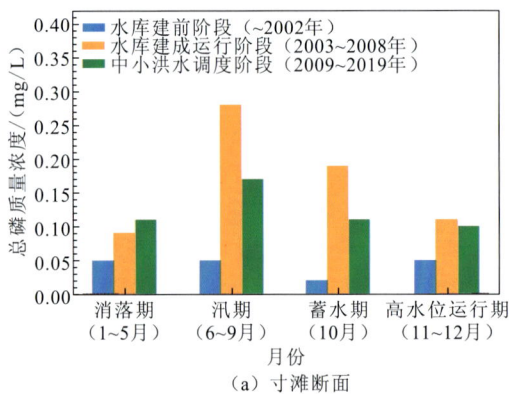

（a）寸滩断面

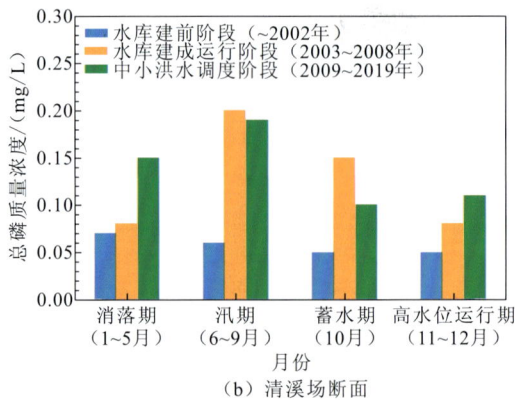

（b）清溪场断面

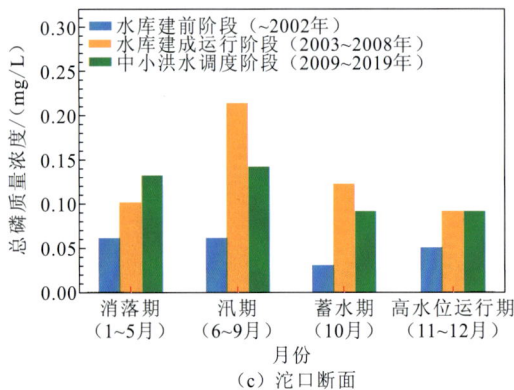

（c）沱口断面

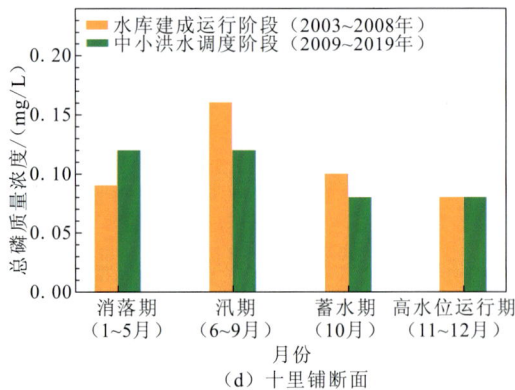

（d）十里铺断面

（e）碚石（官渡口）断面　　　　　　　　　　（f）太平溪断面

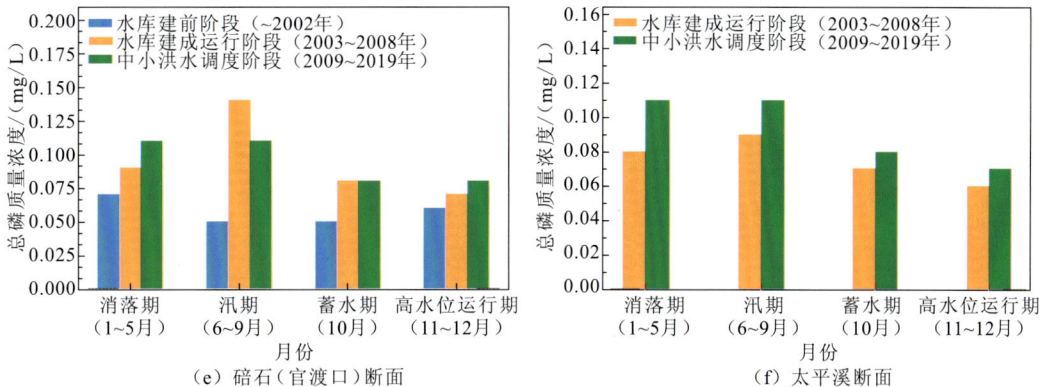

图 10.1　三峡水库干流各断面不同调度时期总磷质量浓度变化

　　三峡水库不同调度时期高锰酸盐指数变化如图 10.2 所示，整体来看各断面高锰酸盐指数在汛期最高，其余时期较低；4 个调度时期均为水库建成运行阶段最高，其余阶段较低。如寸滩断面汛期水库建成运行阶段高锰酸盐指数为 5.28±1.65 mg/L，显著高于其余工程阶段的 2.44±0.50 mg/L、3.14±1.63 mg/L（$P<0.05$）。

　　三峡水库水质演变与水库调度运行的响应关系见表 10.2。水质年际变化表明，各断面总磷质量浓度年均值、高锰酸盐指数年均值在水库建设运行后均无显著变化趋势，而总磷质量浓度年均值和高锰酸盐指数年均值在中小洪水调度后有一定的下降趋势，但各时期水质突变情况均与三峡水库各工程阶段间无明显相关规律，水质突变节点与工程时间节点不相吻合。

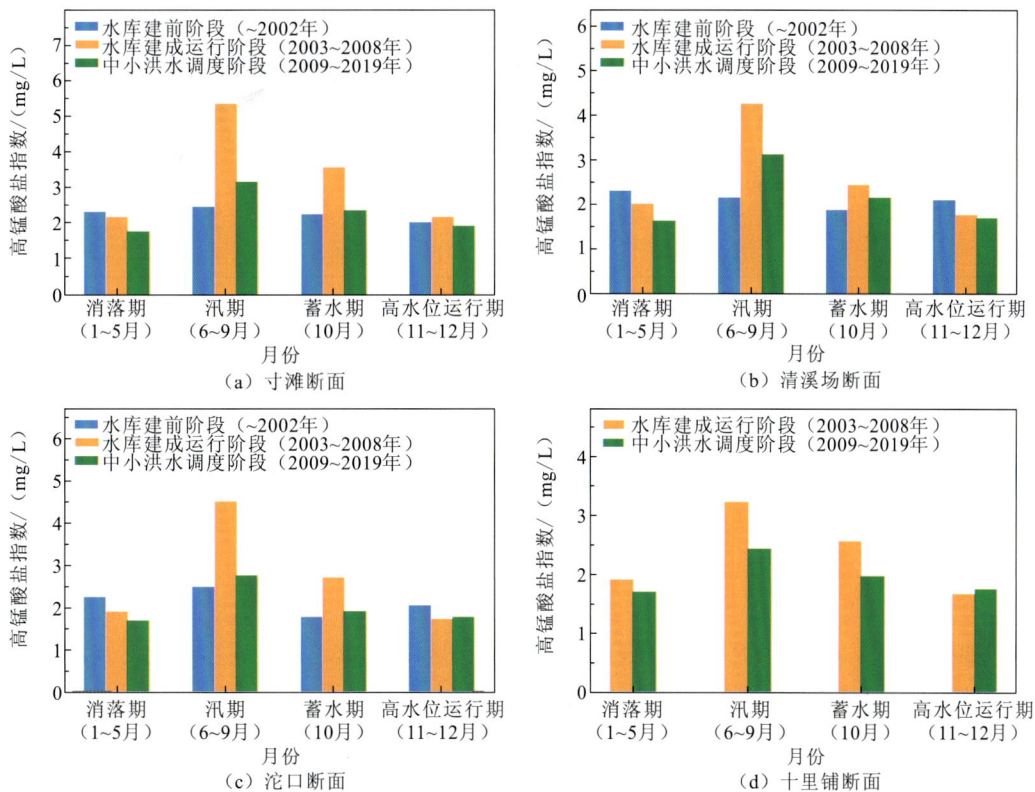

（a）寸滩断面　　　　　　　　　　　　　　　（b）清溪场断面

（c）沱口断面　　　　　　　　　　　　　　　（d）十里铺断面

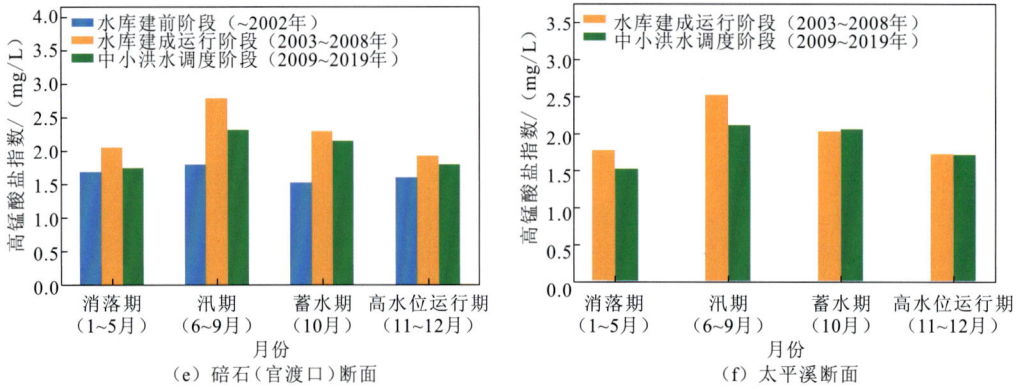

图 10.2 三峡水库干流各断面不同调度时期高锰酸盐指数变化

表 10.2 三峡水库水质演变与水库调度运行的响应关系

主要指标	水库建成运行阶段与水库建前阶段相比			中小洪水调度阶段与水库建成运行阶段相比		
	变化趋势	变化情况	影响情况	变化趋势	变化情况	影响情况
总磷	无显著变化趋势	有突变	总磷变化趋势及突变情况与三峡水库建成运行阶段的时间节点不相吻合,水库建成运行未明显对水库总磷造成影响	清溪场断面、沱口断面、十里铺断面为下降趋势,其余断面均无显著变化趋势	有突变	总磷变化趋势及突变情况与三峡水库中小洪水调度阶段的时间节点不相吻合,中小洪水调度未明显对水库总磷浓度造成影响
高锰酸盐指数	无显著变化趋势	有突变	高锰酸盐指数变化趋势及突变情况与三峡水库建成运行阶段的时间节点不相吻合,水库建成运行未明显对水库高锰酸盐指数造成影响	下降趋势	有突变	高锰酸盐指数变化趋势及突变情况与三峡水库中小洪水调度阶段的时间节点不相吻合,中小洪水调度未明显对水库高锰酸盐指数造成影响

水质年内变化表明,总磷质量浓度和高锰酸盐指数均为汛期最高,4 个调度时期主要为水库建成运行阶段高于中小洪水调度阶段。三峡水库水质变化未明显受三峡水库建成运行及中小洪水调度的影响,水库水质变化可能与泥沙变化及流域污染排放有关。

10.1.2 三峡水库运用与长江中下游干流水质变化

采用 2003~2019 年长江中下游干流黄陵庙断面、宜昌水文测流断面、螺山断面、汉口37 码头断面、西塞山断面、九江化工厂下游断面、下渡口断面、大通水文测流断面逐月 24项水质数据,分三峡水库调度消落期、汛期、蓄水期和高水位运行期 4 个时期对水质进行评价（表 10.3）,可以看出长江中下游干流水质较好,大部分处于 II~III 类标准,主要超标因子为氨氮和总磷。螺山断面在 2011 年水库消落期的水质为 V 类,超标因子为氨氮。大通水文测流断面在 2011 年水库蓄水期的水质为 IV 类,超标因子为总磷。其余断面水质良好,符合 II~III 类标准。

表 10.3　长江中下游干流各断面水质评价

断面名称	年份	消落期（1~5 月）		汛期（6~9 月）		蓄水期（10 月）		高水位运行期（11~12 月）	
		水质类别	超标因子	水质类别	超标因子	水质类别	超标因子	水质类别	超标因子
黄陵庙断面	2003	III	—	III	—	III	—	II	—
	2007	II	—	III	—	II	—	II	—
	2011	III	—	III	—	II	—	II	—
	2015	III	—	III	—	III	—	II	—
	2019	II	—	II	—	II	—	II	—
宜昌水文测流断面	2003	III	—	III	—	II	—	II	—
	2007	II	—	III	—	II	—	II	—
	2011	III	—	III	—	II	—	II	—
	2015	II	—	II	—	II	—	I	—
	2019	II	—	II	—	II	—	III	—
螺山断面	2003	III	—	III	—	III	—	III	—
	2007	II	—	II	—	II	—	III	—
	2011	V	氨氮（0.6）	III	—	III	—	III	—
	2015	III	—	III	—	II	—	III	—
	2019	II	—	II	—	II	—	II	—
汉口 37 码头断面	2003	III	—	III	—	III	—	III	—
	2007	III	—	III	—	III	—	III	—
	2011	III	—	III	—	III	—	III	—
	2015	II	—	II	—	II	—	III	—
	2019	II	—	II	—	II	—	II	—
西塞山断面	2003	II	—	III	—	II	—	II	—
	2007	II	—	II	—	II	—	III	—
	2011	III	—	III	—	III	—	III	—
	2015	III	—	III	—	III	—	III	—
	2019	II	—	II	—	II	—	II	—
九江化工厂下游断面	2003	II	—	II	—	II	—	II	—
	2007	III	—	III	—	III	—	III	—
	2011	III	—	III	—	III	—	III	—
	2015	III	—	III	—	III	—	III	—
	2019	II	—	II	—	II	—	III	—
下渡口断面	2003	—	—	—	—	—	—	—	—
	2007	II	—	II	—	II	—	II	—
	2011	II	—	II	—	II	—	II	—
	2015	II	—	II	—	II	—	II	—
	2019	II	—	II	—	II	—	II	—
大通水文测流断面	2003	II	—	II	—	II	—	II	—
	2007	III	—	II	—	III	—	III	—
	2011	III	—	III	—	IV	总磷（0.09）	III	—
	2015	II	—	II	—	II	—	II	—
	2019	II	—	II	—	II	—	II	—

选择长江中下游干流水质超标因子总磷、氨氮为分析指标，分析 8 个断面在三峡水库消落期（1～5 月）、汛期（6～9 月）、蓄水期（10 月）以及高水位运行期（11～12 月）的质量浓度变化。

三峡水库不同调度时期长江中下游干流总磷质量浓度变化如图 10.3 所示，其中螺山断面 4 个调度时期除消落期外，均为水库建前阶段总磷质量浓度最高。以蓄水期为例，水库建前阶段总磷质量浓度为 0.13 ± 0.00 mg/L，水库建成运行阶段为 0.09 ± 0.02 mg/L（$P<0.05$），中小洪水调度阶段为 0.11 ± 0.03（$P>0.05$），水库建前阶段高于水库建成运行阶段和中小洪水调度阶段。汉口 37 码头断面总磷质量浓度在水库建成运行阶段和中小洪水调度阶段的 4 个运行调度时期均较高，以消落期为例，水库建成运行阶段和中小洪水调度阶段分别为 0.13 ± 0.02 mg/L 和 0.13 ± 0.03 mg/L，显著高于水库建前阶段的 0.05 ± 0.02 mg/L（$P<0.05$）。其余断面只在水库建成运行阶段有监测数据，4 个调度时期总体为中小洪水调度阶段高于水库建成运行阶段，以黄陵庙断面消落期为例，中小洪水调度阶段总磷质量浓度为 0.12 ± 0.03 mg/L，显著高于水库建成运行阶段的 0.08 ± 0.02 mg/L（$P<0.05$）。

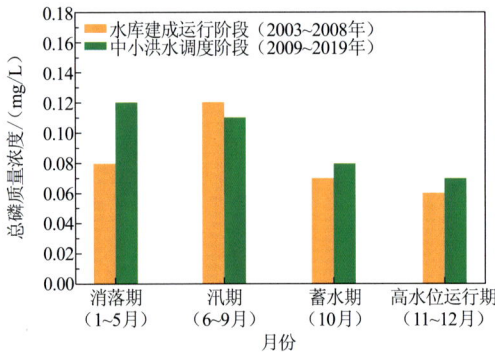

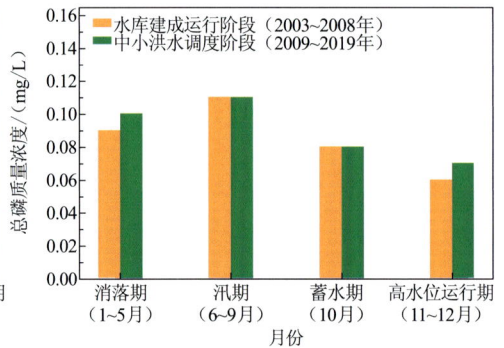

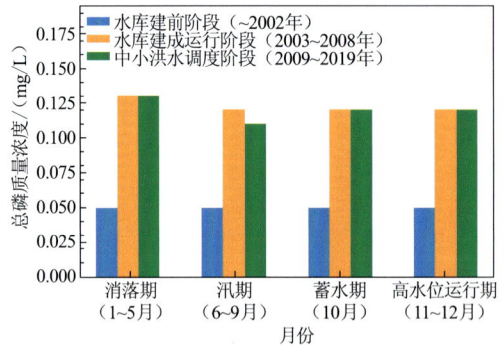

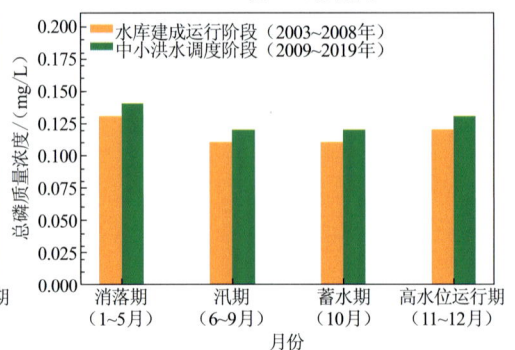

（a）黄陵庙断面　　（b）宜昌水文测流断面　　（c）螺山断面　　（d）汉口37码头断面　　（e）西塞山断面　　（f）九江化工厂下游断面

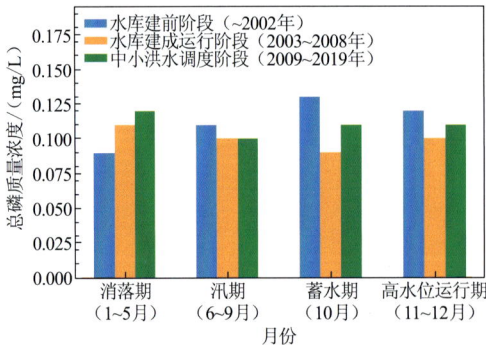

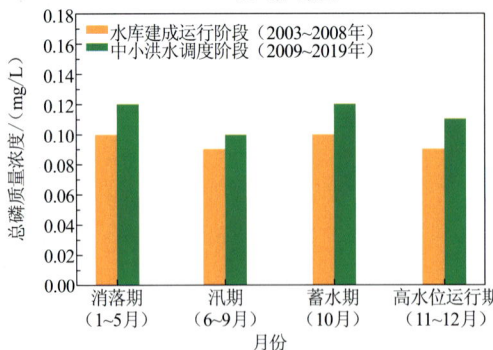

（g）下渡口断面　　　　　　　　　　　　　　（h）大通水文测流断面

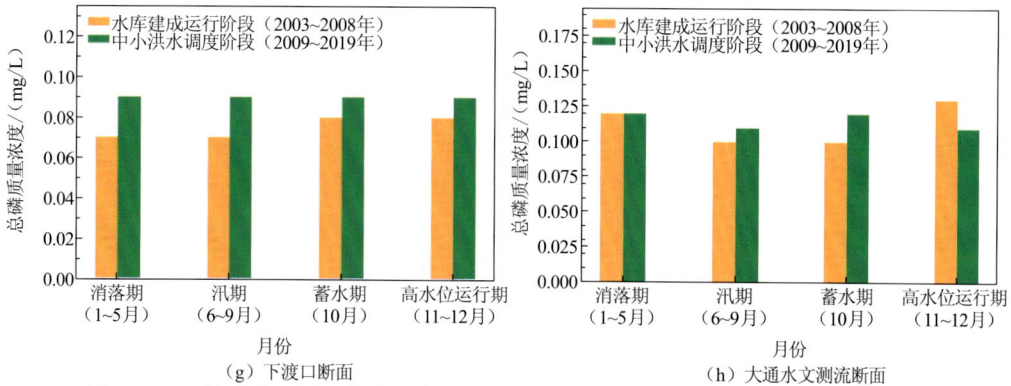

图 10.3　三峡水库不同工程阶段各调度运行时期长江中下游干流总磷质量浓度变化

三峡水库不同调度时期长江中下游氨氮质量浓度变化如图 10.4 所示，黄陵庙断面、螺山断面、西塞山断面和九江化工厂下游断面 4 个断面在 4 个调度时期总体为中小洪水调度阶段高于水库建成运行阶段。以西塞山断面的汛期为例，水库建成运行阶段为 0.06±0.03 mg/L，中小洪水调度阶段为 0.14±0.04 mg/L，呈现极显著升高（$P<0.01$）。汉口 37 码头断面 4 个调度时期均为水库建前阶段高于其余两个阶段，以消落期为例，水库建前阶段为 0.28±0.08 mg/L，水库建成运行阶段和中小洪水调度阶段分别为 0.17±0.09 mg/L 和 0.15±0.11 mg/L，水库建前阶段显著高于建成运行阶段和中小洪水调度阶段（$P<0.05$）。宜昌水文测流断面、下渡口断面、大通水文测流断面只在水库建成运行阶段有监测数据，4 个调度时期总体为水库建成运行阶段高于中小洪水调度阶段，以下渡口断面高水位运行期为例，水库建成运行阶段为 0.30±0.07 mg/L，中小洪水调度阶段为 0.20±0.08 mg/L，水库建成运行阶段显著高于中小洪水调度阶段（$P<0.05$）。

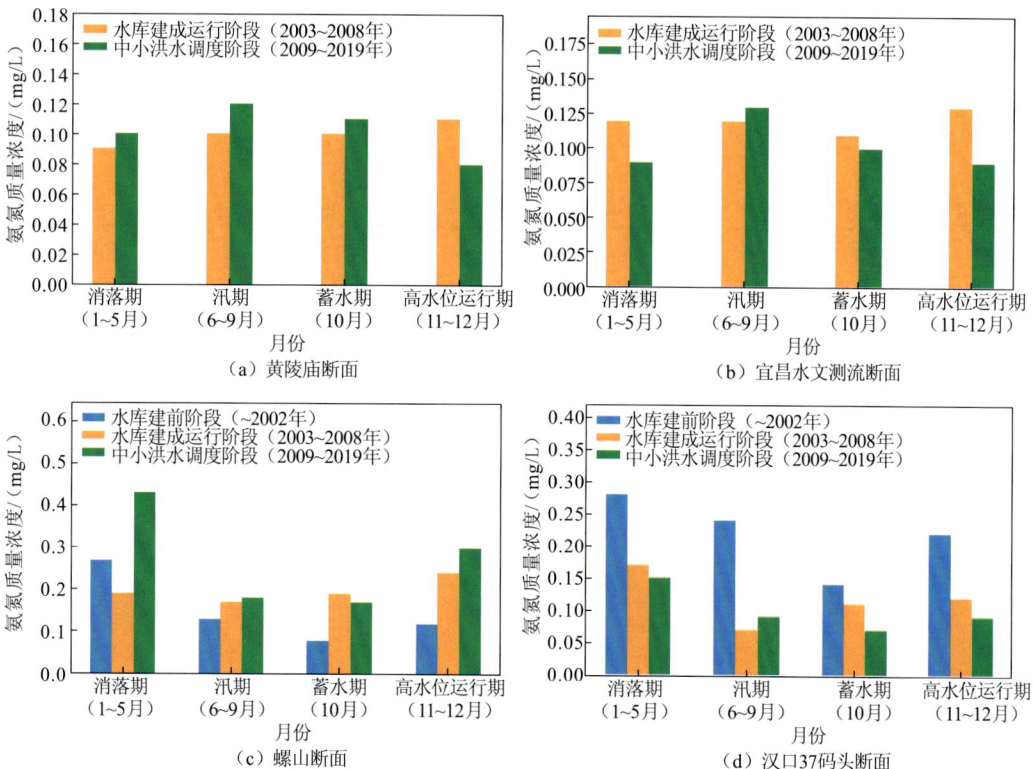

（a）黄陵庙断面　　　　　　　　　　　　　　（b）宜昌水文测流断面

（c）螺山断面　　　　　　　　　　　　　　（d）汉口37码头断面

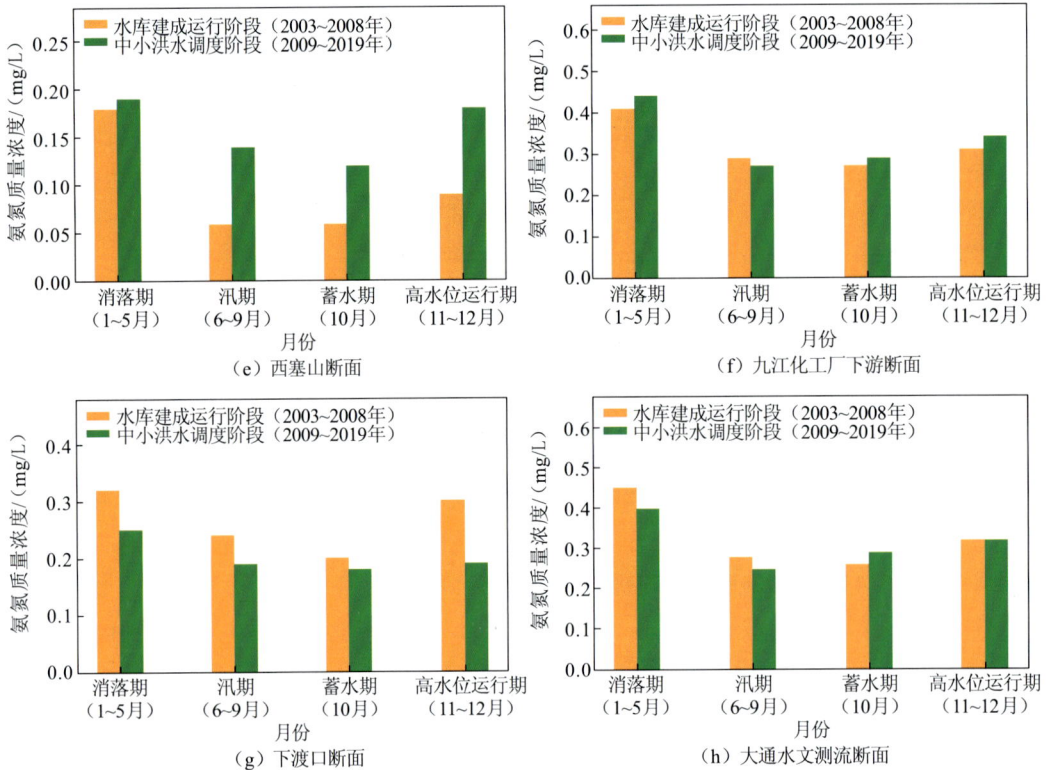

图 10.4　三峡水库不同工程阶段各调度运行时期长江中下游干流氨氮质量浓度变化

长江中下游干流水质演变与水库调度运行的响应关系见表 10.4。水质年际变化表明，氨氮质量浓度年均值在水库建成运行阶段呈现显著下降趋势，总磷质量浓度年均值在中小洪水调度阶段呈现显著下降趋势，其余指标在两个水库工程阶段均无显著变化趋势，但各时期水质突变情况均与三峡水库各工程阶段无明显相关规律，水质突变节点与工程时间节点不相吻合。

表 10.4　长江中下游干流水质演变与水库调度的影响关系

主要指标	水库建成运行阶段与水库建前阶段相比			中小洪水调度阶段与水库建成运行阶段相比		
	变化趋势	变化情况	影响情况	变化趋势	变化情况	影响情况
总磷	无显著变化趋势	有突变	总磷变化趋势及突变情况与三峡水库建成运行阶段的时间节点不相吻合，水库建成运行未明显对中下游总磷造成影响	下降趋势	有突变	总磷变化趋势及突变情况与三峡水库中小洪水调度阶段的时间节点不相吻合，中小洪水调度未明显对长江中下游干流总磷造成影响
氨氮	下降趋势	无突变	氨氮变化趋势及突变情况与三峡水库建成运行阶段的时间节点不相吻合，水库建成运行未明显对中下游氨氮造成影响	无显著变化趋势	有突变	氨氮变化趋势及突变情况与三峡水库中小洪水调度阶段的时间节点不相吻合，中小洪水调度未明显对长江中下游干流氨氮造成影响

10.2　三峡水库运用与支流水华响应关系

10.2.1　水华发生影响因子识别

三峡水库水华的发生往往是多种因素综合作用的结果，因素包括三峡水库的水文条件、营养盐、光照、温度和生物因素等。其中，营养盐是水华发生的根本原因，温度、光照、水文条件等环境因素是水华发生和演替的重要影响因子（牛晓君，2006）。

1. 营养盐

一般来说，藻类生长所需的主要营养元素是氮和磷。氮是藻类自身的组成元素，磷直接参与藻类光合作用、呼吸作用、酶系统活化和能量转化等过程，这两者都是藻类生长过程中不可缺少的关键营养因子（刘信安 等，2006；牛晓君，2006）。水华的实质是水体生态系统失衡而导致的某种优势藻类的大量繁殖。水体的氮、磷等营养条件是藻类生长的物质基础。三峡水库蓄水后，大量的有机质和无机氮、磷在三峡水库积累和滞留，为三峡水库的浮游植物提供了丰富的营养物质。另外，三峡水库经过 135 m 水位、175 m 水位二期蓄水，江水倒灌使支流形成了由原河流中段至河口约 5~25 km 的回水区，由于流程的缩短和水体交换的减弱，除在丰水期回水区有部分水体交换外，长江干流丰富的营养物有相当一部分滞留在支流回水区内。同时大量植被在蓄水期长时间的浸泡过程中，逐渐腐化分解，产生大量的腐殖酸，为藻类暴发性生长提供了充足的营养物质，为发生"水华"造就了良好的条件。目前大部分的支流已经达到了中营养到富营养状态。支流的氮、磷质量浓度远高于湖库水体出现水华的总氮、总磷的临界质量浓度 0.20 mg/L、0.02 mg/L。由此可见，三峡水库支流藻类生长具有充足的营养基础，已经具备发生水华的物质条件。

2. 温度

三峡水库建成后，局部地区水文气候格局发生了改变，气温和水温受到影响。适宜的温度有利于藻类进行光合作用，加快酶促反应，增加生物量，促进藻类水华的发生。不同浮游藻类具有不同的临界和最大生长温度，硅藻适应的温度范围较广，在 15~35℃均可良好生长，以 20~30℃为最佳。有研究指出甲藻能在 10~28℃条件下大量繁殖，一旦条件适宜，即可形成甲藻水华（Tang et al.，2007）。三峡水库典型水华藻类的生长特点是：春夏季节均能形成藻密度高峰，秋冬季节为藻密度低谷，藻类水华的多发期与生长峰期基本一致，多在春夏季。温度在水华形成与发展过程中起着重要作用，不同的水华优势藻种发生暴发性生长的温度不同，蓝藻水华往往发生在相对较高的温度条件下，而三峡水库支流的甲藻和硅藻水华发生在气温开始逐渐转暖、日照充足的初春。随着温度的升高，当超出甲藻和硅藻生长的最适温度范围时，甲藻、硅藻水华逐渐消退，适合较高温度的蓝藻、绿藻水华开始出现，三峡水库藻类水华季节性特征十分明显（叶麟，2006）。

3. 光照

2008 年 175 m 试验性蓄水之后水华发生的范围先减小后增大，水华发生期间平均藻类密度也有所增加。对比四条典型支流试验性蓄水前后透明度变化发现（图 10.5），175 m 蓄水之后，四条支流的透明度都有大幅度的增加。香溪河和小江春季水华期间藻类的密度在 175 m 蓄水后也大幅度增加，神农溪在此期间发生水华。光照对藻类光合作用和水华发生影响重大。室内试验研究发现，随着光照强度（1 000～5 000 lx）的增大，藻类生长的比增长率也加大。当光照强度由 1 000 lx 增加到 4 000 lx 时，藻类密度增加较快，4 000 lx 以后渐趋平缓，在 5 000 lx 基本达到最大值。在相同温度下，1 000～5 000 lx 的光照强度与藻类密度的增加可以用半对数或指数方程来表示（中国科学院水生生物研究所洪湖课题研究组，1991）。

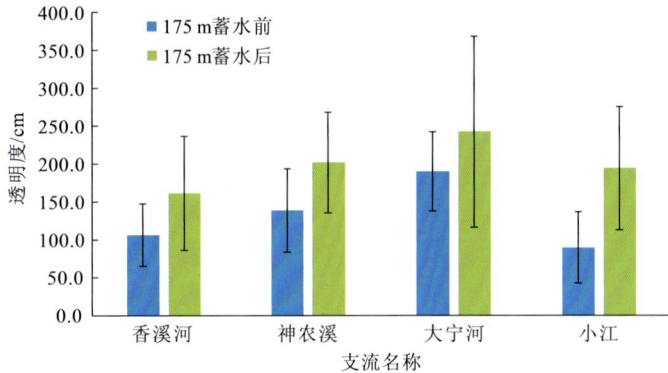

图 10.5　典型支流试验性蓄水前后透明度变化

　　三峡水库蓄水后支流流速降低，有利于泥沙沉淀，使支流库湾透明度增加，水体光照条件变得更加优良，改善了藻类的生长条件，有利于藻类的生长与繁殖，促进了三峡水库支流库湾藻类密度增加。

4. 水文条件

　　有研究表明大型水利工程尤其是拦河大坝的建立可以对河流浮游植物群落结构和动态变化产生显著的影响（庞燕飞和周解，2008）。大坝对水华的影响主要体现在改变流域水质和水文格局两个方面。大坝截流或限流期间，接纳的污染物不能充分稀释，下游江段的环境自净能力下降，造成营养盐含量升高，再加上水体交换时间增长，为水华的发生提供了有利条件。三峡水库上游水质一般优于下游，但是大坝的建立阻断了上游水体的流通，使得三峡水库及其附近汇入的支流形成了类似湖泊的静水系统，从而易于形成水华（王岚 等，2009；杨霞 等，2009）。

10.2.2　水库调度对浮游植物群落的影响

　　每年 6～8 月受亚洲季风的影响，大规模的降雨导致洪水进入三峡水库，不仅影响三峡大坝的正常运行，同时对长江下游的航运、经济生产、饮水等造成影响。在汛期，三峡水库需要兼顾防洪、发电和航运的需要，并以防洪为主要功能，需要下泄一定的水量，使水库处于低水位运行期，以确保长江中下游的安全；此时，三峡水库汛期的洪水调度显得尤为重要。洪水调度能显著改变库水位，水位波动能引起生物地球化学循环的改变。水位抬高，导致了干流水倒灌进入支流回水区，直接改变了三峡水库支流的水动力条件与水环境，进而影响了浮游藻类的生长与演替。

2013 年 7 月三峡水库汛期洪水调度期间在香溪河开展原位监测，研究三峡水库中小洪水调度对于三峡水库支流浮游藻类群落结构的影响与作用（彭成荣 等，2014）。

1. 样品采集和数据获取

2013 年 7 月 2～13 日，三峡水库进行了中小洪水调度，期间对香溪河两个位点：香溪河口（XXHK）和中游峡口镇（XK）进行原位采集分析（图 10.6），采样的深度为 0.5 m、1.0 m、2.0 m、5.0 m 和 10.0 m。

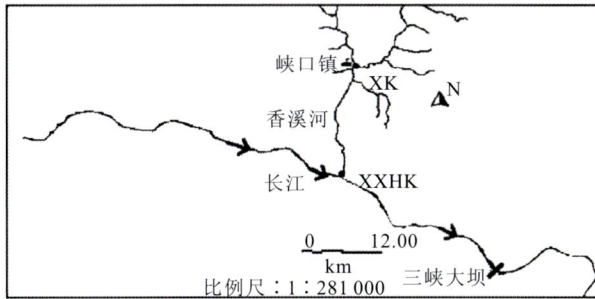

图 10.6　香溪河采样点位图

2. 水文特征

由图 10.7 可见，调查期间三峡水库水位为 145.63～148.36 m，峡口镇（XK）平均流速的变化幅度 8.1～40.0 mm/s 小于香溪河口（XXHK）的 27.5～90.5 mm/s，且峡口镇（XK）的平均流速显著低于香溪河口（XXHK）的平均流速（t 检验，$P<0.05$）。香溪河口位点位于河口，最先受到洪水作用引起水体平均流速的剧烈波动，而峡口镇位点位于河流的中游区域，受到洪水的直接作用较小。三峡水库中小洪水调度阶段，对上游洪峰进行了蓄洪和泄洪调度，引起了水位变动以及水体平均流速变化，同时洪水携带了大量悬浮物，引起了水体环境改变，香溪河靠近坝首，水文水动力学特征和水体环境改变显著。

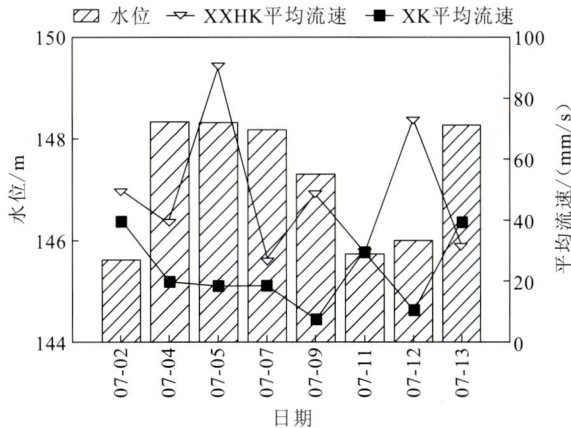

图 10.7　中小洪水调度期间香溪河水文特征

3. 光衰减系数

光衰减系数直接反映了光线在水体中衰减的剧烈程度,是水生态系统的重要影响因素。光线进入水体后,受到水体组分的吸收与散射作用,光线会逐步衰减。雨季的到来,为水体带来了大量的悬浮物,很大程度上影响了水体中光衰减系数的变化。中小洪水调度阶段,香溪河口与峡口镇的光衰减系数的变化见图 10.8。可以看出,在所监测的水层中,2.0~10.0 m 水层的光衰减系数在整个监测周期中波动幅度不大,而 0.5 m 和 1.0 m 水层的光衰减系数波动较大。在相同的采样深度,香溪河口的光衰减系数大于峡口镇,表明洪水从河口到河流中游的过程中可能存在一个衰减的过程。三峡水库中小洪水调度阶段,香溪河流域表层水体的光衰减系数波动较下层水体剧烈,这间接反映出在中小洪水调度阶段洪水向支流的运动主要发生在浅层的水体中,而水体的光学特性的改变会引起浮游藻类种群结构的变化。

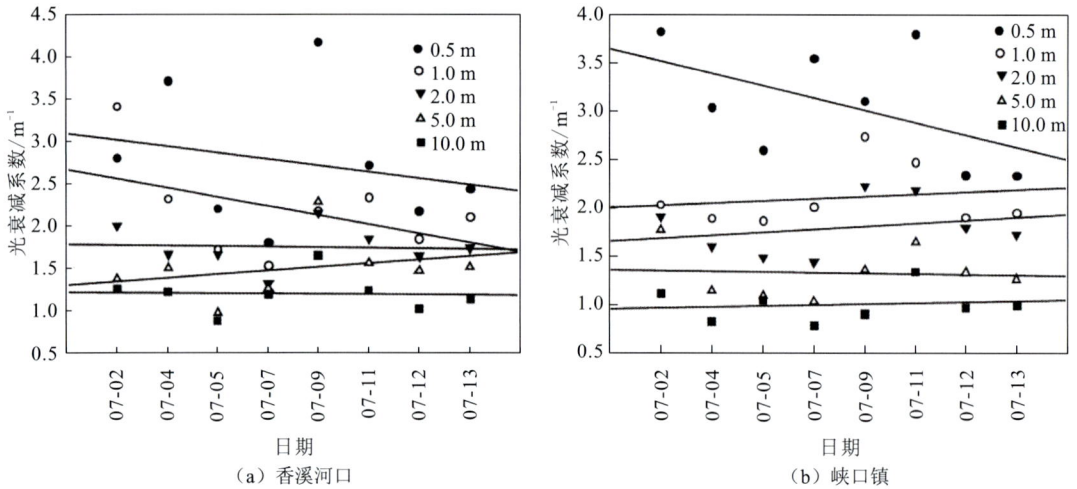

图 10.8　中小洪水调度期间香溪河光衰减系数变化

4. 浮游植物群落变化

中小洪水调度阶段香溪河藻类组成及多样性变化见图 10.9,香溪河浮游植物主要是蓝藻门的微囊藻属和硅藻门的小环藻属。香溪河口位点中小洪水调度初期的藻类组成结构中硅藻与蓝藻占据绝大多数,随着中小洪水调度进行,水体动力学条件发生改变,硅藻所占比例逐步降低,而蓝藻经过初期波动后逐渐在藻类组成中占据优势。样品中藻类组成越丰富,香农-维纳多样性指数越高,当硅藻所占比例最高时,香农-维纳多样性指数却降到了最低点,表明硅藻在取得竞争优势的同时抑制了其他藻类的生长与繁殖。

在峡口镇位点中小洪水调度初期的藻类组成以绿藻,硅藻和蓝藻为主,绿藻所占比例随时间逐渐下降,到调度后期降低到最低值,硅藻所占比例随时间在逐步升高,蓝藻所占比例小幅波动,其他藻类所占比例较小。河流中上游区域受到洪水作用较河口区域小,在扰动程度较低时,硅藻所占比例逐步升高,而蓝藻与绿藻所占比例却降低。调度初期香农-维纳多样性指数较高,而随着硅藻在藻类组成中逐渐取得优势地位,香农-维纳多样性指数在逐步降低。

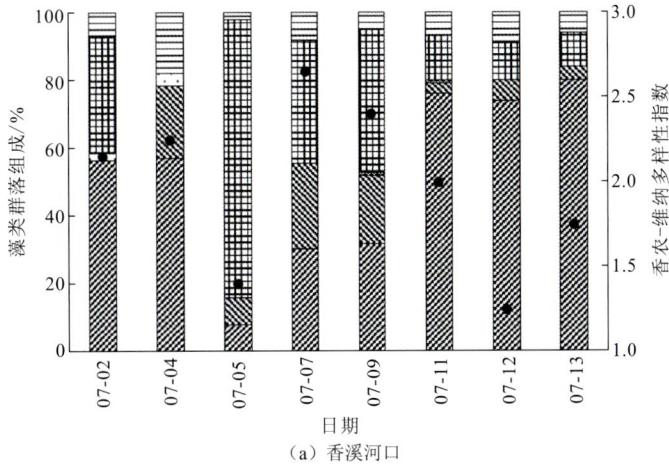

（a）香溪河口

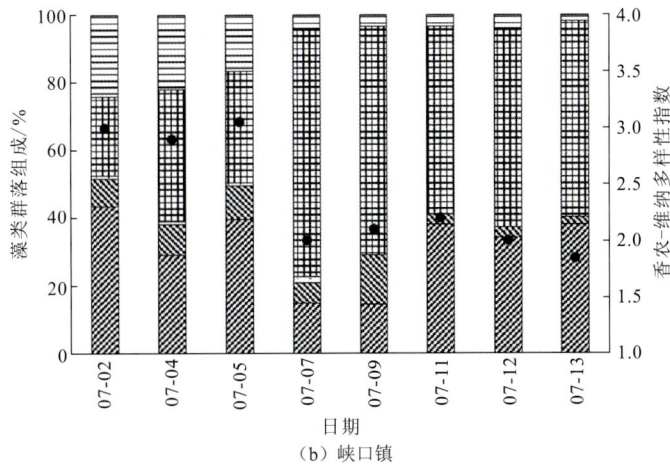

（b）峡口镇

图 10.9　中小洪水调度期间香溪河藻类组成及多样性变化

10.2.3　水华与水库调度的响应关系分析

浮游植物及水华与水库调度的响应关系见表 10.5。浮游植物方面，调度期间洪水进入支流主要发生在浅表层水体，洪水改变了浅表层水体的光学特性，水体光线会逐步衰减。调度前香溪河流域的优势藻类类群为蓝藻与硅藻，蓝藻所占比例高于硅藻，调度结束后，河流中上游水域硅藻占据优势。中小洪水调度使香溪河香农-维纳多样性指数有所降低，中小洪水调度的动态水位与流速变化降低了物种多样性，水环境的变化使浮游藻类生长的生境受到破坏，水库动态水位有助于抑制藻类的生长，降低水华暴发的风险。中小洪水调度产生的流速及水位等水动力条件变化引起了浮游植物在调度期间的密度显著降低，其他因素如营养盐则变化较小，因此中小洪水调度是浮游植物密度降低的主要影响因子。

表 10.5　浮游植物及水华与水库调度的响应关系

主要指标	三峡水库建成运行阶段与水库建前阶段相比			中小洪水调度阶段与水库建成运行阶段相比		
	变化趋势	变化情况	影响情况	变化趋势	变化情况	影响情况
浮游植物	—	—	—	—	—	中小洪水调度阶段水体光线有所衰减；藻类香农-维纳多样性指数及浮游植物密度有所降低，水位变化使浮游藻类生长生境受到破坏，有助于抑制藻类的生长，降低水华暴发的风险
水华	支流开始发生水华	三峡水库建成运行后，三峡水库支流发生水华的频次大大增加	丰富的营养盐是水华发生的内在原因，光照、温度、水文条件等环境因素是水华发生和演替的重要影响因子。三峡水库建成运行阶段，三峡水库支流流速降低，干流顶托营养物质积累，为藻类快速繁殖提供了条件	支流水华发生频次下降	—	中小洪水调度阶段，三峡水库支流水华发生频次自2010年的18次降低至2017~2020年的3次，库区营养盐并未显著降低，初步认为中小洪水调度降低三峡水库支流水华的发生频次

注：—表示无长时间序列数据。

水华方面，中小洪水调度阶段，三峡水库支流水华发生频次自 2010 年的 18 次，降低至 2017~2020 年的 3 次，降至历史观测年来最低水平。与此同时，库区营养盐在中小洪水调度期间并未显著降低，因此初步认为中小洪水调度显著降低了三峡水库支流水华的发生频次。

10.3　三峡水库运用与洞庭湖湿地变化响应关系

10.3.1　洞庭湖湿地演变

洞庭湖湿地景观类型主要包括：水体、泥沙滩地、草滩地、芦苇滩地和杨树林滩地。各湿地类型的面积变化不仅是各种湿地景观相互演替的展现，而且与湿地的生物群落、能量交换、生态功能等息息相关。根据洞庭湖湿地分类图，可以得到 1995~2020 年各类景观类型的面积比例和相对变化趋势。由于丰水期洞庭湖湿地水域面积较大、湿地景观相对单一，本节主要对枯水期的景观面积进行统计分析，结果如图 10.10 所示。

近 25 年，洞庭湖区水体和泥沙滩地的面积和基本保持稳定，约占湿地总面积的 40%。2000~2005 年（即三峡大坝建成前后），泥沙滩地面积有所增加，水体面积减少，水位的降低使得泥沙滩地的裸露面积增大，而 2005~2015 年（即三峡大坝建成之后）由于三峡水库季节性蓄水，长江水流量减少，水流所带泥沙以及泥沙淤积变小，水体面积增大，淹没区域增加，所以泥沙滩地的面积也随之减少。水体面积的增加，一方面和降雨有关，另一方面和上游来水有关。相较于 2005 年，2010 年洞庭湖湿地区域年降雨量增加了 50.3%，2015 年增加了 22.6%，降雨增加导致水体面积增大。而 2015 年相较于 2010 年降雨量减少，但水体面积

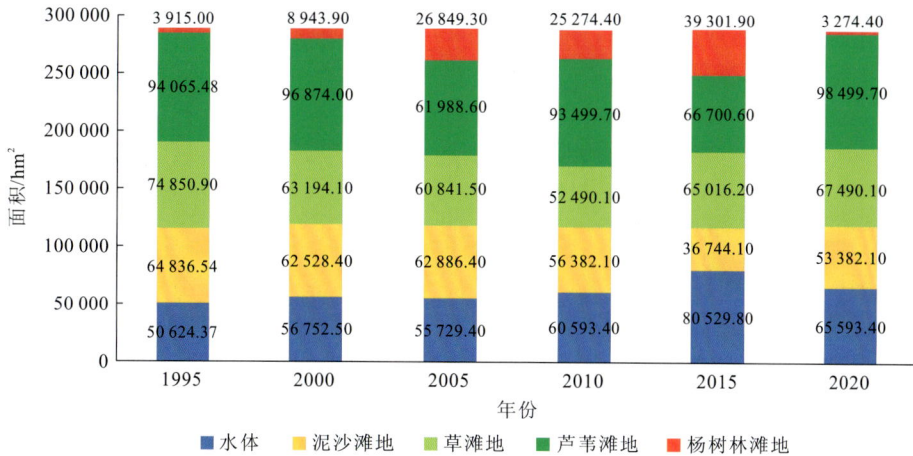

图 10.10　洞庭湖湿地（枯水期）景观面积变化图

$1\ hm^2 = 10\ 000\ m^2$

增加，这也说明，在三峡大坝建成之后，枯水期放水使得洞庭湖上游来水增多，水体面积增大（赵淑清和方精云，2004）。

洞庭湖杨树林滩地面积自 1995 年以后迅速增加，到 2015 年杨树林滩地总面积达到了 39 301.9 hm²，占湿地总面积的 13.6%。且由图 10.10 可以直观地看到，1995 年以后，大面积的草滩地和芦苇滩地变成了杨树林滩地，尤其是西洞庭湖区。2017 年中央生态环境保护督察组指出，湖区栽植欧美黑杨严重威胁洞庭湖生态安全，同时开始杨树清理工作，湿地保护区范围内杨树林面积大幅减少。

草滩地和芦苇滩地呈现着双向演替的现象，即草滩地面积减少的同时会伴随着芦苇滩地面积的增加，2010 年前后因杨树的大面积种植，草滩地和芦苇滩地面积明显减少。相较于 1995 年，2015 年芦苇滩地面积从 94 065.48 hm² 减少到 66 700.60 hm²，与此同时，草滩地面积也从 74 850.90 hm² 减少到 65 016.20 hm²，减幅分别为 29.1%和 13.1%。2020 年，芦苇滩地面积恢复到 98 499.70 hm²，草滩地面积恢复到 67 490.10 hm²。

10.3.2　洞庭湖湿地植被及其变化

1. 湖泊湿地植被群落空间分布特点

洞庭湖湿地植物有 431 余种，其中乔木 18 种，灌木 21 种，木质藤本 12 种，草本植物 380 余种。国家一级重点保护植物有莼菜，国家二级重点保护植物有莲、金荞麦、野大豆、野菱、水蕨和粗梗水蕨等。省重点保护野生植物有龙舌草、芡实和香蒲等。同时，洞庭湖区还发育了丰富的湿地植被类型和多样的水生植被类型。湿地植被类型主要包括芦苇、荻、苔草、水蓼、三棱水葱草、藜蒿和薹草等，水生植被类型主要包括菹草、竹叶眼子菜、苦草、黑藻、金鱼藻、水鳖、凤眼莲、荇菜和莲等。

洞庭湖区植物从浅水湖湖床到陆地呈带状分布。海拔从低到高依次分布有沉水植物带、浮水植物带、挺水植物带、洲滩裸地带、沼泽化草甸带、川三蕊柳灌丛带、南荻群落带和洲滩木本落叶阔叶林带（袁正科，2008）。

洞庭湖区代表性植物群落有苔草、南荻、薹草和杨树群落等。沉水植物主要有苦草、黑藻、金鱼藻、狐尾藻、竹叶眼子菜、细叶眼子菜、菹草等群落。浮水植物主要有芡实、野菱等群落。挺水植物主要有三棱水葱草、少花荸荠、东方香蒲、芦苇等群落。裸地主要为泥沙淤积所形成的白泥滩。沼泽化草甸植物主要有薹草、短尖苔草、单性苔草等群落。洲滩木本落叶滴叶林主要由朴树、桑树、榔榆等群落组成。

2. 洞庭湖湿地植被类型变化

洞庭湖湿地芦苇群落、林地群落、苔草群落、薹草群落和水蓼群落为优势群落。不同群落沿高程呈现带状分布特征。不同植被群落其对三峡水库运行后的水文情势变化的响应可能存在差异，林地（荻）群落（包括荻和林地）和湖草群落（包括苔草、薹草和水蓼群落）受三峡水库运行影响明显。

东洞庭湖面积占整个洞庭湖面积的51%，且是受长江来水影响最大的区域，因此备受关注。谢平（2018）和唐玥等（2013）基于东洞庭湖 1995～2015 年遥感影像解译结果，分析了三峡水库运行前后不同植被空间分布格局和面积变化趋势，结果表明，东洞庭湖湿地景观类型呈带状分布格局，由低到高依次为水体、泥滩、湖草、林地（荻）。对主要植物群落的高程进一步分析表明，湖草分布的最大高程范围为 23.9～24.1 m，而林地（荻）群落分布的最大高程范围为 25.2～25.8 m。在 1995～2015 年，湖草群落、林地（荻）群落的最低分布高程分别下移了 0.61 m、0.56 m。但三峡水库运行前后，不同植物群落最低分布高程的变化历程不尽相同，湖草群落的最低分布高程在三峡水库运行前后均呈持续下移的趋势，但三峡水库运行之后下移速度明显加快；而林地（荻）群落最低分布高程在三峡水库运行前呈上移趋势，在三峡水库运行之后呈下移趋势累计下移了 0.59 m。

对比分析三峡水库建成前后洞庭湖区植物群落分布变化特征，发现洞庭湖区近 20 年主要优势群落变化明显，沉水植物的大面积消失，而中生/旱生植物相应增加。如黑藻群落、眼子菜群落等基本消失，薹草和中位洲滩的林地（荻）群落生物量有所增加。相对而言，分布低位洲滩的苔草、水蓼和水生植物群落的生物量变化不大。从建群种占比来看，典型优势植物薹草、短尖苔草、水蓼和荻均有显著增加，而沉水植物竹叶眼子菜建群种占比明显降低（谢平，2018）。

10.3.3　洞庭湖湿地植被变化与水库调度的响应关系

1. 洞庭湖水位变化对植物生长影响

每年 12 月～次年 3 月，三峡水库增泄流量可提前淹没已干涸的滩地，对水生和沼生植物产生一定影响，但水位不能达到沼泽化草甸的最低部位——苔草草甸，对地势更高的植物群落也不会造成明显影响。然而，适当的水位增高有利于植物鲜体保存以及休眠芽和种子萌发。4 月，洞庭湖水位低于三峡水库运行前的水位值，洲滩裸露增加，不利于沉水植物群落的生长，但有利于苔草的生长和生物量积累。同时，裸露的洲滩有利于短命植物如无芒稗、拉拉藤等的萌发和快速生长，使群落的生物多样性提高。5 月三峡水库的增泄量较大，使洞庭湖的水位发生较大变化。5 月也是湿地植物生物量累积的旺盛期，较大的水位变幅对低程区湿地植物（如苔草）和一年生植物生长产生一定的负面影响，促使这类植物提前开花结果，快速完成生活史。对于高程区植物芦苇而言，一定的地下水位上升可能更有利于刺激植物生长而增加生物量累积。同时，5 月水位的上升将有利于沉水植物的生长繁殖。在调查中发现，沉水植物如竹叶眼子菜在 5 月中旬已在水分极度饱和的低程区苔草群落中大面积萌发生长，并在随后的 6 月初随水位继续上升而取代苔草成为优势种。6～9 月，洞庭湖的水位随三峡水库增减泄流量引起的变化很小。在汛期，由于绝大部分湿地植物均处于完全淹水状态，水位波动不会对群落产生明显影响。10 月、11 月三峡水库泄流量减少，洞庭湖水位降低。水位的降低使低位洲滩提前露出水面，对低位杂草草甸和苔草草甸上的植物生长有利，有利于苔草群落向湖心迁移，但会造成一些沉水植物的死亡。芦苇等植物的生物量积累在 10 月已基本完成，水位变化对其产量影响不大。

总之，一年中 4 月、5 月和 10 月因较大水位变幅而对湿地植物的生长繁殖产生明显影响。年内水位波动对群落生物量和一、二年生植物的生存空间影响较大，但对植被分布格局的影响不大。然而，植被群落演替是长期变化逐渐累积的结果。若考虑到洞庭湖入湖水量不断减少的总趋势及植物群落对水位变化的敏感性差异，将会引起占优势的芦苇和苔草群落向前推进，挤占沉水植物的生存空间，从而打破现有植被格局发生正向演替。

2. 淹水周期对洞庭湖湿地植被格局的影响

淹水时间，即一年中某高程的洲滩被水全部淹没的天数，往往会通过影响植被分布的下限，而改变植被分布格局。水位变化可直接引起植被淹水时间的变化，湿地的周期性淹水会阻断或者减缓大部分植物的生长过程，植被淹水时间越长对植物生长的影响越大。只有持续性的淹水变化才能对湿地植被区域分布变化产生影响。研究发现三峡水库运行后，植被淹水时间趋向缩短，且年际波动幅度增加。植被淹水时间的变化可能对不同高程植被面积和分布格局产生巨大影响［图 10.11（a）］。

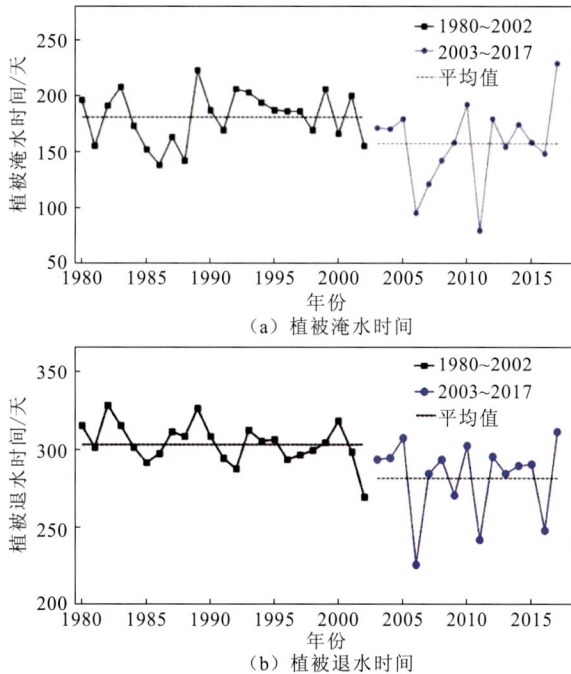

图 10.11　三峡水库运行前后植被淹水时间与植被退水时间变化（谢平，2018）

　　植被退水时间，即植被出露时间，为植被淹水时间的反义，指一年中某高程的植被露出水面的天数。三峡水库运行后平均水位和最高水位的整体回落，可能导致高程区植被退水时间增加；此外，泥沙淤积造成的洲滩抬升，变相延长了植被出露时间，改变了植被的淹水条件，促进了植被的扩张。由图 10.11（b）发现，三峡水库运行后，植被退水时间趋向提前，且年际波动幅度增加，这可能是水位和泥沙淤积共同作用的结果。

　　不同高程下洲滩的淹水时间一方面反映湿地的水情动态，另外一方面由于芦苇、湖草等植被群落在被水淹没时会停止生长，甚至死亡，造成湿地植物种群的改变，故植被淹水时间会进一步影响湿地景观结构。

第11章

促进重要鱼类自然繁殖的
三峡水库生态调度关键技术

　　本章基于三峡水库调度运行前后二十多年的野外监测调查数据，系统分析三峡库区及坝下鱼类资源及早期资源动态变化，提出满足不同影响区域、不同产卵类型代表性鱼类自然繁殖的生态调度需求，量化三峡水库促进库区支流鲤、鲫自然繁殖的稳定水位生态调度以及促进坝下四大家鱼自然繁殖的人造洪峰生态调度参数和方案；基于水文、生境、生物的同步监测，评估三峡水库促进鱼类自然繁殖的生态调度试验效果。研究成果应用于三峡水库生态调度及关键物种保护实践，为实现三峡水库科学调度充分发挥综合效益、促进长江水生生物多样性保护提供有力支撑。

11.1　三峡库区典型支流产黏沉性卵鱼类资源状况

11.1.1　三峡库区典型支流产黏沉性卵鱼类资源现状

2019～2020 年，选择三峡库区 6 条典型的较大支流（龙溪河、乌江、小江、磨刀溪、大宁河和香溪河）的回水区域江段进行了鱼类资源、产黏沉性卵鱼类自然繁殖及其产卵场生境调查。其中，渔获物调查时段为 3～7 月和 9～12 月，自然繁殖及产卵场调查为 3 月下旬～6 月中旬，原则上在产卵高峰期进行逐日调查，如回水变动区较长，则每隔 3～5 天调查一次。调查支流区域的位置，如图 11.1 所示。调查方法主要参考《水库渔业资源调查规范》（SL 167—2014）。

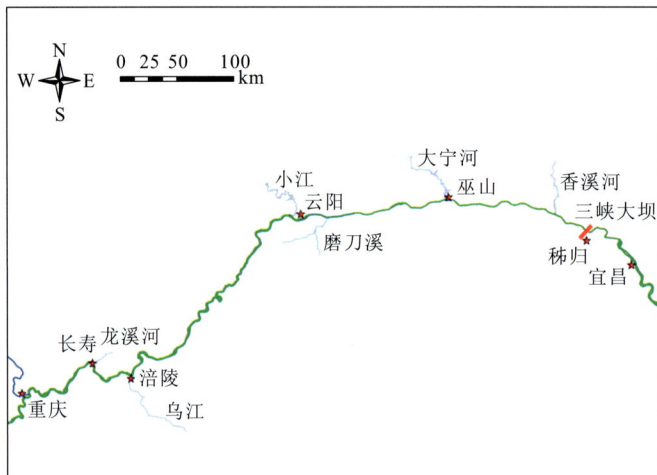

图 11.1　三峡库区 6 条典型支流位置示意图

1.　种类组成与分布

2019～2020 年共调查渔获物 3 126 715.5 g（3 126.7 kg），32 525 尾，包括 7 目 17 科 63 属 96 种。各支流采集到的鱼类种类数从上游到下游分别为龙溪河 24 种、乌江 41 种、小江 31 种、磨刀溪 25 种、大宁河 27 种及香溪河 23 种。6 条支流的种类组成均以鲤科、鳅科为主，分别占总采集种类数的 75.00%、80.49%、64.52%、64.00%、77.78%、69.57%。其中包括：保护鱼类 1 种，胭脂鱼；长江上游特有鱼类 4 种，张氏䱗、厚颌鲂、宽口光唇鱼和岩原鲤；外来物种 8 种，麦瑞加拉鲮、大鳞鲃、散鳞镜鲤、斑点叉尾鮰、云斑鮰、罗非鱼、大口黑鲈和杂交鲟。

2.　产卵生态类型

三峡库区 6 条典型支流调查到的 96 种鱼类中，产黏沉性卵鱼类 59 种，占总种类数的 61.46%；产漂流性卵鱼类 33 种，占 34.38%；产浮性卵鱼类及其他产卵类型鱼类均为 2 种，各占 2.08%（图 11.2）。产黏沉性卵鱼类的繁殖类型又可以细分为产黏性卵（鱼卵黏附于植物体等基质上固着发育）、产沉性卵（受精卵沉于水底部发育）、蚌壳内产卵（产卵于蚌鳃腔内，发育孵出仔稚鱼鳔充气才游出）和筑巢产卵（亲鱼用鳍造成沙巢，受精卵在巢内发育）这几种类型。

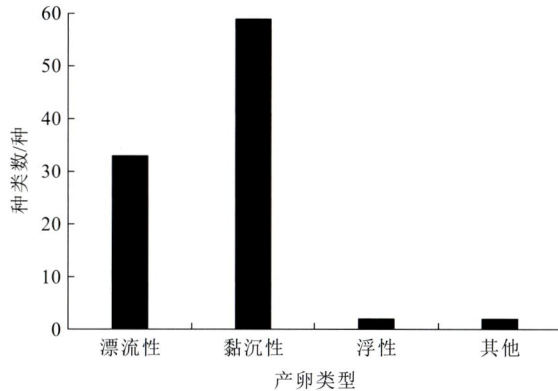

图 11.2　2019～2020 年三峡库区 6 条典型支流调查到的鱼类产卵类型分类

3. 优势种及其生物学

三峡库区 6 条典型支流的回水江段共分布有产黏沉性卵的优势种鱼类 12 种，所有江段的优势种鱼类多为适应库区生境或广适性的种类，如达氏鲌、鲤、鲫、长吻鮠、鲇、瓦氏黄颡鱼等（表 11.1）。部分适应流水生境江段鱼类，如粗唇鮠等在乌江的回水变动区具有较多的数量。这些优势种类主要在水草及砾石浅滩上产卵，其水流偏好多为静缓流水体。

表 11.1　2019～2020 年三峡库区 6 条典型支流的产黏沉性卵优势种类
[相对重要性指数（index of relative importance，IRI）>1%]

种类	龙溪河	乌江	小江	磨刀溪	大宁河	香溪河
粗唇鮠	—	1.77	—	—	—	—
达氏鲌	—	—	2.66	1.49	11.67	13.03
大鳍鳠	—	2.70	—	—	—	—
鲂	1.85					
光泽黄颡鱼	10.19	11.90	7.17	53.12	8.23	6.23
鲫	4.51	5.62	5.50	—	—	—
鲤	7.86	3.19	7.78	2.33	6.80	1.20
鲇	1.13	2.57	—	—	—	1.24
瓦氏黄颡鱼	5.57	9.24	3.35	6.11	3.36	3.31
张氏䱗	—	—	1.24	—	—	—
长吻鮠	—	—	—	1.23		
子陵吻鰕虎鱼	—	1.88	—	—		

12 种产黏沉性卵优势种的全长、体长和体重分布特征，如表 11.2 所示。结果显示：长吻鮠的平均全长和平均体长最长，而鲤的平均体重最重；鲤的全长、体长及体重分布范围最宽，而子陵吻鰕虎鱼的全长、体长及体重分布范围最窄。

表 11.2　产黏沉性卵优势种的全长、体长和体重分布特征

种类	平均全长/mm	全长/mm	平均体长/mm	体长/mm	平均体重/g	体重/g	观测尾数/尾
粗唇鮠	166	52～267	144	45～232	52.1	2.3～145.8	77
达氏鲌	234	70～437	197	56～392	133.1	1.7～886.6	1 009
大鳍鳠	200	85～365	177	72～325	65.7	4.4～274.2	133

种类	平均全长/mm	全长/mm	平均体长/mm	体长/mm	平均体重/g	体重/g	观测尾数/尾
鲂	262	145～463	223	117～401	268.9	30.5～1 333.2	57
光泽黄颡鱼	132	47～214	112	41～190	17.0	0.7～98.9	4 664
鲫	159	46～353	130	35～300	83.4	1.2～649.7	1 346
鲤	268	50～699	224	25～598	410.6	1.0～5 455.8	754
鲇	228	50～614	210	40～564	102.0	1.2～1 703.6	549
瓦氏黄颡鱼	190	45～468	163	40～393	74.6	1.1～755.7	1 552
张氏鳘	146	97～242	122	60～205	22.5	1.6～147.8	440
长吻鮠	294	127～624	248	98～553	289.3	15.7～2 185.0	52
子陵吻鰕虎鱼	62	40～89	51	36～73	2.4	0.8～9.0	103

4. 群落结构特征

基于相对丰度数据，采用层次聚类分析方法来确定三峡库区 6 条典型支流产黏沉性卵鱼类群落结构的潜在空间分组，结果显示：在 56.99%的 Bray-Curtis 相似性水平上可将三峡库区 6 条典型支流的产黏沉性卵鱼类的群落结构分为两组：组 1 包括香溪河、大宁河、磨刀溪和小江的产黏沉性卵鱼类的群落结构，组 2 包括乌江、龙溪河 2 条支流的产黏沉性卵鱼类的群落结构（图 11.3）。单因素相似性分析（One-way ANOSIM）检验显示组 1 和组 2 的鱼类群落结构在统计学上无显著性的差异（全局 $R = 0.857$，$P = 0.067$，迭代次数 15 次）（图 11.3）。

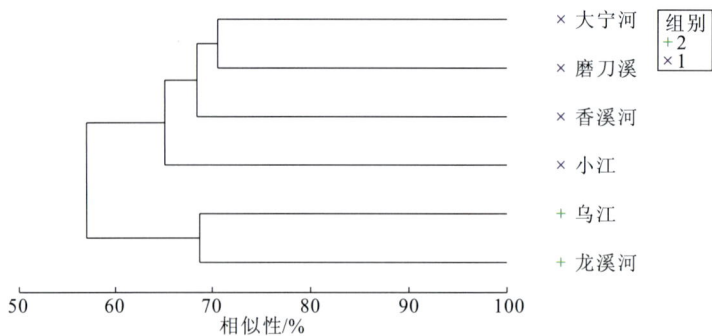

图 11.3　三峡库区 6 条典型支流产黏沉性卵鱼类群落结构的聚类分析图

11.1.2　三峡库区典型支流产黏沉性卵鱼类繁殖生物学

1. 性成熟个体指标

主要产黏沉性卵鱼类雌、雄最小性成熟个体的全长、年龄以及 50%个体达到初次性成熟的全长、年龄，统计如表 11.3 所示。结果表明：长吻鮠初次性成熟的年龄最大，为 5 龄。其他鱼类的初次性成熟年龄通常在 1～2 龄，表明三峡库区产黏沉性卵优势种类中的绝大多数种类产卵繁殖年龄均偏小。

表 11.3　主要产黏沉性卵鱼类雌、雄最小性成熟个体的全长、年龄

以及 50%个体达到初次性成熟的全长、年龄

种类	雌性				雄性			
	全长/mm	年龄/龄	50%全长/mm	50%年龄/龄	全长/mm	年龄/龄	50%全长/mm	50%年龄/龄
鲤	283	2	271	1.58	218	1	220	0.70
鲫	112	1	145	1.63	100	1	121	0.88
光泽黄颡鱼	87	2	91	1.81	87	2	87	1.80
瓦氏黄颡鱼	111	2	139	1.79	131	2	186	1.82
达氏鲌	184	2	237	1.94	135	2	204	1.91
黄颡鱼	107	1	132	1.45	90	1	147	1.52
鲇	206	1	—	—	194	1	—	—
长吻鮠	530	5	—	—	515	4	—	—

2. 全长、体重和年龄结构

三峡库区 6 条典型支流主要产黏沉性卵鱼类的雌雄性成熟个体的平均全长、平均体重和平均年龄，统计如表 11.4 所示。独立样本的 t 检验显示：鲤、瓦氏黄颡鱼、达氏鲌和黄颡鱼的平均全长、平均体重和平均年龄在雌雄性成熟个体之间差异显著（P 均小于 0.05），其中鲤、达氏鲌、黄颡鱼在雌性个体中的平均全长、平均体重和平均年龄大于其在雄性个体中的平均全长、平均体重和平均年龄，而瓦氏黄颡鱼则显示与上述 3 种鱼类相反的规律；其他鱼类除光泽黄颡鱼外，个体平均全长、平均体重和平均年龄在雌雄性成熟个体之间均无显著性的差异（P 均大于 0.05）；光泽黄颡鱼雄性性成熟个体的平均全长显著大于其在雌性个体中的平均全长（$P = 0.037 < 0.05$），而它的平均体重和平均年龄在雌雄性成熟个体间无显著性的差异（$P = 0.664$ 和 $P = 0.225$）。

表 11.4　三峡库区 6 条支流主要产黏沉性卵鱼类的平均全长、平均体重和

平均年龄在雌雄性成熟个体间的差异（独立样本的 t 检验）

种类	性别	生物学特征			P 值			样本数
		平均全长/mm	平均体重/g	平均年龄/龄	平均全长/mm	平均体重/g	平均年龄/龄	
鲤	雌	417	1 565.9	2.85	<0.001	0.017	<0.001	26
	雄	334	626.3	2.11				53
鲫	雌	212	164.9	1.81	0.745	0.601	0.524	118
	雄	206	182.6	1.93				39
光泽黄颡鱼	雌	125	15.2	2.45	0.037	0.664	0.225	312
	雄	128	15.4	2.40				289
瓦氏黄颡鱼	雌	197	86.4	2.07	<0.001	<0.001	<0.001	107
	雄	270	185.9	2.39				64
达氏鲌	雌	302	231.9	2.63	<0.001	<0.001	0.001	99
	雄	272	168.0	2.36				110
黄颡鱼	雌	163	54.9	1.85	0.001	0.001	0.001	40
	雄	132	25.8	1.28				29
鲇	雌	381	478.5	2.90	0.587	0.857	0.206	10
	雄	343	428.8	2.40				5
长吻鮠	雌	577	2 342.5	5.00	0.508	0.547	0.374	3
	雄	630	1964.9	4.60				5

3. 个体繁殖力

主要产黏沉性卵种类的绝对繁殖力和相对繁殖力，统计如表 11.5 所示。结果显示：鲤的绝对繁殖力的平均值最大，其次为达氏鲌和鲫，而光泽黄颡鱼的绝对繁殖力的平均值最小；鲫的相对繁殖力的平均值最大，其次为达氏鲌和鲤，而光泽黄颡鱼的相对繁殖力的平均值最小。

表 11.5　主要产黏沉性卵种类的绝对和相对繁殖力

种类	绝对繁殖力/（粒/尾）		相对繁殖力/（粒/g）		观测尾数
	平均值	分布范围	平均值	分布范围	
鲤	218 907	42 119～1 058 897	139	80～233	26
鲫	27 132	371～146 105	174	32～459	174
光泽黄颡鱼	1 168	126～6 513	53	9～239	137
瓦氏黄颡鱼	6 858	327～20 020	73	8～349	101
达氏鲌	46 448	6 767～234 389	145	33～542	34
黄颡鱼	5 018	245～14 277	86	27～244	38

11.1.3　三峡库区典型支流产黏沉性卵鱼类早期资源现状

1. 早期资源组成

1）卵苗采集情况

在三峡库区 6 条支流共采集到鱼卵 25 667 粒，其中人工鱼巢基质上采集到的卵粒数占总采集卵粒数的 99.99%，仅有极少数鱼卵由拖网采集到。香溪河采集到的鱼卵数最多，共 13 373 粒，其次为小江，共 9 967 粒，最少为龙溪河，没有采集到鱼卵。

共采集到仔稚鱼 165 857 尾，其中手抄网和拖网采集到的仔稚鱼数量分别占总采集仔稚鱼数的 28.05% 和 71.95%。此外，采用手抄网、拖网、围网、虾笼等采集到幼鱼 237 786 尾。使用手抄网在香溪河采集到的仔稚鱼数量最多，共 26 282 尾，其次为小江 8 262 尾，最少为龙溪河，仅 936 尾；使用拖网在磨刀溪采集到的仔稚鱼数量最多，共 90 899 尾，其次为小江，14 364 尾，在乌江和龙溪河使用拖网未采集到仔稚鱼。

2）卵苗种类组成

经鉴定，采集到鱼卵有 5 种鱼类，分别为鲤、鲫、达氏鲌、厚颌鲂和间下鱵，其中鲤鱼卵占绝大多数，其占采集到的鱼卵总数量的 72.33%，其次为间下鱵，占 15.23%，最少为达氏鲌，占 0.58%。共采集到仔稚鱼 43 种，隶属于 6 目 13 科 35 属，其中鲤科鱼类最多，共 26 种，占总种类数的 60.47%，其次为鰕虎鱼科，3 种，占 6.98%，平鳍鳅科等 8 个科均仅采集到 1 种，占 2.33%。仔稚鱼种类组成包括鰕虎鱼类、银鱼类、鳞鲅类、寡鳞飘鱼、贝氏鳘、鲤、鲫和间下鱵等，空间分布上种类数最多的支流为小江，29 种，其次为乌江，24 种，最少为大宁河 11 种。6 条支流共采集到产黏沉性卵鱼类 32 种。

2. 主要种类丰度动态

统计了 6 条支流鲤、鲫的仔稚鱼密度变化范围及其均值，见表 11.6。根据仔稚鱼丰度的时间动态可知，鲤、鲫仔稚鱼大量出现的时间主要集中在 4～5 月，其中，鲤要稍早于鲫出现，鲤高峰在 4 月居多，鲫在 5 月居多；磨刀溪、大宁河的出现时间要晚于龙溪河、小江等，前者主要在 4 月下旬以后，后者主要在 4 月中上旬。

表 11.6　6 条支流鲤、鲫仔稚鱼密度范围及均值　　　　（单位：ind./100 m³）

支流	2019 年		2020 年	
	鲤	鲫	鲤	鲫
龙溪河	1.27～127.22（26.10）	1.27～2.55（1.91）	0.57～19.08（7.12）	0.57～2.55（1.64）
乌江	0.85～8.48（3.50）	0.85～6.79（2.64）	0.85～39.02（11.22）	0.85～1.70（1.17）
小江	1.27～58.52（14.66）	0.64～39.58（9.31）	0.85～253.82（21.08）	1.70～110.69（29.77）
磨刀溪	—	—	0.85～295.17（119.14）	2.55～288.38（110.45）
大宁河	—	—	0.64～3.18（1.98）	0.40～7.27（1.99）
香溪河	0.33～41.99（6.95）	0.64～20.36（5.29）	0.36～156.92（27.91）	0.51～35.12（4.07）

3. 主要种类繁殖规律

将 2019～2020 年 4～7 月主要鱼类种类的繁殖生物学样本进行合并，得到这些主要鱼类的性成熟个体在不同月份之间的数量比例的变动特征（图 11.4），其可以反映这些主要鱼类种类在三峡库区支流河段的主要繁殖季节：鲤的繁殖期在 3～6 月，鲫的繁殖期在 3～7 月，光泽黄颡鱼、黄颡鱼、瓦氏黄颡鱼和鲇的繁殖期在 5～7 月、达氏鲌的繁殖期在 6～7 月，黄颡鱼的繁殖期在 5～7 月，长吻鮠的繁殖期在 5～6 月。调查期间发现，鲤性成熟个体的最早日期为 4 月 2 日，鲫为 4 月 12 日，光泽黄颡鱼为 5 月 13 日，瓦氏黄颡鱼为 5 月 9 日，达氏鲌为 6 月 12 日，黄颡鱼为 5 月 17 日，鲇为 5 月 10 日，长吻鮠为 5 月 20 日。鲤的性成熟个体比例在 4～5 月较高，因此鲤的繁殖盛期至少包括 4～5 月；同样地，鲫为 4～6 月，光泽黄颡鱼、瓦氏黄颡鱼和翘嘴鲌至少包括 6～7 月，达氏鲌为 7 月及以后，黄颡鱼为 6 月及以后。

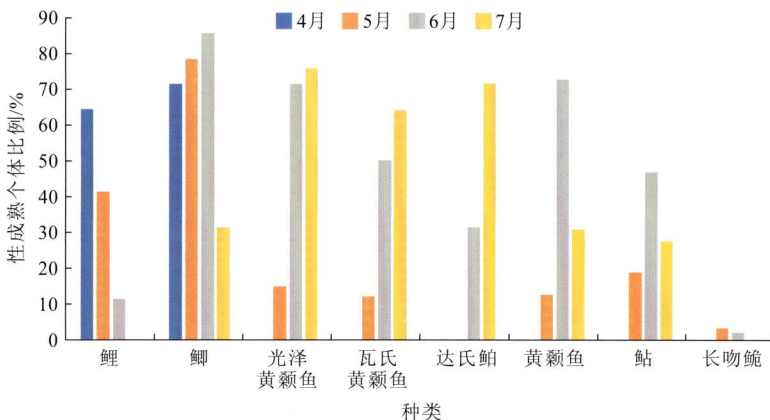

图 11.4　8 种主要鱼类的性成熟个体在不同月份之间的数量比例的变动特征

结合仔稚鱼耳石日龄分析以及早期胚胎发育试验，对 2020 年小江、磨刀溪、香溪河等支流中鲤、鲫的繁殖时间进行了具体推算。小江-鲤的产卵高峰期为 4 月 13 日～4 月 16 日及 4 月 23 日～4 月 26 日，小江-鲫的产卵高峰期为 3 月 12 日～5 月 9 日；磨刀溪-鲤的产卵高峰期为 4 月 10 日～5 月 6 日，磨刀溪-鲫的产卵高峰期为 3 月 19 日～5 月 8 日；香溪河-鲤的产卵高峰期为 4 月 9 日～5 月 7 日，香溪河-鲫的产卵高峰期为 4 月 25 日～4 月 27 日。

11.2　　三峡坝下鱼类群落及早期资源动态

11.2.1　　坝下宜昌江段鱼类群落结构变动特征

1. 种类组成

1999～2016 年（缺少 2013 年数据）调查期间，在宜昌江段共采集到鱼类个体 50 232 尾、69 种，隶属于 12 科 47 属，其中至少有 1 年在渔获物中的相对丰度比例大于 1%的种类有 20 种，分别为斑鳜、鳊、长薄鳅、长鳍吻鮈、长吻鮠、粗唇鮠、大鳍鳠、光泽黄颡鱼、鳜、黄颡鱼、蛇鮈、似鳊、铜鱼、瓦氏黄颡鱼、吻鮈、圆口铜鱼、圆筒吻鮈、宜昌鳅鮀、中华金沙鳅和异鳔鳅鮀。统计其中 6 种长江上游特有鱼类有 6 种（长薄鳅、长鳍吻鮈、圆口铜鱼、圆筒吻鮈、中华金沙鳅和异鳔鳅鮀）和 2 种重要经济鱼类（铜鱼和瓦氏黄颡鱼）的相对丰度在各年间渔获物中的相对比例变动，如图 11.5 所示。其结果显示：圆口铜鱼、中华金沙鳅和异鳔鳅鮀的相对丰度在各年间呈明显的下降趋势，其中 2008 年后下降幅度最大；圆筒吻鮈的相对丰度在各年间呈波动下降趋势，但在目前宜昌江段渔获物中仍保持一定数量；铜鱼的相对丰度在各年间呈波动上升趋势，其逐渐超越圆口铜鱼成为研究区域的最优势种类；瓦氏黄颡鱼的相对丰度在各年间保持较高数值，并呈现波动变化趋势；长薄鳅的相对丰度在 1999～2014 年间保持较为恒定，在 2015～2016 年间呈明显的上升趋势。

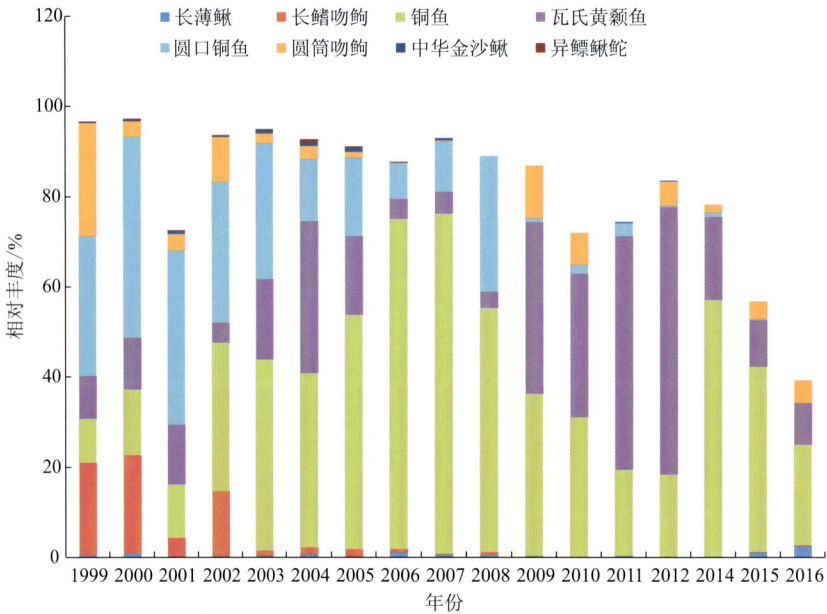

图 11.5　6 种长江上游特有鱼类和 2 种重要经济鱼类在 1999～2016 年间宜昌江段渔获物中的相对丰度

2. 鱼类群落结构的年际变动

基于不同鱼类的相对丰度数据（尾数百分比），以 Bray-Curtis 相似性系数为基础构建不同年份之间的相似性矩阵，为了消除丰度极端值的影响，在分析前对所有丰度值进行 $\log_{10}$

（x+1）转化；排除各年间相对丰度均小于 0.5%的物种，避免少见种对分析结果的不确定影响。采用 One-way ANOSIM 方法检验鱼类群落结构在各组之间的差异是否在统计学上显著（以 R 值表示），并采用百分比相似性（similarity percentage，SIMPER）分析获得引起不同组之间渔获物结构差异的主要种类（差异贡献率大于 3%）。最后，考虑贡献差异物种的生态类型，从而确定不同生态类型鱼类在不同聚类组间的变动特征。

聚类分析的结果显示：在 51.76%的 Bray-Curtis 相似性水平上可将宜昌江段 17 年（1999～2012 年、2014～2016 年）的鱼类群落结构分为 5 组：组 1 包括 1999～2002 年的鱼类群落结构，为三峡水库蓄水前的鱼类群落结构；组 2 包括 2003～2005 年的鱼类群落结构，为三峡水库第一期蓄水至 135 m 间的鱼类群落结构；组 3 包括 2006～2008 年的鱼类群落结构，为三峡水库 135～156 m 水位间的鱼类群落结构；组 4 包括 2009～2012 年、2014 年的鱼类群落结构，主要为三峡水库试验性蓄水至 175 m 水位的鱼类群落结构；组 5 包括 2015～2016 年的鱼类群落结构，为三峡水库正常蓄水运行后的鱼类群落结构（图 11.6）。One-way ANOSIM 检验显示各组间的鱼类群落结构在统计学上差异显著（全局 $R = 0.889$，$P = 0.001$，迭代次数 999 次）。

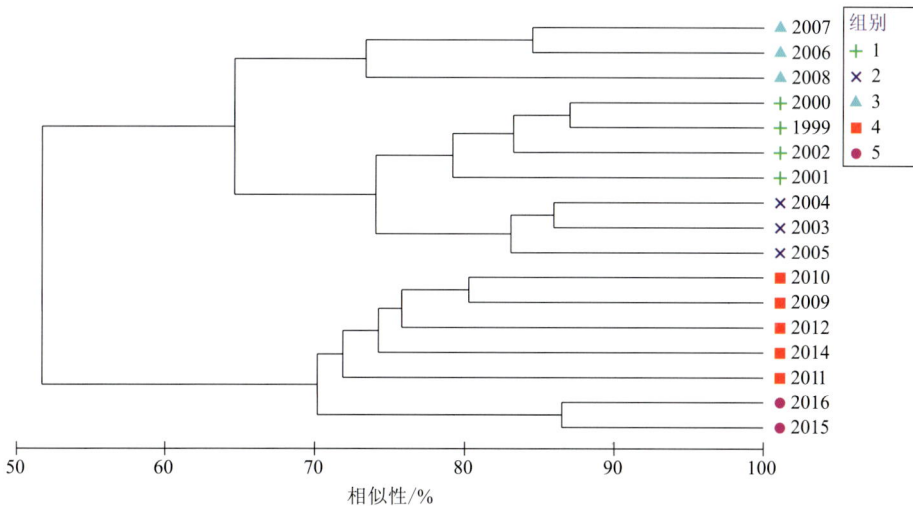

图 11.6　1999～2016 年宜昌江段鱼类群落结构的聚类分析图

SIMPER 分析显示：引起组 1 和组 2、组 2 和组 3、组 3 和组 4 以及组 4 和组 5 间鱼类群落结构差异的主要种共有 15 种，分别为长鳍吻鮈、圆筒吻鮈、铜鱼、瓦氏黄颡鱼、鳊、圆口铜鱼、吻鮈、宜昌鳅鮀、中华金沙鳅、粗唇鮠、鳤、似鳊、蛇鮈、长薄鳅和光泽黄颡鱼。这些鱼类中，在葛洲坝坝下江段没有产卵场分布的鱼类如圆口铜鱼、中华金沙鳅和长鳍吻鮈的平均相对丰度在组 1 到组 5 间呈现明显的下降趋势；随着圆口铜鱼在各组间平均相对丰度的下降，铜鱼的平均相对丰度在组 1 到组 5 间呈现明显的上升趋势，表明因圆口铜鱼数量减少而留出来的生态位空间逐渐被铜鱼所占据；广适性的鱼类如似鳊、鳤、蛇鮈、光泽黄颡鱼、鳊的平均相对丰度在组 1 到组 5 间呈现明显的上升趋势，然而广适性的瓦氏黄颡鱼的平均相对丰度在组 1 至组 5 间呈现波动变动的趋势，且其数值在各组内均较高；除圆口铜鱼外，在葛洲坝坝下江段有产卵场分布的肉食性或杂食性鱼类的平均相对丰度在组 1 到组 5 间均呈现较为明显的上升趋势。

3. 非生物因子的年际变动

基于聚类分析结果,采用 One-way ANOSIM 方法检验非生物因子在各组之间的差异是否在统计学上显著,并使用主坐标典范分析(canonical analysis of principal coordinates,CAP)对非生物因子的时间分布特征进行可视化(Borcard et al.,2011)。

One-way ANOSIM 检验显示各组间(聚类分析对应组)的非生物因子在统计学上差异显著(全局 $R=0.866$,$P=0.001$,迭代次数 999 次)。成对检验也显示非生物因子在不同组间呈现显著性的差异($R=1$ 或 $P<0.05$)。

CAP 结果显示:沿着典范轴 CAP1,从左到右可以按照三峡水库不同蓄水阶段将非生物因子分为 5 组,分别对应三峡水库蓄水前、一期蓄水时、二期蓄水时、三期蓄水时、正常蓄水后的非生物因子,表明非生物因子在三峡水库不同蓄水阶段间存在明显的差异(图 11.7)。

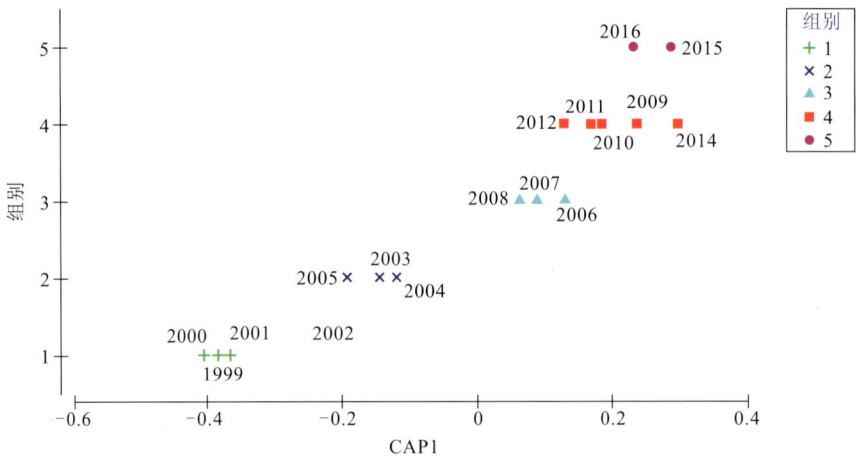

图 11.7　1999～2016 年宜昌江段非生物因子 CAP

11.2.2　坝下沙市江段产漂流性卵鱼类早期资源现状

1. 种类组成

2011～2020 年,每年在沙市江段开展产漂流性卵鱼类早期资源调查。采集的鱼卵样品,培育孵化后主要采用形态学方法鉴定物种,采集的仔稚鱼样品抽样采用分子学方法鉴定物种。

十年间共调查到各类鱼卵和仔稚鱼共计 50 种,其中典型的产漂流性卵鱼类有 25 种。仅采集到鱼卵的种类有中华沙鳅、中华花鳅和拟鳘 3 种,仅采集到仔稚鱼的种类有中华鳑鲏、长吻鮠、沙塘鳢和马口鱼 4 种。根据年度出现率,贝氏鳘、银鮈、飘鱼、寡鳞飘鱼、赤眼鳟、鳊、蒙古鲌、翘嘴鲌、鳜、银鲴、草鱼、鲢、蛇鮈、铜鱼、吻鮈、花斑副沙鳅是沙市江段产漂流性卵鱼类的重要组成部分。根据采集的相对丰度,鱼卵优势种包括贝氏鳘、银鮈、花斑副沙鳅和翘嘴鲌 4 种;仔鱼优势种包括寡鳞飘鱼、飘鱼和贝氏鳘 3 种。

2. 鱼卵和仔稚鱼丰度

统计了 2012～2020 年监测期间的鱼卵和仔稚鱼总量,如图 11.8 所示。鱼卵量变动范围

110 亿～1 148 亿粒/年、平均值 403.5 亿粒/年；仔稚鱼量变动范围 75 亿～8 325 亿尾/年、平均值 2 209.3 亿尾/年。卵和仔稚鱼丰度在年际间呈不规则波动变化，总体来看，2017 年以前丰度整体偏低，2018 年以来丰度均维持在较高水平。

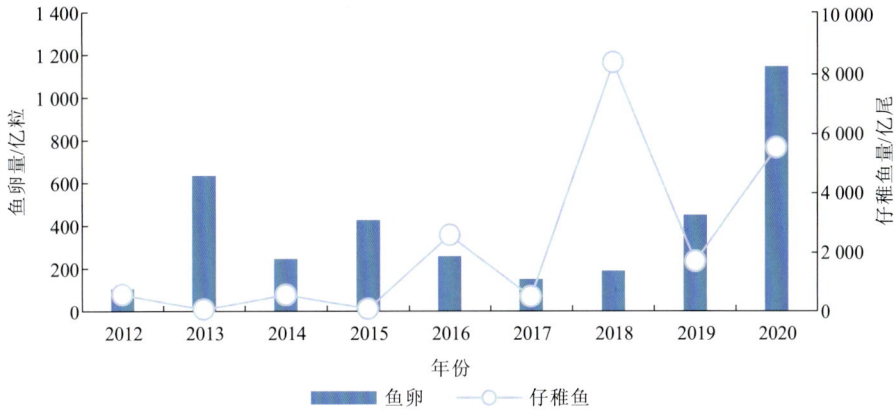

图 11.8　2012～2020 年沙市江段鱼卵和仔稚鱼资源量变化

3. 主要种类繁殖规律

1）产卵规模

2012～2020 年不同类群鱼类产卵规模的年际变化，如图 11.9 所示。家鱼类（四大家鱼、赤眼鳟）产卵规模在 1.27 亿～104 亿粒之间波动，年平均值 16.62 亿粒；鳊鲌类（翘嘴鲌、蒙古鲌、鳊）产卵规模在 0.23 亿～402 亿粒之间波动，年平均值 65 亿粒；飘鱼类（寡鳞飘鱼、飘鱼）产卵规模在 0.002 亿～27.6 亿粒之间波动，年平均值 9.39 亿粒；鲴类（银鲴、细鳞鲴、黄尾鲴）产卵规模在 0.26 亿～27.7 亿粒之间波动，年平均值 8.13 亿粒；银鮈产卵规模在 31.2 亿～201 亿粒之间波动，年平均值 82.80 亿粒；鳘类产卵规模在 4.09 亿～188 亿粒之间波动，年平均值 55.96 亿粒；蛇鮈类（蛇鮈、鳅鮀）产卵规模在 2.96 亿～8.59 亿粒之间波动，年平均值 5.44 亿粒；鳅类（副沙鳅、犁头鳅、薄鳅等）年度产卵规模在 4.68 亿～93.3 亿粒之间波动，年平均值 24.72 亿粒。除了飘鱼类、鲴类的产卵规模年际变动较大、蛇鮈类产卵规模相对稳定之外，家鱼类、鳊鲌类、银鮈、鳘类、鳅类等几大类群的产卵规模呈逐渐增加的趋势。

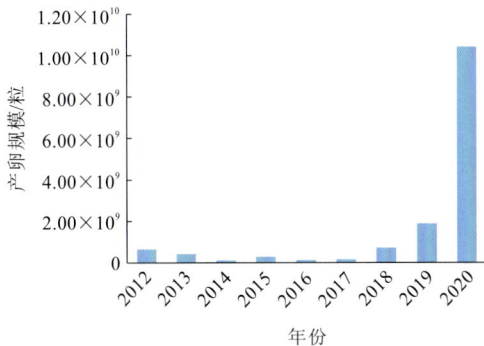

（a）家鱼类

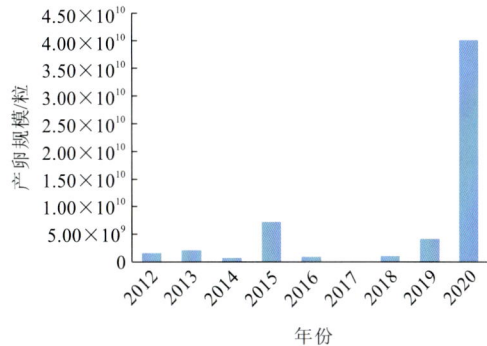

（b）鳊鲌类

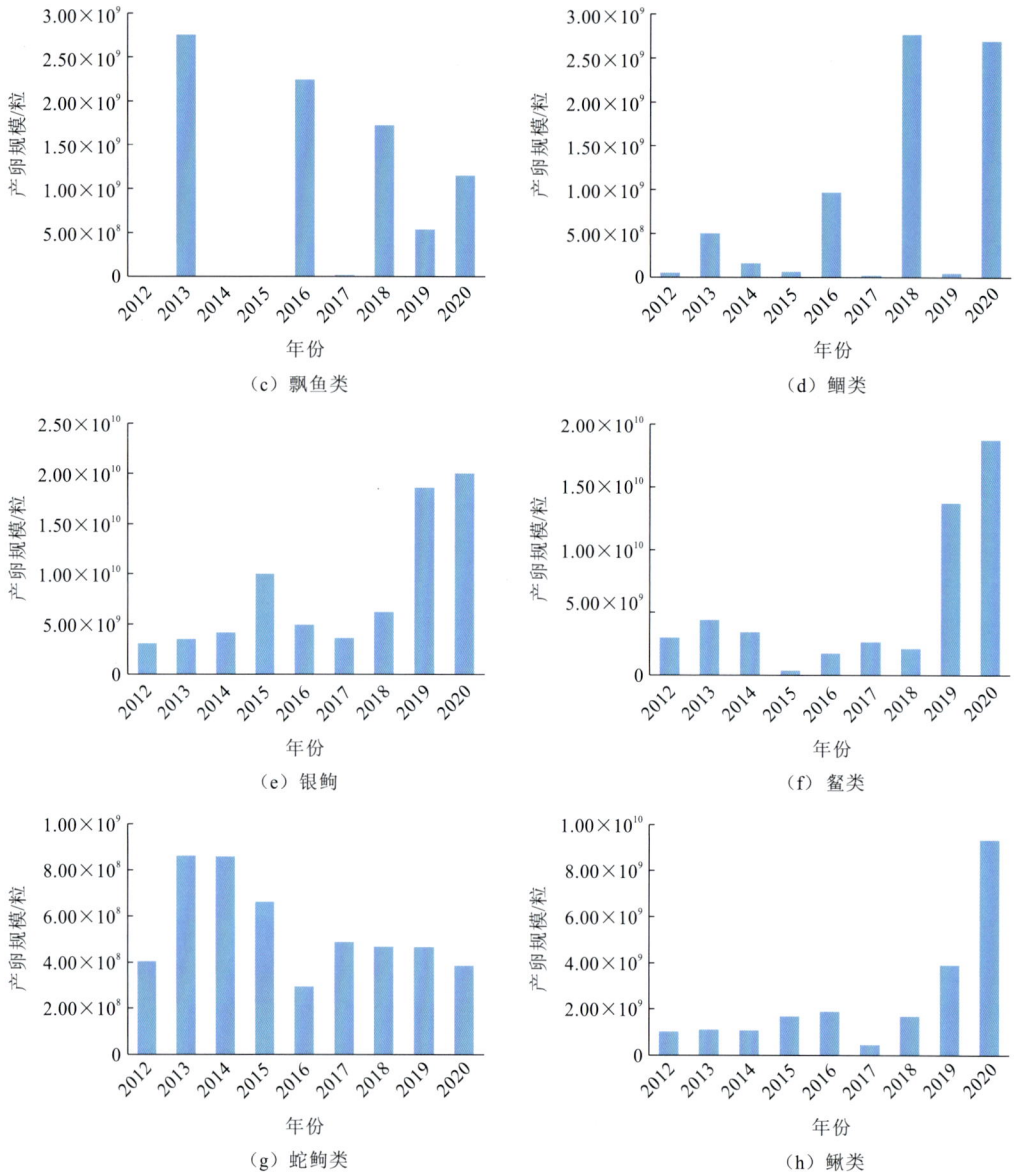

图 11.9　沙市江段不同类群鱼类产卵规模年际变化

2）繁殖时间

统计了逐年鱼类繁殖高峰的主要时间段，见表 11.7。根据鱼卵丰度逐日变化过程，沙市江段鱼类产卵发生时期主要集中在 5~6 月，7 月以后随着江河流量大幅增加，鱼卵逐渐减少、逐渐进入仔稚鱼高峰。部分年份也有例外的情况，如 2017~2020 年 7 月初，仍然出现了鱼卵高峰，这是由于 5~6 月江河流量整体偏低，鱼类繁殖高峰延迟。

表 11.7　2012～2020 年宜昌—沙市江段鱼类繁殖时间

监测年份	鱼卵高峰时间				
2012	5 月 19～22 日	5 月 29～31 日	6 月 27～28 日	—	—	—
2013	5 月 15～17 日	5 月 27～28 日	6 月 6～12 日	6 月 24～26 日	—	—
2014	5 月 21～26 日	6 月 3～7 日	6 月 20～25 日	7 月 3～5 日	7 月 11～12 日	
2015	5 月 28～30 日	6 月 2～4 日	6 月 8～11 日	6 月 15～18 日	6 月 26～27 日	
2016	5 月 26～27 日	6 月 1～2 日	6 月 6～7 日	6 月 21～22 日	6 月 27～28 日	7 月 7～8 日
2017	5 月 20～24 日	6 月 6～11 日	6 月 13～15 日	6 月 23～30 日	7 月 8～10 日	
2018	5 月 18～21 日	5 月 24～26 日	6 月 30 日	7 月 4～5 日	—	—
2019	5 月 17～19 日	5 月 26～29 日	6 月 6～7 日	6 月 18～19 日	6 月 24～25 日	7 月 1 日
2020	6 月 14 日	6 月 19～21 日	6 月 29～30 日	7 月 3～7 日	7 月 11～12 日	—

3）产卵场分布

沙市江段监测的主要产漂流性卵鱼类包括：四大家鱼、赤眼鳟、鳊、鲴、银鲴、翘嘴鲌、吻鮈、犁头鳅等十余种。根据近年的监测数据统计，大部分种类的发育期为眼囊到心脏搏动之间的阶段，反推大部分鱼卵的漂流时长为 12～30 h。按照江段平均流速 1.0 m/s 计算，产漂流性卵鱼类的产卵场广泛分布于沙市断面以上 36～112 km 的江段范围，主要分布在江口和董市江段，鱼卵规模占到 80%以上，枝城和宜都江段也有小规模分布。

11.3　促进不同产卵类型鱼类自然繁殖的生态调度需求

11.3.1　三峡库区产黏沉性卵鱼类自然繁殖的生态调度需求

1. 水位波动对库区产黏沉性卵鱼类产卵孵化的影响

三峡库区干支流水位波动的结果显示 4～5 月是库区水位波动或下降最为明显的时期（图 11.10）。鱼类产卵期主要在 4～5 月，且在库区回水区江段静缓流生境产卵的产黏沉性卵种类包括鲤、鲫、间下鱵、花鮹、泥鳅、大鳞副泥鳅、飘鱼、寡鳞飘鱼、鳘、厚颌鲂等 20 余种。上述鱼类中，重要的种质或经济鱼类有鲤、鲫、鲇、黄颡鱼、花鮹、光泽黄颡鱼和厚颌鲂（这些鱼类均为黏草产卵鱼类），其他鱼类均为小型鱼类（可为肉食性鱼类提供饵料来源）。

人工鱼巢的原位试验显示鲤和鲫等在沿岸带水草基质上产卵的鱼类种类，其最大产卵水深为 80 cm，适宜产卵水深为 40～60 cm（图 11.11）。此外，鱼卵孵化的原位观测试验显示鲤、鲫的产卵孵化时间通常为 2 天，其具有一定的平游能力时通常为鱼卵受精后 5～6 天。因此，就鱼卵孵化而言，如果连续 2 日的水位下降超过 80 cm 时，就会可能使鱼卵暴露在空气中因缺氧而死亡；就早期仔稚鱼存活而言，如果连续 5 日的水位下降超过 80 cm 时，部分早期仔稚鱼很可能因缺乏主动游泳能力而滞留在沿岸带基质或与干流分离的浅水洼塘中。

水位波动的分析显示，连续 2 日水位下降 80 cm 主要发生在 4～5 月，而连续 5 日水位下降 80 cm 则在 3～5 月均可能发生，其主要受三峡水库蓄水调度的影响（图 11.12）。总之，三峡水库春夏季水位的持续下降，在一定程度上会对鲤、鲫、鲇、间下鱵、鲇等黏草产卵鱼类鱼卵的孵化出膜以及早期仔稚鱼存活造成影响，且这种影响主要发生在 4～5 月。

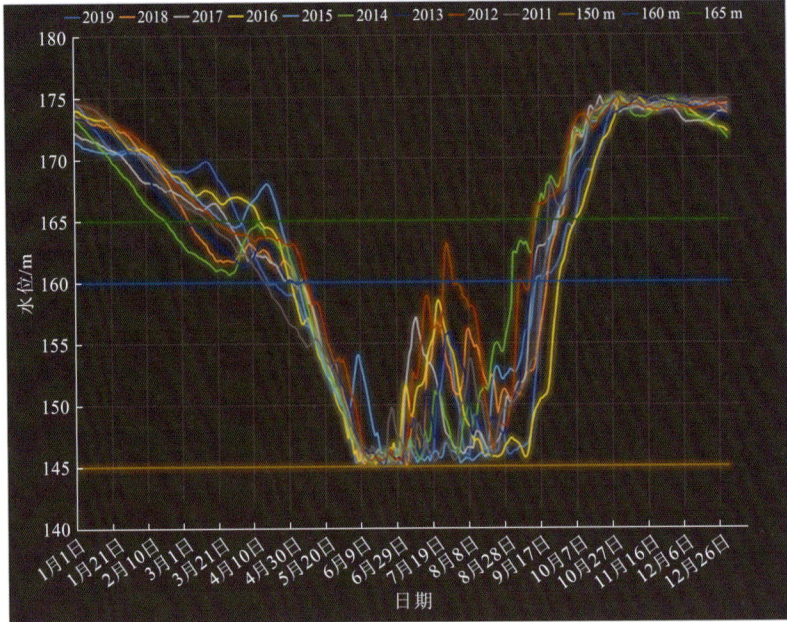

图 11.10　2011～2019 年三峡水库坝前水位的逐日变动特征（逐日 8:00 数据）

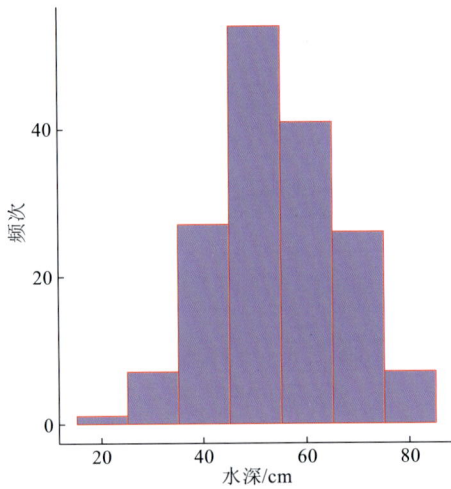

图 11.11　鲤、鲫鱼卵在磨刀溪人工鱼巢上分布的最大水深的分布情况

2. 促进三峡库区鲤和鲫自然繁殖的三峡水库调度运行方式

调度时机：根据 2019～2020 年调查结果，三峡库区鲤和鲫的产卵高峰期在 4～5 月，鲤适宜产卵水温为 17～23℃，鲫为 22～25℃。根据三峡库区支流水温以及水位变动情况，建议生态调度时机应该在 4 月中旬至 5 月中旬实施。根据前期调查结果，鲤、鲫等浅水黏草产卵鱼类的产卵多发生在持续天气晴朗的时间内，故建议调度在阳光充足的晴天进行。

水文条件：根据 2019～2020 年调查分析结果，考虑到鲤和鲫鱼卵孵化出膜约需 2 天，孵出到可以平游（鳔一室期）约需 3～4 天，建议实施生态调度试验的持续时间应不少于 5 天，条件允许可持续 6 天；生态调度期间水位总下降幅度应小于 80 cm，即当实施生态调度实施 5 天时每天水位下降幅度应小于 16 cm，生态调度实施 6 天时每天水位下降幅度应小于 13 cm。

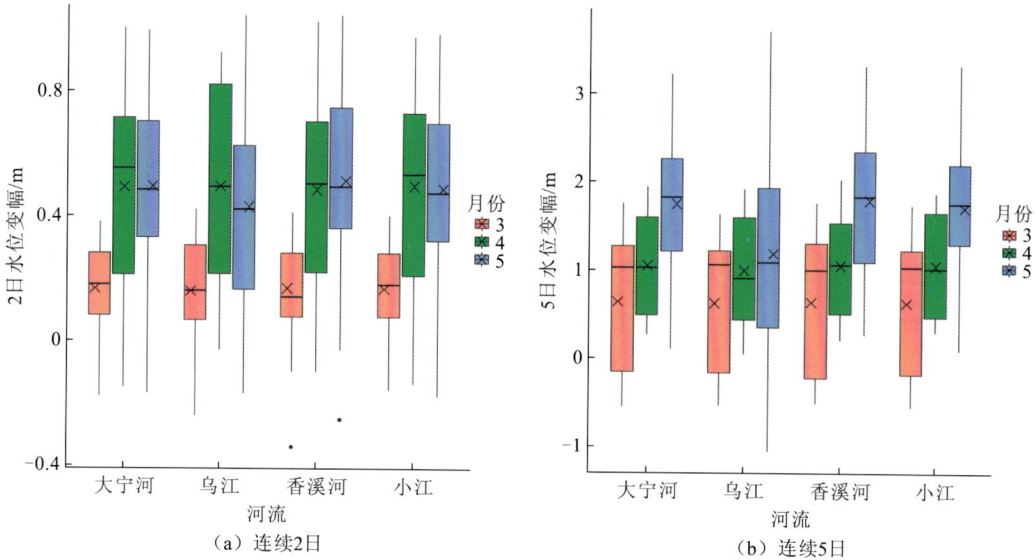

（a）连续2日　　　　　　　　（b）连续5日

图 11.12　2020 年 3～5 月三峡库区支流连续 2 日、5 日水位变动

（负值表示水位上升、正值表示水位下降）

11.3.2　三峡坝下产漂流性卵鱼类自然繁殖的生态调度需求

1. 影响四大家鱼自然繁殖的关键水文指标

基于四大家鱼产卵促发行为、产卵规模等与天然水文情势的关系，研究涨水过程中关键水文指标的变化是探讨四大家鱼自然繁殖所需水流条件的关键所在。20 世纪 90 年代，Zhang 等（2000）提出系统重构分析方法，将一个洪峰过程分解为 9 个可以量化的水文因素（见图 11.13，参数定义见表 11.8），再加入产卵起始时间、卵苗径流量、卵苗汛时序等生态要素，通过系统重构分析软件得出了水文因素-生态要素之间的量化关系。

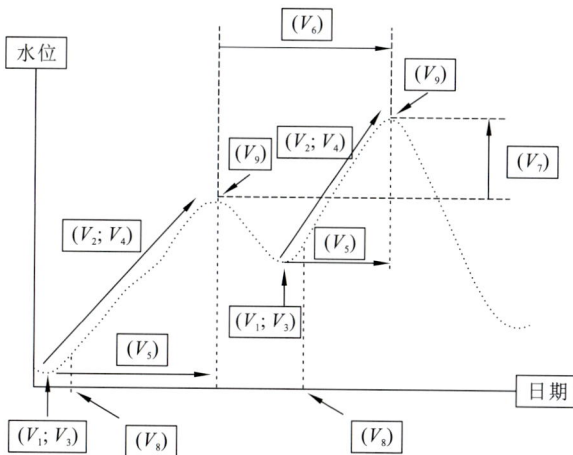

图 11.13　分解的洪峰过程水文参数

　　基于此方法，Zhang 等（2000）分析了长江干流松滋口、城陵矶和新堤 3 个断面四大家鱼苗汛量的水文变化机制，首次发现四大家鱼的产卵规模与涨水的持续时间有关，持续时间越长越有利于四大家鱼产卵；总结得出了适度的初始水位、初始流量、较大流量日增长率、较高的水位日增长率及较长时间的水位上涨同四大家鱼的产卵行为密切相关。不同断面发生较大苗汛的水文条件需求如下：①松滋口：初始水位 37.6～38.9 m，水位上涨率 1.05～1.25 m/d，初始流量 12 200～15 600 m³/s，流量增长率 1 310～1 550 m³/（s·d），水位上涨持续时间 5～6 天。②城陵矶：初始水位 26.7～27.8 m，水位上涨率 0.31～0.38 m/d，初始流量 21 560～27 540 m³/s，流量增长率 1 220～1 450 m³/（s·d），水位上涨持续时间 10 天。③新堤：初始水位 26.5～28.0 m，水位上涨率 0.25～0.30 m/d，初始流量 25 600～33 240 m³/s，流量增长率 2 110～2 500 m³/（s·d），水位上涨持续时间 10 天。

表 11.8　生态水文指标的定义

指标	定义
V_1	洪峰的初始水位：监测到鱼卵的涨水过程起涨水位
V_2	水位的日上涨率：初始水位与洪峰水位之间平均日水位涨幅
V_3	断面初始流量：监测到鱼卵的涨水过程起涨流量
V_4	流量的日增长率：初始流量与洪峰流量之间平均日流量涨幅
V_5	洪峰水位上涨持续时间：初始水位至洪峰水位的时间
V_6	前后两个洪峰过程的间隔时间
V_7	前后两个洪峰过程的水位差异
V_8	起始产卵日期：单次涨水过程中开始产卵时间
V_9	卵苗汛时序
W_n	单次洪峰过程的鱼卵径流量

2. 促进四大家鱼自然繁殖的"人造洪峰"条件

　　针对三峡水库对四大家鱼繁殖的影响，《长江三峡水利枢纽环境影响报告书》提出保障四大家鱼繁殖的对策，即"要求在四大家鱼繁殖期内，特别是 5 月中旬至 6 月上旬，江水温度保持在 18℃以上时，安排 2～3 次人造洪峰，以促使宜昌至城陵矶江段的四大家鱼产卵"。此后，不同学者以历史宜昌站数据为依据，给出了三峡生态调度的人造洪峰条件（表 11.9），涉及的参数包括日水位涨幅、日流量涨幅、涨水持续时间、涨水次数、两次洪水间隔时间等。曾祥胜（1990）根据 1964～1965 年资料分析得出，只要先出现一次小规模涨水（宜昌江段水位一昼夜上涨 0.3 m 左右），相隔 1～2 天后再加大下泄流量使宜昌水位每昼夜上涨 0.5 m 左右，并持续 4～6 天，就能达到刺激四大家鱼产卵的效果；李清清等（2011）提出的调度方案为设置 2 次洪水，洪水开始时间随机产生，每次洪水过程为 8～10 天涨水、8～10 天落水，流量逐日增加，落水与涨水相对称，两次洪水开始时间间隔 20～25 天，但对于涨水幅度没有具体量化；赵越等（2012）采用生态流组法推求了满足其产卵需求的流量过程：5 月 1 日～6月 10 日，总共涨水 3 次，每次连续涨水 3 天，持续时间分别为 5 天、6 天、6 天，落水与涨水对称，涨水规模逐渐增加，并给出了下泄流量范围 9 040～18 950 m³/s，流量日增长率 1 100～1 800 m³/s/d；Li 等（2013）基于 2005～2010 年宜都断面监测数据，提出三峡水库生态调度应满足宜昌江段日均水位涨幅大于 0.55 m；马超等（2017）提出在 6 月 15 日～7 月

20 日期间，至少形成一场持续时间大于 5 天的涨水过程，起涨流量设定为 15 000 m³/s，日下泄流量增幅为 900～3 000 m³/s，最大下泄流量不超过 30 000 m³/s。

表 11.9　不同研究中宜昌江段生态调度水文条件

调度时间	起涨流量/（m³/s）	水位涨幅/（m/d）	流量涨幅/[m³/（s·d）]	涨水持续时间/天	涨水次数	间隔时间/天	数据来源
5～6 月	—	—	1 100～1 800	3	3	—	赵越等（2012）
6～7 月	>15 000	—	900～3 000	>5	>1	—	马超等（2017）
5～7 月	—	>0.55	—	—	—	—	Li 等（2013）
5 月下旬至 6 月上旬	—	0.3～0.5	—	4～6	2	1～2	曾祥胜（1990）
5～7 月	—	—	—	8～10	2	20～25	李清清等（2011）

11.4　针对不同产卵类型鱼类自然繁殖的三峡水库生态调度试验及其效果监测

11.4.1　促进三峡库区产黏沉性卵鱼类自然繁殖的生态调度试验

在前期调查研究成果的基础上，2020～2021 年开展了 3 次针对三峡库区产黏沉性卵鱼类自然繁殖的生态调度试验。试验期间，选择三峡库区 3 条支流：小江、磨刀溪、香溪河的回水区开展生态调度试验效果监测。

1. 首次生态调度试验方案

2020 年 5 月 1～5 日首次实施了针对三峡库区产黏沉性卵鱼类自然繁殖的生态调度试验。生态调度期间的三峡水库入库流量、出库流量、坝前水位等实际调度情况，见表 11.10。4 月 30 日平均出库流量为 10 400 m³/s；5 月 1 日调度第一天，平均出库流量减少至 8 250 m³/s，为了稳定库区水位变幅，出库流量保持相对稳定。5 月 1～5 日调度期间，日水位降幅不超过 0.3 m，5 天的水位总降幅为 1.08 m。

表 11.10　三峡库区首次生态调度期间的流量和水位

时间	三峡水库入库流量/（m³/s）	三峡水库出库流量/（m³/s）	坝前水位/m	日水位变幅/m
4 月 30 日	7 400	10 400	157.72	—
5 月 1 日	6 980	8 250	157.53	-0.19
5 月 2 日	6 620	8 270	157.28	-0.25
5 月 3 日	6 520	8 310	157.09	-0.19
5 月 4 日	6 610	8 300	156.81	-0.28
5 月 5 日	6 430	8 340	156.64	-0.17

2. 生态调度试验效果监测

生态调度期间，在小江共采集到鱼卵 1 704 粒，其中人工鱼巢基质黏附 1 701 粒、沿岸带水草黏附 3 粒；在香溪河人工鱼巢基质上采集到鱼卵 621 粒；在磨刀溪未采集到鱼卵。在小江回水区江段共采集到仔稚鱼 326 尾，分别为鲤、鲫、子陵吻鰕虎鱼、波氏吻鰕虎鱼和中华鳑鲏[图 11.14（a）]；在磨刀溪回水区江段共采集到仔稚鱼 1 624 尾，6 种，分别为鲤、鲫、子陵吻鰕虎鱼、波氏吻鰕虎鱼、间下鱵和中华鳑鲏[图 11.14（b）]。在香溪河回水区江段共采集到仔稚鱼 290 尾，2 种，分别为鲤和鲫。

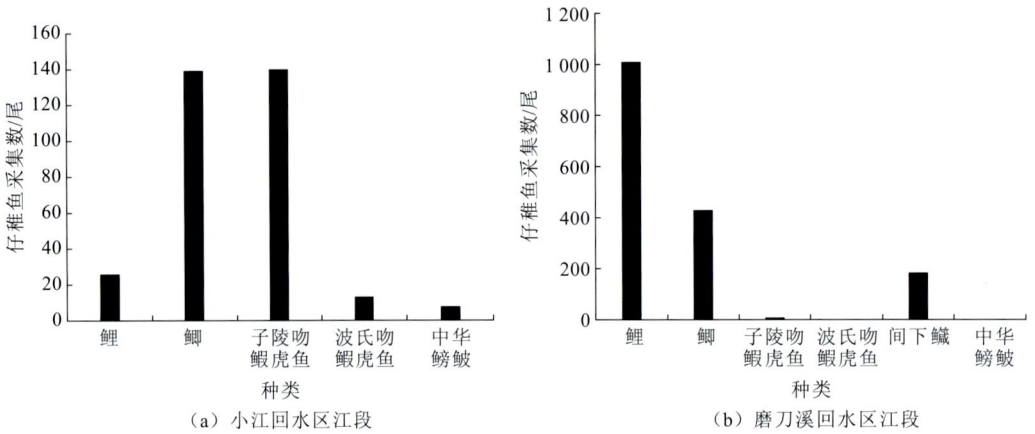

（a）小江回水区江段　　　　　　　　（b）磨刀溪回水区江段

图 11.14　生态调度期间不同江段仔稚鱼种类及采集数

3. 生态调度试验效果分析

根据耳石日龄分析技术以及鲤、鲫鱼卵的孵化时间，对不同日期采集到的鲤、鲫仔稚鱼的产卵日期进行估算；在此基础上，统计某一鲤、鲫产卵日后面 2 日水位下降的幅度与该日鲤、鲫出生个体的数量比例关系（假设不同日期出生个体的早期死亡率为恒定值），可以近似反映水位变动对鲤、鲫产卵孵化存活率的影响效应。

小江、磨刀溪、香溪河 3 条支流的监测与分析结果均显示：当某一鲤/鲫产卵日后面连续 2 日内的水位下降很低（或维持稳定）时，可以观测到鲤/鲫出生个体数量出现明显的峰值，表明连续 2 日内维持更低的水位下降幅度更有利于鲤/鲫的产卵和孵化，即更多的鲤/鲫参与繁殖活动或更多的仔稚鱼存活下来（图 11.15、图 11.16 和图 11.17）。生态调度期间，三峡水库在连续 2 日内保持较低的水位下降幅度能够有效促进鲤/鲫的产卵孵化。

生态调度期间在磨刀溪、小江和香溪河均出现小的鲤、鲫鱼卵产卵孵化高峰，这些产卵孵化高峰与生态调度期间连续 2 日较低的水位下降幅度相匹配，初步表明首次生态调度试验对于保障该期间三峡库区支流鲤、鲫卵的孵化和早期存活起到了一定的积极作用。尽管如此，考虑到库区产黏沉性卵鱼类种类较多，不同种类的繁殖特征或多或少存在差异，因此通过三峡水库的水位调度是否能够满足诸多产黏沉性卵鱼类产卵孵化的需求仍需要进一步的研究。

11.4.2　促进三峡坝下产漂流性卵鱼类自然繁殖的生态调度试验

在前期调查研究成果的基础上，2011 年 6 月 16 日首次实施了针对四大家鱼的三峡水库生态调度试验。此后，三峡水库每年持续开展促进四大家鱼自然繁殖的生态调度试验，不断积累经验和成果，使得该项生态调度工作逐步常态化。

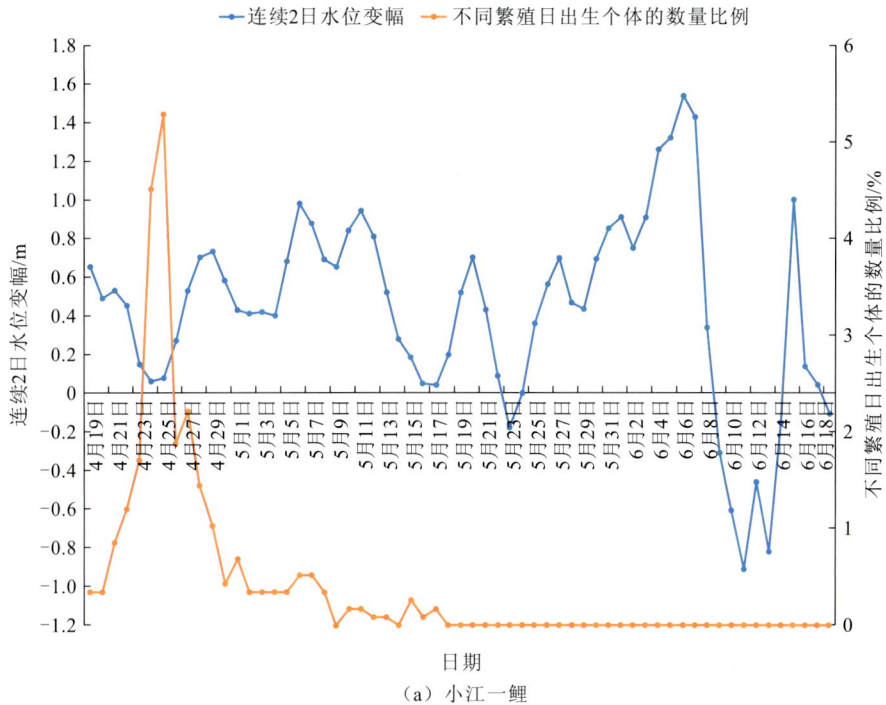

（a）小江—鲤

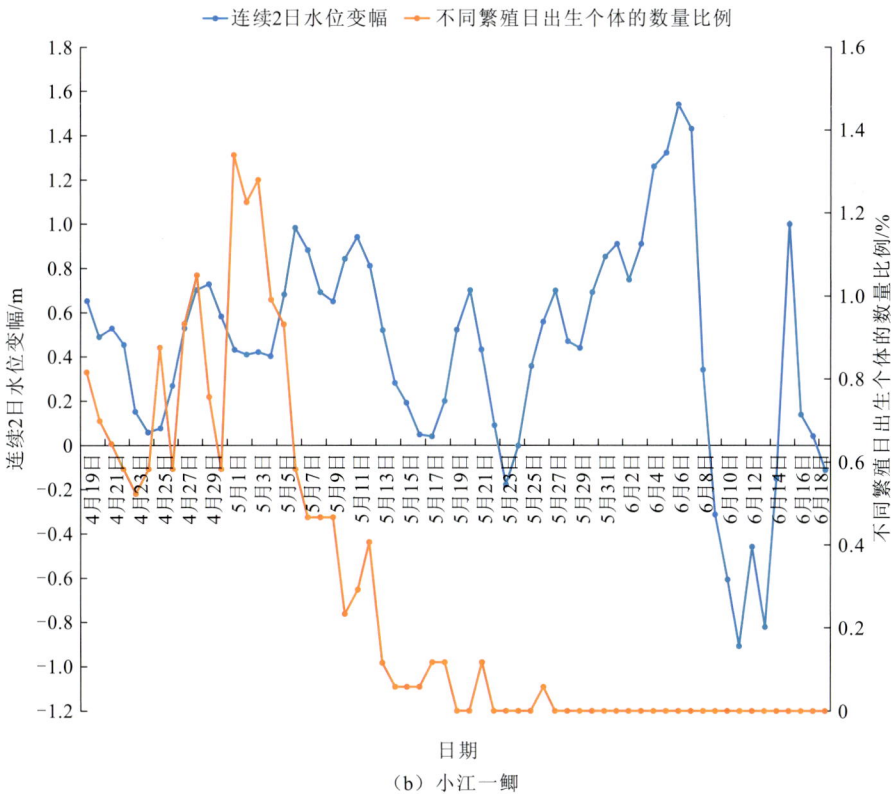

（b）小江—鲫

图 11.15　2020 年小江连续 2 日水位变幅与不同繁殖日鲤/鲫出生个体的数量比例的关系

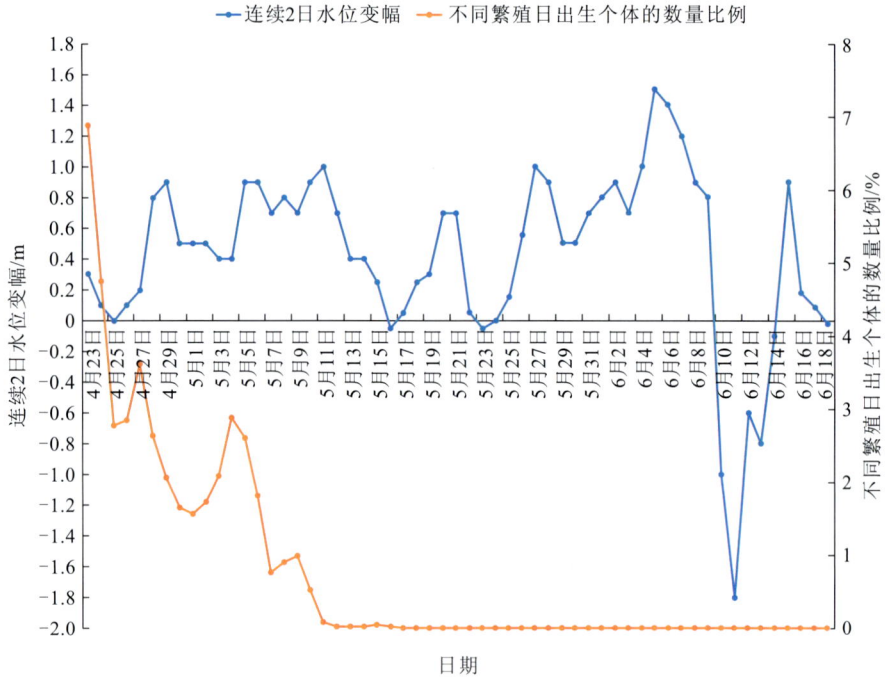

（a）磨刀溪—鲤

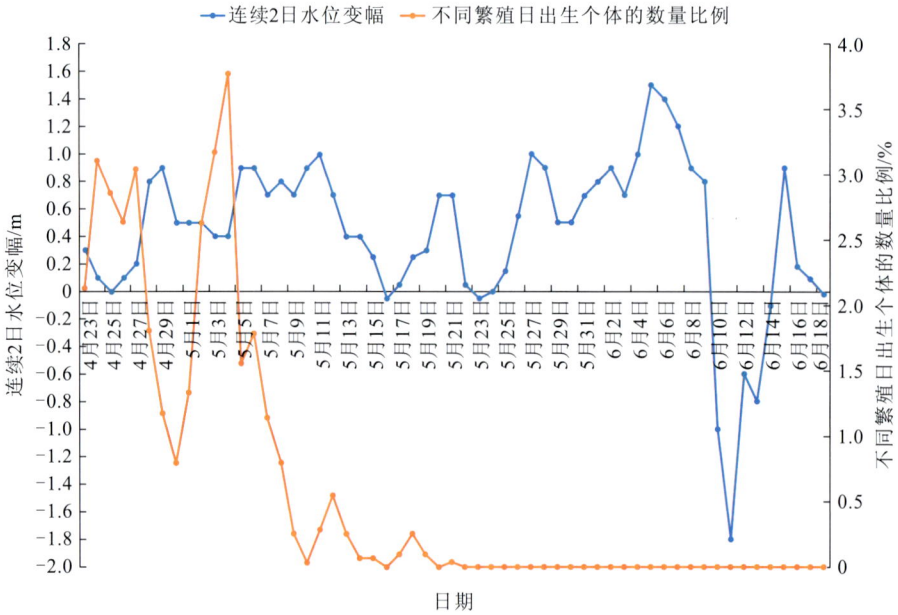

（b）磨刀溪—鲫

图 11.16　2020 年磨刀溪连续 2 日水位变幅与不同繁殖日鲤/鲫出生个体的数量比例的关系

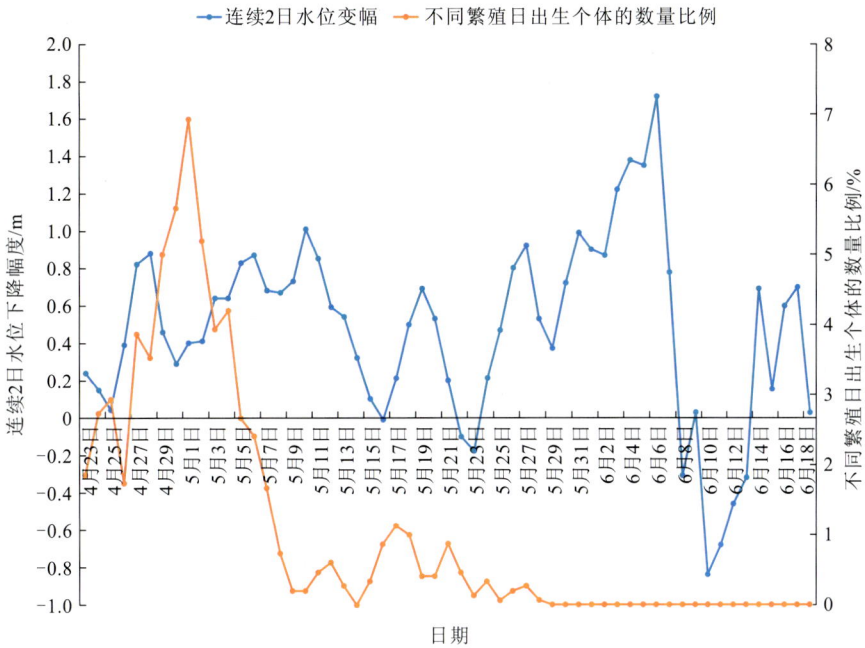

（a）香溪河—鲤

（b）香溪河—鲫

图 11.17　2020 年香溪河连续 2 日水位变幅与不同繁殖日鲤/鲫出生个体的数量比例的关系

1. 生态调度试验实施情况

2011～2020 年间三峡水库连续 10 年共开展了 14 次生态调度试验，具体时间和实施情况见表 11.11。首次试验一般是 5 月底～6 月初，结合汛前三峡水库水位需要消落到汛限水位

145 m 的时机，短时预报上游有小幅来水过程或者预先蓄一部分水量，随后三峡水库持续加大出库流量，满足人造洪峰过程。第二次试验一般在 6 月中下旬结合自然来水过程实施，7 月以后进入主汛期，三峡水库需要拦蓄洪水，已不具备生态调度实施条件。其中在 2017 年、2019 年和 2020 年开展了溪洛渡、向家坝、三峡梯级水库联合生态调度试验，向家坝水库和三峡水库同步加大出库流量，以满足生态调度试验要求。

　　统计了历年生态调度期间如下水文指标变化范围：三峡水库出库起始流量 6 200～14 600 m³/s，出库流量日均增幅 980～3 130 m³/s（多年均值 1 780 m³/s）；宜昌断面起始水位 39.64～43.8 m，起始流量 6 450～16 500 m³/s，水位日均涨幅 0.25～1.3 m（多年均值 0.64 m），流量日均增幅 760～2 890 m³/s（多年均值 1 670 m³/s）。生态调度持续涨水历时 3～9 天，调度起始时水温除了 2013 年偏低之外，其他年份均达到鱼类繁殖的适宜范围。

表 11.11　三峡水库历年开展生态调度试验情况

年份	调度序次	生态调度起始日期	生态调度结束日期	调度涨水持续时间/天	生态调度起始时水温/℃
2011	1	6 月 16 日	6 月 19 日	4	22.8
2012	2（1）	5 月 25 日	5 月 31 日	4	21.5
	3（2）	6 月 21 日	6 月 27 日	4	23.0
2013	4	5 月 7 日	5 月 16 日	9	17.5
2014	5	6 月 4 日	6 月 7 日	3	21.1
2015	6（1）	6 月 7 日	6 月 10 日	4	22.0
	7（2）	6 月 25 日	6 月 27 日	3	23.3
2016	8	6 月 9 日	6 月 11 日	3	22.5
2017	9（1）	5 月 20 日	5 月 25 日	5	20.3
	10（2）	6 月 4 日	6 月 10 日	6	21.8
2018	11（1）	5 月 19 日	5 月 25 日	5	21.0
	12（2）	6 月 17 日	6 月 20 日	3	23.5
2019	13	5 月 26 日	5 月 31 日	4	20.3
2020	14	5 月 24 日	5 月 28 日	4	19.6

2. 生态调度试验效果分析

1）自然繁殖响应时间

　　根据 2011～2020 年沙市断面四大家鱼鱼卵密度与上游枝城站水位变化关系可知（图 11.18），每年 5 月中下旬至 7 月中上旬，只要有明显的涨水过程都能监测到四大家鱼产卵，但持续退水过程中没有家鱼繁殖。从四大家鱼繁殖对生态调度的响应时间来看，宜都—沙市江段大多数年份在调度后的 1～3 天即开始产卵。一个例外的情况是 2013 年三峡水库调度持续加大泄流 6 天后沙市断面才出现卵汛，繁殖响应时间更长，而此次宜都断面没有监测到家鱼产卵，这可能与该次调度时水温偏低有关，其中沙市断面刚达到 18℃，宜都断面未达到 18℃（表 5.2）。此外，2016 年生态调度期间没有监测到家鱼卵，2020 年生态调度期间鱼卵丰度及占比偏低，这两年四大家鱼对生态调度的涨水过程没有明显响应。

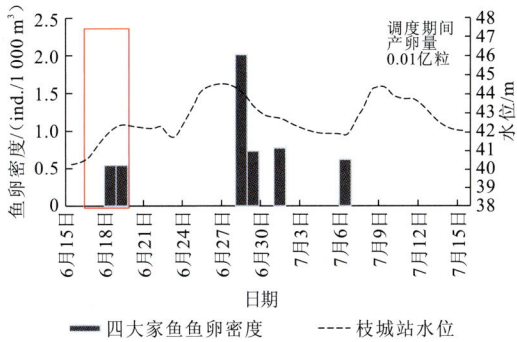

（a）2011年

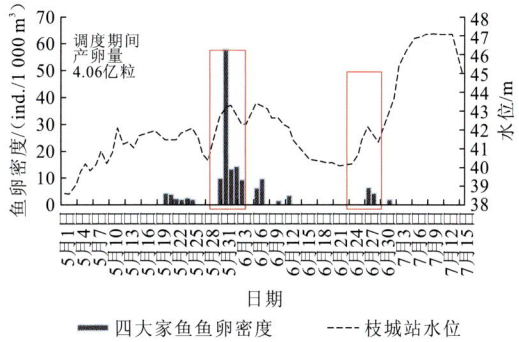

（b）2012年

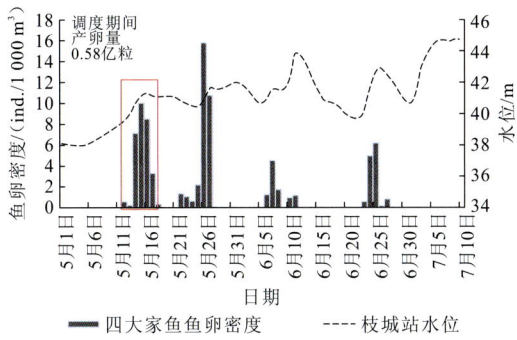

（c）2013年

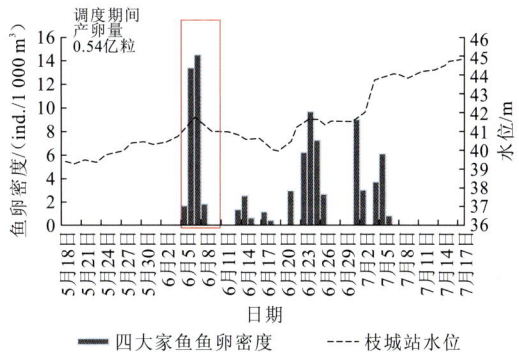

（d）2014年

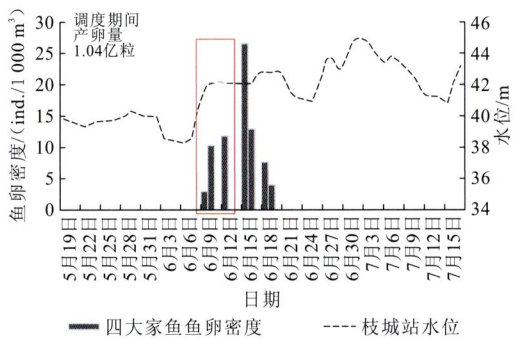

（e）2015年

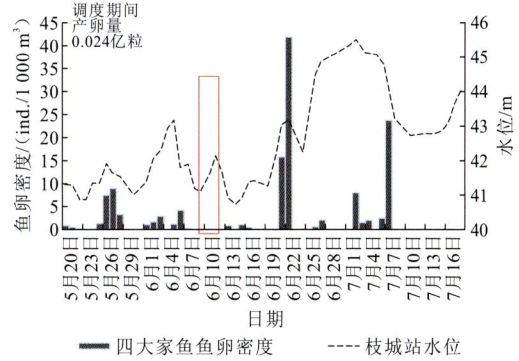

（f）2016年

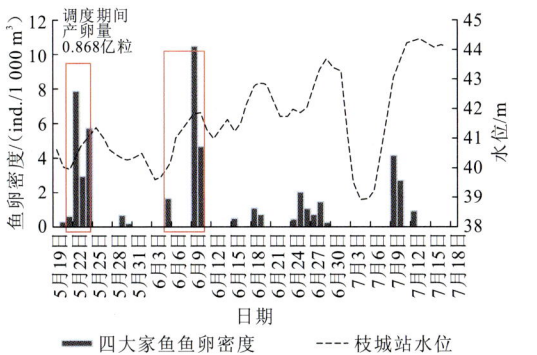

（g）2017年

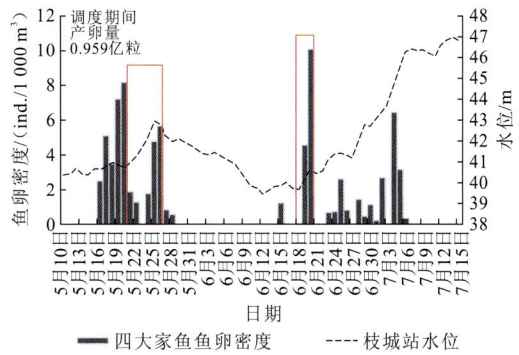

（h）2018年

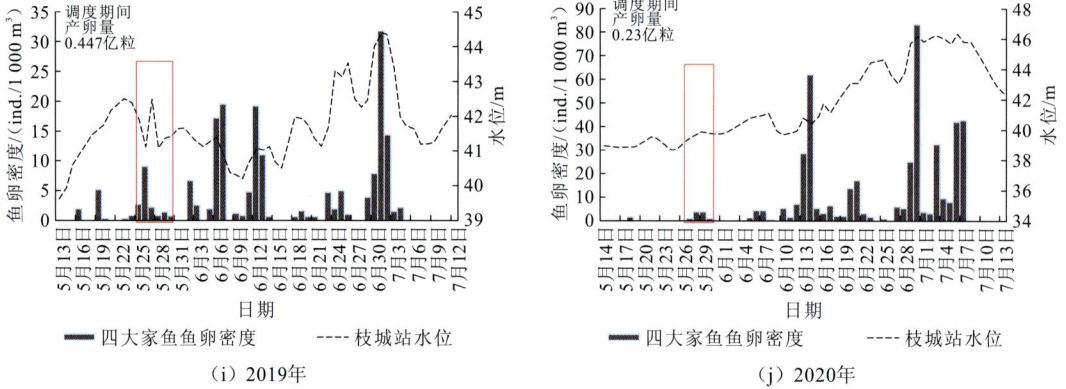

（i）2019年　　　　　　　　　　　　　（j）2020年

图 11.18　2011～2020 年沙市断面四大家鱼鱼卵密度与枝城站水位变化关系

2）自然繁殖响应规模

在每年四大家鱼繁殖群体背景未知的情况下，通过生态调度期间的繁殖规模占监测期间总繁殖规模的比例，可以一定程度反映生态调度的贡献效果。统计 2011～2020 年生态调度实施效果情况，见表 11.12。除了 2016 年以外，历次生态调度涨水中都发生四大家鱼繁殖活动。每年生态调度期间的四大家鱼卵量占比在 0.48%～66.56%之间波动。为了对生态调度效果进行评判，根据该数据进行生态调度效果等级划分，初步得出以下结果：调度效果较好的年份有 2012 年、2017 年（生态调度期鱼卵量占比>50%），调度效果中等的年份有 2011 年、2013～2015 年、2018 年（生态调度期鱼卵量占比 10%～50%），调度效果较差的年份有 2016 年、2019年、2020 年（生态调度期鱼卵量占比<10%）。另外，从逐年监测结果来看（图 11.19），自 2011年首次实施生态调度试验以来的十年间，沙市断面监测的四大家鱼繁殖规模总体呈波动增加趋势。历年实施的生态调度对长江中游沙市江段四大家鱼繁殖规模的平均贡献率为 30.39%，最大贡献率为 66.56%。

表 11.12　历年生态调度期间四大家鱼繁殖规模统计

年份	调度期间鱼卵量/亿粒	监测期间鱼卵量/亿粒	生态调度期鱼卵量占比/%
2011	0.010	0.045	22.22
2012	4.060	6.100	66.56
2013	0.580	1.350	42.96
2014	0.540	1.610	33.54
2015	1.040	3.260	31.90
2016	0.024	5.020	0.48
2017	0.868	1.448	59.94
2018	0.959	2.495	38.44
2019	0.447	6.680	6.69
2020	0.230	20.220	1.14

图 11.19　2011～2020 年沙市断面四大家鱼繁殖规模动态

参考文献

陈守煜, 1990. 多阶段多目标决策系统模糊优选理论及其应用[J]. 水利学报(1): 1-10.

郭生练, 熊立华, 杨井, 等, 2000. 基于 DEM 的分布式流域水文物理模型[J]. 武汉水利电力大学学报, 33(6): 1-5.

郭生练, 闫宝伟, 肖义, 等, 2008. Copula 函数在多变量水文分析计算中的应用及研究进展[J]. 水文, 28(3): 1-7.

韩其为, 2004. 黄河下游输沙及冲淤的若干规律[J]. 泥沙研究(3): 1-13.

吉祖稳, 胡春宏, 阎颐, 等, 1994. 多沙河流造床流量研究[J]. 水科学进展, 5(3): 229-234.

李清清, 覃辉, 陈广才, 等, 2011. 基于人造洪峰的三峡梯级生态调度仿真分析[J]. 长江科学院院报, 28(12): 112-117.

刘琳, 陈静, 程龙, 等, 2013. 基于集合预报的中国极端强降水预报方法研究[J]. 气象学报, 71(5): 853-866.

刘攀, 郭生练, 王才君, 等, 2005. 三峡水库汛期分期的变点分析方法研究[J]. 水文, 25(1): 18-23.

刘信安, 湛敏, 罗彦凤, 等, 2006. 三峡水域氮磷污染对水华暴发/消涨行为的协同影响[J]. 环境科学, 27(8): 1554-1559.

马超, 赵明, 孙萧仲, 等, 2017. 考虑鱼类繁衍需求的三峡水库汛期调度要求及可行性探讨[J]. 水资源与水工程学报, 28(1): 109-113.

牛晓君, 2006. 富营养化发生机理及水华暴发研究进展[J]. 四川环境, 25(3): 73-76.

庞燕飞, 周解, 2008. 红水河岩滩建坝前后水质因子的变化及浮游植物响应[J]. 水利渔业, 28(3): 93-96.

彭成荣, 陈磊, 毕永红, 等, 2014. 三峡水库洪水调度对香溪河藻类群落结构的影响[J]. 中国环境科学, 34(7): 1863-1871.

钱宁, 张仁, 周志德, 1987. 河床演变学[M]. 北京: 科学出版社: 341-345.

孙东坡, 王勤香, 王鹏涛, 等, 2013. 基于水沙关系系数法确定黄河下游造床流量[J]. 水力发电学报, 32(1): 150-155.

唐玥, 谢永宏, 李峰, 等, 2013. 基于 Landsat 的近 20 余年东洞庭湖湿地草洲变化研究[J]. 长江流域资源与环境, 22(11): 1484-1492.

王本德, 周惠成, 卢迪, 2016. 我国水库(群)调度理论方法研究应用现状与展望[J]. 水利学报, 47(3): 337-345.

王岚, 蔡庆华, 张敏, 等, 2009. 三峡水库香溪河库湾夏季藻类水华的时空动态及其影响因素[J]. 应用生态学报, 20(8): 1940-1946.

谢平, 2018. 三峡工程对长江中下游湿地生态系统的影响评估[M]. 武汉: 长江出版社.

杨霞, 刘德富, 杨正健, 2009. 三峡水库香溪河库湾春季水华暴发藻类种源研究[J]. 生态环境学报, 18(6): 2051-2056.

叶麟, 2006. 三峡水库香溪河库湾富营养化及春季水华研究[D]. 武汉: 中国科学院研究生院(水生生物研究所).

袁正科, 2008. 洞庭湖湿地资源与环境[M]. 长沙: 湖南师范大学出版社.

曾祥胜, 1990. 人为调节涨水过程促使家鱼自然繁殖的探讨[J]. 生态学杂志, 9(4): 20-23.

张红武, 张清, 江恩惠, 1994. 黄河下游河道造床流量的计算方法[J]. 泥沙研究(4): 50-55.

张书农, 华国祥, 1988. 河流动力学[M]. 北京: 水利电力出版社.

张勇传, 李福生, 熊斯毅, 等, 1981. 水电站水库群优化调度方法的研究[J]. 水力发电(11): 48-52.

张勇传, 郋凤山. 刘鑫卿, 等, 1987. 水库群优化调度理论的研究: SEPOA 方法[J]. 水电能源科学, 5(3): 234-244.

张玉新, 冯尚友, 1988. 水库水沙联调的多目标规划模型及其应用研究[J]. 水利学报(9): 19-27.

赵淑清, 方精云, 2004. 围湖造田和退田还湖活动对洞庭湖区近 70 年土地覆盖变化的影响[J]. AMBIO 人类环境杂志, 33(6): 289-293, 361.

赵越, 周建中, 许可, 等, 2012. 保护四大家鱼产卵的三峡水库生态调度研究[J]. 四川大学学报(工程科学版), 44(4): 45-50.

中国科学院水生生物研究所洪湖课题研究组, 1991. 洪湖水体生物生产力综合开发及湖泊生态环境优化研究[M]. 北京: 海洋出版社.

BORCARD D, GILLET F, LEGENDRE P, 2011. Numerical ecology with R[M]. New York: Springer.

LI M Z, GAO X, YANG S R, et al., 2013. Effects of environmental factors on natural reproduction of the four major Chinese carps in the Yangtze River, China[J]. Zoological science, 30(4): 296-303.

TANG H B, HU S, HU Z Y, et al., 2007, Relationship between *Peridiniopsis* sp. and environmental factors in Lake Donghu, Wuhan[J]. Journal of lake sciences, 19(6): 632-636.

ZHANG G H, CHANG J B, SHU G F, 2000. Applications of factor-criteria system: reconstruction analysis of the reproduction research on grass carp, blackcarp, silver carp and bighead in the Yangtze River[J]. International journal of general systems, 29(3): 419-428.